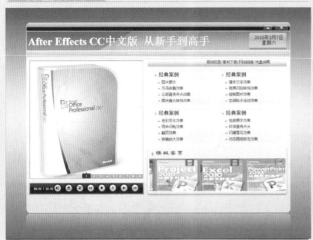

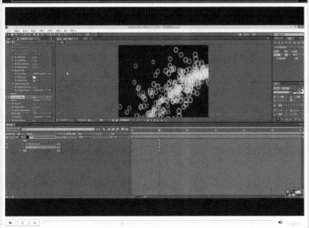

光盘导航

光盘界面

案例欣赏

案例欣赏

素材下载

视频文件

案例欣赏

动态阴阳标志效果

动态音谱效果

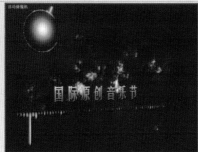

环保宣传片头

色彩变化效果

闪耀雪花效果

公司宣传开头动画

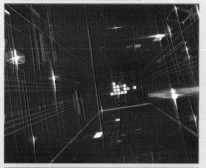

视频闪白转场效果

雨中闪电效果

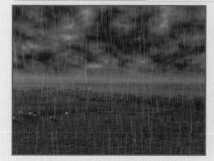

动态水墨画

古色西塘宣传片

旋转图片效果

碎片文字效果

从新手到高手

After Effects CC 中文版
从新手到高手

□ 刘红娟 张振 等编著

清华大学出版社
北　京

内 容 简 介

本书由浅入深地介绍了 After Effects CC 影视后期合成与制作的基础知识和实用技巧，全书共分为 13 章，内容涵盖了 After Effects CC 概述、创建和管理项目、应用图层、应用关键帧动画、应用蒙版动画、应用文本动画、应用三维空间动画、特效应用基础、应用颜色控制与抠像、应用变形特效、应用艺术特效、应用视频特效、跟踪、表达式与渲染等内容。本书将枯燥乏味的基础知识与案例相融合，通过本书的学习，使读者不仅可以掌握 After Effects CC 的知识点，而且还可以将本书中的经典案例应用到实际影视后期制作中。

本书图文并茂、实例丰富、结构清晰、实用性强，配书光盘提供了语音视频教程和素材资源。本书适合 After Effects CC 初学者、影视后期制作人员、各类院校师生及计算机培训人员使用，同时也是 After Effects CC 爱好者的必备参考书。

图书在版编目（CIP）数据

After Effects CC 中文版从新手到高手/刘红娟等编著. —北京：清华大学出版社，2015

（从新手到高手）

ISBN 978-7-302-40358-6

Ⅰ.①A…　Ⅱ.①刘…　Ⅲ.①图像处理软件　Ⅳ.①TP391.41

中国版本图书馆 CIP 数据核字（2015）第 114375 号

责任编辑：冯志强
封面设计：吕单单
责任校对：徐俊伟
责任印制：王静怡

出版发行：清华大学出版社
　　　　　网　　　址：http://www.tup.com.cn，http://www.wqbook.com
　　　　　地　　　址：北京清华大学学研大厦 A 座　　　　邮　　编：100084
　　　　　社 总 机：010-62770175　　　　　　　　　　邮　　购：010-62786544
　　　　　投稿与读者服务：010-62776969，c-service@tup.tsinghua.edu.cn
　　　　　质 量 反 馈：010-62772015，zhiliang@tup.tsinghua.edu.cn
印 刷 者：北京鑫丰华彩印有限公司
装 订 者：三河市溧源装订厂
经　　销：全国新华书店
开　　本：190mm×260mm　　印　张：18.75　插　页：2　字　　数：544 千字
　　　　　附光盘 1 张
版　　次：2015 年 8 月第 1 版　　　　　　　　　印　　次：2015 年 8 月第 1 次印刷
印　　数：1～3000
定　　价：59.00 元

产品编号：058292-01

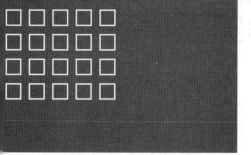

前　言

After Effects CC 是 Adobe 公司推出的一款视频后期合成处理的专业非线性编辑软件，也是一款制作动态影像效果的重要辅助软件。它不仅具有个性化的操作界面和强大的合成工具，而且还具有丰富的视频效果，可以协助用户使用行业标准工具高效且精确地合成和制作电影、广告、栏目包装、字幕以及演示视频等。

本书以 After Effects CC 中的实用知识点为基础，配以大量实例，采用知识点讲解与动手练习相结合的方式，详细介绍了 After Effects CC 中的基础应用知识与高级使用技巧。每一章都配合了丰富的插图说明，生动具体、浅显易懂，使用户能够迅速上手，轻松掌握功能强大的 After Effects CC 在影视后期制作中的应用，为工作和学习带来事半功倍的效果。

1．本书内容介绍

全书系统全面地介绍 After Effects CC 的应用知识，每章都提供了丰富的实用案例。本书共分为 13 章，内容概括如下。

第 1 章　介绍了 After Effects 概述，包括影视后期制作基础、After Effects 简介、认识 After Effects CC、设置 After Effects CC 首选项等内容。

第 2 章　介绍了创建和管理项目，包括创建项目、导入素材、组织素材、认识合成等内容。

第 3 章　介绍了应用图层，包括创建图层、操作图层、设置图层属性、图层混合模式、图层样式等内容。

第 4 章　介绍了应用关键帧动画，包括创建关键帧动画、编辑关键帧动画、动画运动路径、创建与修改快捷动画等内容。

第 5 章　介绍了应用蒙版动画，包括创建矢量图形、设置矢量图、应用简单蒙版、创建和设置蒙版、制作蒙版动画等内容。

第 6 章　介绍了应用文本动画，包括创建与编辑文本、设置文本格式、设置文本属性、文本动画控制器等内容。

第 7 章　介绍了应用三维空间动画，包括创建 3D 图层、设置 3D 图层基本属性、摄像机和光、3D 对象的材质属性等内容。

第 8 章　介绍了特效应用基础，包括添加特效、设置特效参数、编辑特效、应用文字特效、应用通道特效等内容。

第 9 章　介绍了应用颜色与抠像，包括颜色校正特效、实用工具特效、键控特效、遮罩特效等内容。

第 10 章　介绍了应用变形特效、应用透视特效等内容。

第 11 章　介绍了应用艺术特效，包括风格化特效、模拟特效、模糊和锐化特效、杂色与颗粒特效等内容。

第 12 章　介绍了应用视频特效，包括生成特效、过渡特效、时间特效等内容。

第 13 章　介绍了跟踪、表达式与渲染，包括包括创建运动跟踪、稳定跟踪、变形稳定器 VFX、创建表达式、表达式语法、编辑表达式、渲染与输出等内容。

2．本书主要特色

❑ **系统全面，超值实用**　全书提供了二十多个练习案例，通过案例分析、设计过程讲解 After Effects CC 的应用知识。每章穿插大量提示、分析、注意和技巧等栏目，构筑了面向实际的知识体系。采用了紧凑的体例和版式，相同的内容下，篇幅缩减了 30%以上，实例数量增加了 50%。

❑ **串珠逻辑，收放自如**　统一采用三级标题灵活安排全书内容，摆脱了普通培训教程按部就班讲解的窠臼。每章都配有扩展知识点，便于用户查阅相应的基础知识。内容安排收放自如，方便读者学习图书内容。

❑ **全程图解，快速上手**　各章内容分为基础知识和实例演示两部分，全部采用图解方式，图像均做了大量的裁切、拼合、加工，信息丰富，效果精美，阅读体验轻松，上手容易。让读者在书店中翻开图书的第一感就获得强烈的视觉冲击，与同类书在品质上拉开距离。

❑ **书盘结合，相得益彰**　本书使用 Director 技术制作了多媒体光盘，提供了本书实例完整素材文件和全程配音教学视频文件，便于读者自学和跟踪练习图书内容。

3．本书使用对象

本书适合作为高职高专院校学生学习使用，也可作为计算机办公应用用户深入学习 After Effects CC 的培训和参考资料。

参与本书编写的人员除了封面署名人员之外，还有王翠敏、吕咏、常征、杨光文、冉洪艳、于伟伟、谢华、刘凌霞、王海峰、张瑞萍、吴东伟、王健、倪宝童、温玲娟、石玉慧、李志国、唐有明、王咏梅、杨光霞、李乃文、陶丽、王黎、连彩霞、毕小君、王兰兰、牛红惠等人。

编者

目　录

第1章

After Effects 概述

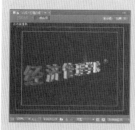   

　　After Effects 是 Adobe 公司推出的一款视频后期合成与处理的专业非线性编辑软件，也是一款制作动态影像的重要辅助软件。它不仅具有个性化的操作界面和强大的合成工具，而且还具有丰富的视频效果，可以协助用户使用行业标准工具高效且精确地合成和制作电影、广告、栏目包装、字幕以及制作演示视频等。用户还可以通过 After Effects 与 Adobe 的其他软件的紧密集成，给各类影视作品添加具有震撼力的动态图形和视觉效果。在本章中，将通过介绍一些影视后期制作、After Effects 基础、常用视频术语介绍等基础知识，使用户初步掌握 After Effects 工作的基本原理和流程。

1.1 影视后期制作基础

影视后期制作是利用实际拍摄所得到的素材，通过三维动画和合成手段制作一些特技镜头，并将特技镜头剪辑到一起，从而形成一个完整的影片。在使用专业软件进行影视后期制作之前，用户还需要先来了解一下影视后期制作的基础知识。

1.1.1 影视后期制作概述

目前，影视媒体已成为一种最具有影响力的媒体形式，包括引进的好莱坞大片、新闻热点、电视广告、各种类型的电视剧等，无不深刻地影响着用户的生活。而好莱坞大片、电视广告和电视剧中的一些特效，以及新闻热点中的一些剪辑、合成和特技大部分是由专门的影视后期制作形成的。

那么，影视后期制作是什么呢？影视后期制作是在用户拍摄完基础影视以后，由相应人员以视觉传达设计理论为基础，并以所掌握的影视编辑设备（线性和非线性设备）和影视编辑技巧，利用一些影视后期制作软件，为所拍摄的影片添加文字、特效、声音等特殊素材，促使影片变得完整和绚丽多彩。

在早些年代，影视节目的制作则都是由专业人员进行，对于一般用户来讲，是一种可望而不可及的神秘技术。最近十几年，随着科技的发展，数字技术已全面进入到影视制作中，从而导致了计算机技术逐步取代了原有的影视制作设备。即便如此，由于影视制作所使用的硬件和软件的价格极其昂贵，因此普通用户仍然无法目睹并亲自制作自己的影片。

但是，随着计算机性能的提高和价格的下降，影视制作逐渐从专业且价格高昂的专业硬件转移到普通的计算机平台中，而原先配备专业硬件的高级专业软件也逐步被一些计算机普通软件所替代，从而促使一些专业人员和影视爱好者利用计算机来制作一些属于自己的影视作品。

而此时，影视制作的范围也从单一的电影行业扩大到了电脑游戏、多媒体、网络、家庭娱乐等领域中。

1. 影视后期制作内容

影视后期制作的具体内容并非像用户所想的那么复杂，其主要包括剪辑、特效、声音制作 3 个方面。

- ❑ **剪辑** 剪辑也就是影视后期的组接镜头，一般分为传统剪辑和数字剪辑，或线性和非线性剪辑。
- ❑ **特效** 特效是指制作一些特效，例如淡入淡出、圈出圈入、转场效果、动画或 3D 特效等。
- ❑ **声音** 声音是指影视后期声音制作，包括电影理论中出现的垂直蒙太奇等。

2. 影视后期制作流程

一般情况下，影视后期制作的流程包括初剪、正式剪辑、作曲或选曲、特效录入、配音和合成等内容。

- ❑ **初剪** 初剪又称为粗剪辑，是工作人员将所拍摄的素材经过转磁后输入到计算机中，然后导演再将所拍摄的素材按照脚本的顺序，拼接成一个没有视觉特效、旁白和音乐的初始版本。
- ❑ **正式剪辑** 正式剪辑又称为精剪，首先对初剪辑后的影片进行修改，然后将特效部分合成到影片中，完成影片中的广告片、部分画面的工作。
- ❑ **作曲或选曲** 这部分内容是为影片进行作曲或选曲，其作曲可以达到独一无二的配乐，但价格比较昂贵；而选曲则是选择已发布的乐曲，虽然价格便宜但并不是唯一的，会雷同其他影片中的曲目。
- ❑ **特效录入** 特效录入是影视后期制作的关键步骤，该步骤会将影片中无法拍摄或拍摄效果不是很好的部分，运用专业的特效软件进行特效填补。

- **配音**　配音是在影片中制作旁白或对白。当影片中的旁白、对白或音乐完成之后，音效剪接师会为影片配备不同的声音效果。
- **合成**　合成是最后一个步骤，是将影片中所有的元素合并到各自已调好的音量中，完成影片的后期制作。

3．影视后期制作软件

影视后期制作软件可分为剪辑软件、合成软件、三维软件等类型。

- **剪辑软件**　剪辑软件主要用于对影片的剪辑制作，包括 Adobe Premiere Pro、Final Cut Pro、EDIUS、Sony Vegas、Autodesk&reg、Smoke&reg 等软件，目前比较主流的软件为 Final Cut Pro 和 EDIUS。
- **合成软件**　合成软件主要用于影片的特效制作、音效制作及素材合成，分为层级合成和节点式合成软件，其中 After Effects 和 Combustion 为层级合成软件，而 DFusion、Shake 和 Premiere 则为节点式合成软件。
- **三维软件**　三维软件是制作影片中三维效果的一些软件，常用的包括 3ds Max、Maya、Softimage、ZBrush 等软件。

1.1.2　线性和非线性编辑

影视后期制作过程包括线性编辑和非线性编辑两种类型，随着数字技术的深入，其数字视频的非线性编辑已逐步取代了早期的模拟视频的线性编辑。

1．线性编辑概述

线性编辑技术是一种早期的、传统的编辑手法，它属于磁带编辑方式中的一种，主要以一维时间轴为基础并按照时间顺序从头至尾进行编辑的一种制作方式。

由于传统的磁带和电影胶片是由录像机通过机械运动将 24 帧/秒的视频信号顺序记录在磁带中，因此在线性编辑过程中用户无法删除、缩短或加长其中的某一段内容，只能以插入编辑的方式对

某一段进行等长度替换。

线性编辑技术要求编辑人员必须按照时间顺序依次编辑，也就是先编辑第一个镜头，最后编辑结尾的镜头。由于线性编辑技术的特殊要求，编辑人员对编辑带的任何一点改动，都会影响到从改变点至结尾点的所有部分，只能重新编辑或进行复制。因此，编辑人员必须对一系列镜头的组接做出可行性计划和精确的构思，防止编辑后的再次更改。

2．线性编辑的优缺点

线性编辑技术作为传统的一种编辑手法，存在保护素材、降低成本、连续平稳性等优点。

- **保护素材**　线性编辑技术可以很好地保护影片中的原素材，可以保证原素材重复使用。
- **降低成本**　由于线性编辑技术属于磁带编辑方式，并不损伤磁带，并能随意刻录和抹掉磁带内容，因此可以反复使用同一磁带，具有降低成本的优点。
- **迅速准确地查找编辑点**　线性编辑技术可以迅速且准确地查找到最恰当的编辑点，以方便编辑人员预览、检查、观看和修改编辑效果。
- **自由编辑声音和图像**　线性编辑技术既可以使声音和图像完全吻合在一起，又可以分别对声音和图像进行单独修改。

除了具有上述优点之外，线性编辑技术具有以下缺点，在很大程度上降低了编辑人员的创造性。

- **无法自由搜索素材**　由于线性编辑技术是以磁带为记录载体，并以一维时间轴为基础按照顺序搜索素材，既不能跳跃搜索也不能随机搜索某一段；因此在选择素材时比较浪费时间，既影响了编辑效率又磨损磁头和机械伺服系统。
- **模拟信号衰减严重**　由于传统的编辑方式是以复制的方式进行的，而模拟信号会随着复制次数的增加而衰减，从而增加了图像的劣化程度。
- **操作的局限性**　线性编辑技术一般只能

按照编辑顺序进行记录，无法对素材进行随意的插入和删除，也就是无法改变影片的长度，只能替换同等长度的部分内容。

❑ **设备和调试复杂** 线性编辑技术需要多种设备和多种系统，而各种设备各自具有独特的作用和性能参数，当它们彼此相连时不仅会造成视频信号的衰减，而且因其操作过程比较复杂，还需要众多操作人员，从而增加了编辑成本。

3．非线性编辑概述

非线性编辑是相对于线性编辑而言的。狭义上的非线性编辑是指无须在存储介质上重新排列素材，并可以随意剪切、复制和粘贴素材。而广义上的非线性编辑是指使用计算机随意编辑视频，以及在编辑过程中实现动画、淡入淡出、蒙版等处理效果。

由于非线性编辑技术是借助计算机实现所有的编辑操作，因此不再需要众多复杂的外部设备，从而降低了外用设备费。既然非线性编辑是借助计算机来实现的，那么所有的素材必将存储在计算机内，这样一来对素材的调用可以瞬间实现，不用像线性编辑那样反复地翻转磁带来查找。除了方便调用素材之外，非线性编辑技术还可以将素材按照各种顺序进行排列，并可以随意插入、删除和替换部分内容，以及更改整个影片的长度。

非线性编辑技术中的素材只需要上传一次，便可以进行多次编辑，其信号质量并不会因为多次编辑而衰减。虽然非线性编辑技术具有上述众多优势，但是它需要借助专业的编辑软件和硬件组成的非线性编辑系统。

非线性编辑系统是在编辑过程中使用 A/D（模/数）转换各种输入的视音频信号，并采用数字压缩技术将转换结果存入到计算机的硬盘中，不仅可以记录数字化的视音频信号，而且还可以随机读取和存储任意一幅画面。

4．非线性编辑的优势

非线性编辑集录像机、切换台、编辑机、多轨录音机、调音台等多种设备的功能于一体，已成为广播电视行业广泛使用的技术之一。

虽然非线性编辑具有受硬盘影响记录内容、特效技术受制约、必须预先导入素材等缺点，但也具有信号质量高、制作水平高、设备寿命长、便于升级等优点。

> **提示**
>
> 鉴于线性和非线性编辑的优缺点，一般情况下相对复杂的制作宜选用非线性编辑，而新闻制作、现场直播和现场直录宜选用线性编辑。

信号质量高	• 信号质量不会随着拷贝次数而下降 • 相当于模拟视频电视第二版质量的节目
制作水平高	• 便于搜索素材，编辑过程灵活且方便 • 多种花样、自由组合的特技方式
设备寿命长	• 高度集成多种设备，节约投资 • 录像机启动次数少，可延长寿命
便于升级	• 采用易于升级的开放式结构 • 支持多种易于升级的第三方软件
网络化	• 可实现资源共享和计算机网络协同工作 • 便于查询和管理数码视频资源

1.1.3 影视后期合成方式

影视后期合成是利用实际拍摄所得到的素材，通过三维动画和合成手段制作特技镜头，然后将镜头剪辑到一起形成一个完整的影片。

传统的影视剪辑是真正的剪辑，将拍摄得到的底片经过冲洗，制作成一套工作样片，剪辑师从这些大量的样片中挑选需要的镜头和胶片，用剪刀将胶片剪开，再用胶水将它们粘在一起，然后在剪辑台上观看剪辑的效果。这个过程虽然看起来很原始，但这种剪接却是真正非线性的。剪辑师不必从头到尾顺序地工作，因为他们可以随时将样片从中间剪开，插入一个镜头或者剪掉一些画面而不影响整个片子。

传统的电视节目一般都是在编辑机上进行的，编辑机通常由一台放像机和一台录像机组成。剪辑师通过放像机选择一段适合的素材,并把它记录到录像机的磁带上,然后再寻找下一个镜头。一般高端编辑机还具备很强的特技功能,可以制作各种转场,调整画面颜色,甚至制作字幕等。但是,由于磁带记录画面是顺序的,人们无法在现有的画面之间插入一个镜头,也无法删除一个镜头,所以这种编辑被称为线性编辑。

基于计算机的数字非线性编辑技术使剪辑方法得到了很大的发展,这种技术将素材记录到计算机中,利用计算机进行剪辑,它采用了影视编辑的非线性模式,但用简单的鼠标和键盘操作代替了剪刀的手工操作,剪辑结果可以马上回放,所以大大提高了效率。

随着影视制作技术的迅速发展,后期制作又肩负起了一个非常重要的职责——特技镜头的制作。所谓特技镜头是指通过设备直接拍摄不到的镜头。计算机的应用为特技制作提供了更好的方法,也使许多过去必须使用模型和摄影手段完成的特技可以通过计算机来实现,所以更多的特技就成了后期制作的工作。

对于电视节目而言,画面本身就是由很多没有联系的物体组合而成的,显然不是通过实地拍摄,而只能通过合成得到,例如广告、栏目包装、MTV等。这时合成的要求不是真实感,而是纯粹的审美和形式感,但从合成的技术手段来说,与仿真的合成没有太大的区别,这就是影视后期制作的意义。

1.1.4 影视制作常用概念

在视频的编辑过程中,有一些专业术语需要掌握,它们有着各自的含义。因此,在使用 After Effects 软件之前,还需要先来了解一下影视制作中的一些常用概念。

1. 模拟信号

视频信号往往是和音频信号相伴的,作为一个完整的信息,需要将音频和视频结合起来形成一个整体。广播电视制作中使用的录像带就是将磁带划分为两个区域,分别用来记录视频信息和音频信息。在播放时,将视频、音频信号同时播放。视频

信号从组成和存储方式,可划分为模拟视频和数字视频两种。

其中,模拟视频是指由连续的模拟信号组成的视频图像,以前所接触的电影、电视都是模拟信号,之所以将它们称为模拟信号,是因为它们模拟了表示声音、图像信息的物理量。摄像机是获取视频信号的来源,早期的摄像机以电子管作为光电转换器件,把外界的光信号转换为电信号。摄像机前的被拍摄物体的不同亮度对应于不同的亮度值,摄像机电子管中的电流会发生相应的变化。模拟信号就是利用这种电流的变化来表示或者模拟所拍摄的图像,记录下它们的光学特征,然后通过调制和解调,将信号传输给接收机,通过电子枪显示在荧光屏上,还原成原来的光学图像。这就是电视广播的基本原理和过程。

2. 数字视频

数字视频是区别于模拟视频的数字化视频,它把图像的每个点都用一个由二进制数字组成的编码来表示,可以对图像中的任何地方进行修改,这就是数字视频相对于模拟视频的先进性。

数字视频是以数字方式记录的视频信号,它包括两方面的含义:一是将模拟视频数字化后得到数字视频,二是由数字拍摄设备直接获取或者由计算机软件生产数字视频。

3. 模拟视频的数字化

模拟视频的数字化就是把模拟信号的电流或者波形转换为由 0 和 1 组成的一系列二进制数,每一个像素由一个二进制表示,每一幅画面都由一系列的二进制数表示。这个过程相当于把模拟视频变成了一串串经过编码的数据流。在重放视频信号时,经过解码处理变换为原来的模拟波形放出来。

数字化模拟视频是人们利用计算机编辑视频的第一步,也是最重要的一步。模拟视频的数字化需要进行 3 个处理过程:采样、量化和编码。模拟视频信号的电压变化完全类似于原图像的变化,是一个时空连续的过程。采样时用一系列单个的脉冲来代替这些连续的模拟视频信号,只要这些脉冲足够密集,就可以利用它们的值来恢复原来的模拟视频信号。经过采样后的视频信号只是空间上的离散

像素阵列，但每个像素的值仍是连续的，必须将其转换成有限个离散值，这个过程被称为量化。

4．帧速率

影片在播放时每秒扫描的帧数，这即是帧速率。如我国使用的 PAL 制式电视系统，帧速率为 25fps，也就是每秒播放 25 帧画面。在三维软件中制作动画时就要注意影片的帧速率，在 After Effects 中如果导入素材与项目的帧速率不同，会导致素材的时间长度变化。

5．像素纵横比

像素纵横比即像素的长宽比。不同制式的像素纵横比是不一样的，在显示器上播放像素纵横比是 1:1，而在电视上，以 PAL 制式为例，像素纵横比是 1:1.07，这样才能保持良好的画面效果。如果用户在 After Effects 中导入的素材是由 Photoshop 等其他软件制作的，一定要保证像素纵横比的一致。在建立 Photoshop 文件时，可以对像素纵横比做设置。

6．电视制式

在制作电视节目之前，要清楚客户的节目在什么地方播出，不同的电视制式在导入和导出素材时的文件设置是不一样的。目前各国的电视制式不尽相同，制式的区分主要在于帧频（场频）、分解率、信号带宽，以及载频、色彩空间的转换关系等的不同。世界上现行的彩色电视制式有三种：NTSC（National Television System Committee）制（简称 N 制）、PAL（Phase Alternation Line）制和 SECAM 制。

- ❑ **NTSC 彩色电视制式** 它是 1952 年由美国国家电视标准委员会指定的彩色电视广播标准，它采用正交平衡调幅的技术方式，故也称为正交平衡调幅制。美国、加拿大等大部分西半球国家，以及中国台湾、日本、韩国、菲律宾等国家和地区均采用这种制式。

- ❑ **PAL 制式** 它是德国在 1962 年指定的彩色电视广播标准，采用逐行倒相正交平衡调幅的技术方法，克服了 NTSC 制相位敏感造成色彩失真的缺点。德国、英国等一

些西欧国家，中国、新加坡、澳大利亚、新西兰等国家采用这种制式。PAL 制式根据不同的参数细节，又可以进一步划分为 G、I、D 等制式，其中 PAL-D 制式为中国大陆采用的制式。

- ❑ **SECAM 制式** SECAM 是法文的缩写，意为顺序传送彩色信号与存储恢复彩色信号制，是由法国在 1956 年提出的，于 1966 年制定的一种新的彩色电视制式。它也克服了 NTSC 制式相位失真的缺点，但采用时间分隔法来传送两个色差信号。使用 SECAM 制主要集中在法国、东欧和中东一带。

随着电视技术的不断发展，After Effects 不但有对 PAL 标清制式的支持，对高清晰度电视（HDTV）和胶片（Film）等格式也提供支持，可以满足客户的不同需求。用户只需在 After Effects 软件中，执行【合成】|【新建合成】命令，弹出【合成设置】对话框。单击【预设】下拉按钮，在其下拉列表中选择相应的制式模板即可。

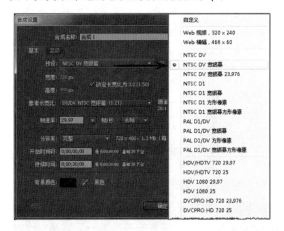

7．场

影片最终在电视上播放都会涉及这一概念。人们在显示器看到的影像是逐行扫描的显示结果，而电视因为信号带宽的问题，图像是以隔行扫描的扫描线组成。所以，电视显示出的图像是由两个场组成的，每一帧被分为两个图像区域（也就是两个场）。

还是先扫描下场。不同的设备对扫描顺序的要求是不同的，大部分三维制作软件和后期软件都支持场顺序的输出切换。

> **提示**
>
> 经验的积累可以直接分辨素材是奇场还是偶场优先，例如不同的视频采集设备得到的素材是奇场还是偶场优先是不同的，通过1394 火线（Fire Wire）接口采集的 DV 素材永远都是偶场优先。

两个场分为奇场（Upper Field）和偶场（Lower Field），也叫作上场和下场。如果以隔行扫描的方式输出文件，就要面对一个关键问题，先扫描上场

1.2　After Effects 简介

Adobe After Effects（AE）是 Adobe 公司推出的一款图形视频处理软件，主要用于影像合成、动画、视觉效果、非线性编辑、设计动画样稿、多媒体和网页动画制作方面，是目前影视后期合成人员的首选软件之一，它不仅可以运用各种内置特效创建绚丽多彩的动画效果，还可以使用非线性编辑功能进行即时合成。除此之外，After Effects 还支持多种音频和视频格式，以便可以将所创作的成品输出为各种格式以支持视频、电影、CD-ROM、DVD 或网页等领域的应用。

After Effects 之所以受到广大用户的青睐，除了上述功能之外，还由于它可以兼容 Photoshop 中的插件滤镜，以及兼容 3ds Max 和 Maya 等软件，从而弥补了 3ds Max 动画合成能力的不足。

1.2.1　After Effects 版本介绍

After Effects 涵盖了影视特效制作中常见的文字特效、粒子特效、调色技法、变形特效等特效，被广泛应用于电视台、电视广告、视频制作、网页动画制作等多个领域中。

After Effects 软件一开始是由 PACo 开发，于 1991 年 5 月发布 PACo 1.0 和 QuickPics 1.0 版本。随后其开发者变为 Egg，并于 1993 年 1 月发布 After Effects 1.0 版本。目前，After Effects 的最新版本为 Adobe After Effects CC 2014。After Effects 软件版本发展历程如下图所示。

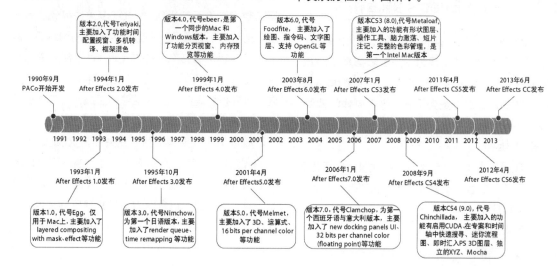

1.2.2　After Effects 常用功能

After Effect 属于一种层类型后期软件,具有图形视频处理、路径功能、特技控制、多层剪辑、关键帧编辑、渲染和编码等功能。After Effect 主要功能的具体阐述如下图所示。

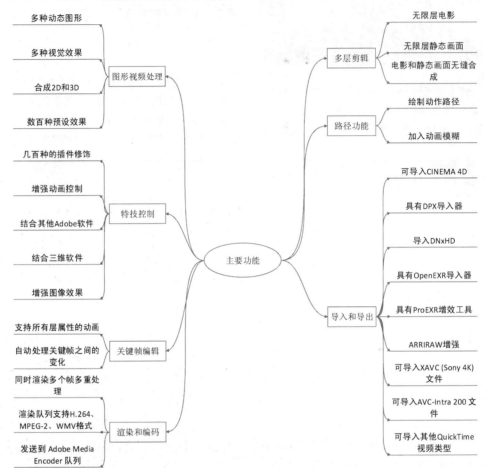

1.2.3　After Effects 编辑格式

　　After Effects 在电视和电影的后期制作软件中都占有一席之地,这是因为不少电影都是在 After Effects 中完成后期特效的工作。由于使用 After Effects 的用户大部分是为了满足电视制作的需要,所以需要了解数字视频的各种格式。

1.　视频压缩

　　视频具有直观性、确切性、高效性、广泛性等优点,但是由于信息量太大,要使视频得到有效的应用,必须首先解决视频压缩编码问题,其次解决压缩后视频质量的保证问题。

　　由于视频信号的传输信息量大,传输网络带宽要求高,如果直接对视频信号进行传输,以现在的网络带宽来看很难达到,所以就要求在视频信号传输前先进行压缩编码,即进行视频源压缩编码,然后再传送以节省带宽和存储空间。对于视频压缩有两个最基本的要求:一是必须压缩在一定的带宽内,即视频编码器应具有足够的压缩比;二是视频信号压缩之后,经恢复应保持一定的视频质量。

　　视频图像数据有极强的相关性,也就是说有大量的冗余信息,其中冗余信息可分为空域冗余信息和时域冗余信息。压缩技术就是将数据中的冗余信息去掉,压缩技术包含帧内图像数据压缩技术、帧间图像数据压缩技术和熵编码压缩技术。一幅图像是由很多的像素点组成的。

大量统计表明,同一幅图像中的像素之间有很强的相关性,两像素之间的距离越短,则其相关性越强,即其像素值越接近。两像素值发生突变的可能性就很小, 相等、相似或缓变的概率就极大。

2. 数字音频

声音是多媒体技术研究中的一个重要内容,声音的种类繁多,如人的话音、乐器的声响、动物的叫声、机器产生的声音以及自然界的雷声、风声、雨声、闪电声等。

声音的强弱体现在声波压力的大小上,音调的高低体现在声音的频率上。带宽是声音信号的重要参数,用来描述组成符合信号的频率范围,如高保真声音的频率范围为 10~20000Hz,它的带宽约为 20kHz,而视频信号的带宽是 6MHz。

为处理或合成声音,计算机必须把声波转换成数字,这个过程称为声音采样,也称为声音数字化,它是把连续的声波信号,通过一种称为模数转换器的部件转换成数字信号,供计算机处理。转换后的数字信号又可以通过数模转换经过放大输出,变成人耳能够听到的声音。

3. 常用视频格式

熟悉常见的视频格式是后期制作的基础,而 After Effects 支持多种视频格式。

❏ **AVI 格式**　AVI(Audio Video Interleaved,音频视频交错)格式于 1992 年由 Microsoft 公司推出, 随 Window 3.1 一起被人们所熟知。所谓"音频视频交错",就是可以将视频和音频交织在一起进行同步播放。

这种视频格式的优点是图像质量好,可以跨多个平台使用, 其缺点是体积过于庞大,而且压缩标准不统一。这是一种 After Effects 常见的输出格式。

❏ **MPEG 格式**　MPEG(Moving Picture Expert Group,运动图像专家组)文件格式是运动图像压缩算法的国际标准,它采用了有损压缩方法,从而减少运动图像中的冗余信息。目前常见的 MPEG 格式有三个压缩标准,分别是 MPEG-1、MPEG-2 和 MPEG-4。

❏ **MOV 格式**　MOV 格式是 Apple 公司开发的一种视频格式,默认的播放器是苹果的 QuickTime Player。具有较高的压缩比和较完美的视频清晰度等特点,但是其最大的特点还是跨平台性, 即不仅能支持 Mac, 也能支持 Windows 系列。这是一种 After Effects 常见的输出格式。可以得到文件很小, 但画面质量很高的影片。

❏ **ASF 格式**　ASF(Advanced Streaming Format,高级流格式)是微软为了和现在的 Real Player 竞争而推出的一种视频格式,用户可以直接使用 Windows 自带的 Windows Media Player 对其进行播放。由于它使用了 MPEG-4 的压缩算法,所以压缩率和图像的质量都很不错。

> **提示**
>
> After Effects 支持 WAV 的音频格式,自 After Effects CS4 开始已经支持常见的 MP3 格式,可以将给定格式的音乐素材导入使用。在选择影片存储格式时, 如果影片要播出使用,一定要保持无压缩的格式。

1.3　认识 After Effects CC

After Effects CC 是一个非线性影视软件,它可以利用层的方式将一些非关联的元素关联到一起,从而制作出满意的作品。当用户了解影视后期制作基础知识之后, 便需要认识一下 After Effects CC 的工作界面, 以及了解 After Effects CC 的新增功能、协作软件及工作流程等基础知识。

1.3.1 After Effects CC 工作界面

After Effects CC 相对于旧版本软件来讲,不仅增加了启动界面的立体感,而且在其工作界面中也进行了一些细微的改进。

1. 欢迎界面

当用户首次启用 After Effects CC 时,会出现一个欢迎界面,以帮助用户进行相应的操作,包括打开最近使用的文档、新建合成、打开项目、设置同步等操作。

> **提示**
>
> 用户可以通过禁用【启动时显示欢迎屏幕】复选框,取消启动时所显示的欢迎界面,直接进入到工作界面中。

2. 工作界面

关闭欢迎界面或在欢迎界面中执行某项操作之后,便可以进入到工作界面中。After Effects CC 所提供的工作界面是一种可伸缩、自由定制的界面,用户可以根据工作习惯自由设置界面。默认的暗黑色界面颜色,使整个界面显得更加紧凑。

默认情况下,工作界面是由菜单栏、工具栏、【合成】窗口、【时间轴】面板、【项目】面板以及各类其他面板等模块组成,界面中的面板可以通过【窗口】菜单根据具体使用来随意增减。

在工作界面的右上方包含了一个【工作区】功能,用来更改当前所使用的工作模式。用户只需单击【工作区】下拉按钮,在其下拉列表中选择相应的选项,即可更改工作模式。After Effects CC 内置预设了 9 种工作模式供用户选择和使用。

❏ **动画**　选择该选项，可将界面调整到适合动画制作的状态。这样除了将一些标准的面板显示在界面中外，还可将【预览】面板等一些动画控制面板显示在界面中。

❏ **所有模板**　选择该选项，将在 After Effects CC 界面中打开所有的面板。这里并不是将所有的面板全部按尺寸打开，有些面板将以标签的形式出现，可以通过单击相应的标签将该面板打开。

❏ **效果**　选择该选项，可将界面调整到适合效果制作的状态。

❏ **文本**　选择该选项，可将界面调整到适合文字制作的状态。

❏ **标准**　选择该选项，可将界面调整为标准状态。

❏ **浮动面板**　该软件在默认情况下，所有的面板都是固定在各个面板组中，不能通过简单的鼠标拖动调整面板的位置。如果希望将面板转换为浮动面板形式，可以选择该选项。

❏ **简约**　选择该选项，将只在界面中显示【合成】窗口和【时间轴】面板，其他的面板全部隐藏。这种界面方式主要用于项目的预览期间，或计算机屏幕很小时使用。

❏ **绘画**　选择该选项，可将界面调整到适合绘图制作的状态。

❏ **运动跟踪**　选择该选项，可将界面调整到适合运动跟踪制作的状态，这样除了将一些标准的面板显示在界面中外，还可将【跟踪】面板等一些关于运动跟踪制作的面板显示出来。

1.3.2　After Effects CC 新增功能

在 After Effects CS6 基础上推出的 After Effects CC 版本，不仅在界面上有了新的改进，在其功能上主要增加了对 GPU 和多处理器性能的支持，以及整合 CINEMA 4D、增强型动态抠图工具集、像素运动模糊效果、3D 摄像机跟踪器等功能。

1．整合 CINEMA 4D

After Effects CC 新增了与 CINEMA 4D 紧密整合的功能，用户可以在 After Effects CC 中创建 CINEMA 4D 文件，操作复杂的 3D 元素、场景和动画。另外，由于 After Effects CC 集成了 CINEMA 4D 的渲染引擎 CINERENDER，因此还可以将基于 CINEMA 4D 文件的图层添加到合成中，在 CINEMA 4D 中修改并保存结果，并将最终结果显示在 After Effects CC 中，从而简化了工作流程。

2．增强型动态抠图工具集

使前景对象与背景分开是大多数视觉效果和合成工作流中的重要步骤。After Effects CC 提供了多个改进功能和新功能，使动态抠图更容易、更有效。

3．在【合成】面板中对齐图层

After Effects CC 新增了在【合成】面板中对齐图层的功能，使用该功能可以在【合成】面板中拖动图层时对齐图层。最接近指针的图层特性将用于对齐。这些包括锚点、中心、角或者蒙版路径上的点。对于 3D 图层，还包括表面的中心或者 3D 体积的中心。在拖动其他图层附近的图层时，目标图层将凸出显示，显示出对齐点。

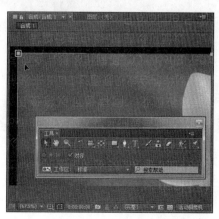

4．图层的双立方采样

After Effects CC 新增了素材图层的双立方采样功能，使用该功能可以帮助用户对缩放类的图层的变换使用双立方或双线性采样。其中，双立方采样不仅可以获得更为明显的采样结果，而且其运算速度更慢，更有利于生成"最佳品质"的图层。

5．像素运动模糊效果

计算机生成的运动或者加速素材通常看起来很虚假，这是因为没有进行运动模糊。新的【像素运动模糊】效果会分析视频素材，并根据运动矢量人工合成运动模糊。添加运动模糊可使运动更加真实，因为其中包含了通常由摄像机在拍摄时引入的模糊。

6．3D 摄像机跟踪器

3D 摄像机跟踪器是使用新的跨时间自动删除跟踪点选项，当在【合成】面板中删除跟踪点时，相应的跟踪点，即同一特性/对象上的跟踪点，将在其他时间在图层上予以删除。After Effects CC 会分析素材，并且尝试删除其他帧上相应的轨迹点。

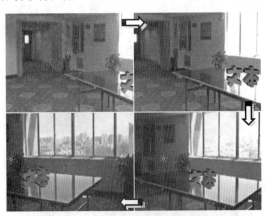

7．同步设置

After Effects CC 新增了同步设置功能，该功能可以将用户所配置的文件以及通过 Adobe Creative Cloud 使首选项同步，从而实现多台计算机之间设置的同步性。

在使用同步设置功能时，用户需要先设置一个 Adobe Creative Cloud 账户，通过该账号上载同步设置到 Creative Cloud 账户中，然后将上载的同步设置下载到其他计算机中使用即可。

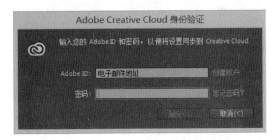

另外，After Effects CC 会在用户的计算机中创建用户配置文件，并将配置文件关联到用户所登录的 Creative Cloud 账户中，以保证计算机和 Creative Cloud 账户之间的设置的同步性。

8．After Effects CC 2014 新增功能

After Effects CC 相对于旧版本增加了不少新功能，而于 2014 年最新推出的 After Effects CC 2014 版本，又新增加了下列一些功能。

- ❑ **抠像清除** 新增加的抠像清除功能可以在为一些蓝、绿背景不够好的影视素材进行去除背景操作时，保留精细的细节。
- ❑ **Premiere Pro 的实时文字范本** 该新功能可以将 After Effects 合成影片封装为 Premiere Pro 的实时文字范本，以方便 Premiere Pro 编辑人员在不涉及文字色彩、动作或标题列背景的情况下修改文字。
- ❑ **Kuler 整合** 该新增功能可以在浏览器中使用 Adobe Kuler 应用程序建立色彩主题，并将色彩主题同步至 After Effects 用于影片合成。
- ❑ **Media Browser**（媒体浏览器）**增强功能** 该新增功能可以使用 Adobe Anywhere 在本机或跨网络浏览媒体文件，并可以将 P2 和 XDCAM 等复杂的媒体文件作为媒体文件进行存取。
- ❑ **Typekit 整合** 该新增功能可以在 After

Effects 项目中应用从 Typekit 中存取的各种不同类型的字体。

除了上述 5 种新增功能之外，最新版本的 After Effects 还新增了面板整合支持、弹性遮色片选项与 Premiere Pro 交换格式、画面稳定器 VFX 效果中的效能加快、计算设定及输出模组设定的指令码存取等功能。

1.3.3　After Effects CC 协作其他软件

After Effects CC 是 Adobe 公司的软件，为了增强 After Effects 软件的功能和实用性，还需要协作 Adobe 系列中的其他软件，例如协作 Photoshop、Illustrator 等。

1．协作 Photoshop

Adobe 公司的 Photoshop 软件是图形制作行业的典范，而 After Effects 与 Photoshop 结合的紧密程度是不言而喻的。After Effects CC 可以识别 PSD 文件格式中的大部分效果，并且可以在两个软件之间进行交互性编辑，这样节省了大量的制作时间。

在 After Effects CC 中导入 PSD 文件时，可以在【导入种类】下拉列表中选择 PSD 文件的导入形式。

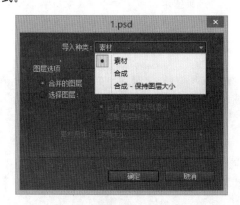

当选择【合成】或者【合成-保持图层大小】选项，导入的合成文件中，PSD 文件会以多个图层显示，并且能够独立进行编辑。

如果选择【素材】选项，那么会以图像文件的形式导入项目中。另外，当用户选中【图层选项】选项组中的【合并图层】选项，会得到多幅图像合

并为一体的图像效果。如果选中【选择图层】选项，那么可以在下拉列表中，选择 PSD 文件中所有图层中的某个图层，使该图层以图像素材形式导入其中。

注意

当以单个图层导入为素材文件时，还可以设置素材尺寸。方法是选择【素材尺寸】下拉列表中的【文件大小】或者【图层大小】选项。

2．协作 Illustrator

Adobe Illustrator 是 Adobe 公司出品的矢量图形编辑软件，在出版印刷、插图绘制等多种行业被作为标准，其输出文件为 AI 格式。After Effects CC 可以随意导入 AI 格式与 EPS 格式的路径文件，如其强大的矢量图形处理能力可以弥补 After Effects CC 中蒙版功能的不足。

提示

从 After Effects CS6 版本开始，导入的矢量图像还能够直接转换为形状图层，这样就能够使用其形状路径来制作效果了。

3. 协作 Flash

Adobe Flash 是 Adobe 公司出品的一种二维动画软件，用于制作一些动画和影片。用户可以将使用 Flash 创建的动画或影片导入到 After Effects CC 中进行编辑和优化，同样也可以将使用 After Effects CC 制作的合成视频通过 Flash 来发布，或者将 After Effects CC 所制作的影片合成导出为 XFL 格式，以便可以在 Flash 中进行编辑。

4. 协作 Premiere Pro

After Effects CC 主要用于创建动画、合成特效、执行颜色校正等影片后期制作，而 Premiere Pro 则用于捕捉、导入和编辑影片。由于两者同属于 Adobe 公司的系列产品，因此用户可以在两者之间交换项目、合成、序列和图层等。

❏ **导出和导入**　既可以将 After Effects CC 项目导出为 Premiere Pro 项目，又可以将 After Effects CC 项目导入到 Premiere Pro 中。

❏ **复制图层和估计**　可以在 After Effects CC 和 Premiere Pro 中复制和粘贴图层和轨迹。

❏ **内部启动**　不仅可以从 After Effects CC 内部启动 Premiere Pro 并捕捉将要在 After Effects CC 中使用的素材，而且还可以在 Premiere Pro 中启动 After Effects CC，并可以使用 Premiere Pro 项目创建新的合成。

❏ **动态链接**　使用 Adobe 动态链接，不仅可以在 Premiere Pro 中无须渲染而处理 After Effects CC 合成，而且还可以在 After Effects CC 中无须渲染处理 Premiere Pro 序列。

1.4　设置 After Effects CC 首选项

安装并运行 After Effects CC 软件时，系统将以默认的设置运行该软件。为适应用户制作需求，也为了使所制作的作品更能满足各种特技要求，用户还需要在 After Effects CC 软件中，通过执行【编辑】|【首选项】命令，来设置各类首选项。

1.4.1　常用首选项

常用首选项是一些基本的、经常使用的选项设置，包括常规、预览、显示和视频预览等首选项内容。

1. 常规

执行【编辑】|【首选项】命令，打开【首选项】对话框。在【常规】选项卡中，设置软件操作中的一些最基本的操作选项。

在【常规】选项卡中，主要包括下列选项：

❏ **路径点和手柄大小**　该选项表示用于指

定贝塞尔曲线方向手柄，蒙版和形状的顶点、运动路径的方向手柄以及其他类似控件的大小，其设置值介于 4~15 之间。

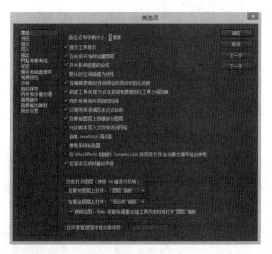

❏ **显示工具提示**　启用该复选框，将在屏幕

中显示指针所在位置的工具按钮的提示信息。

❑ **在合成开始时创建图层**　启用该复选框，新建或导入到【时间轴】面板中的层将以合成开始的时间为对齐入点。

❑ **开关影响嵌套的合成**　启用该复选框，可以确定层所包含的质量、运动模糊、解析度等，层开关的变化会影响包含开关项的合成素材。

❑ **默认的空间插值为线性**　启用该复选框，表示将关键帧运动中的空间插值定义为线性。

❑ **在编辑蒙版时保持固定的顶点和羽化点数**　启用该复选框，表示将在编辑蒙版时为贝塞尔曲线指定顶点和羽化点，但当删除这些控制点后其整个持续时间内的控制点都将被删除。

❑ **钢笔工具快捷方式在钢笔和蒙版羽化工具之间切换**　启用该复选框，表示钢笔工具的快捷键将会在钢笔和蒙版羽化工具之间来回切换，从而可以变宽蒙版羽化的宽度。

❑ **同步所有相关项目的时间**　启用该复选框，可以使嵌套层（合成层）与其调用层的时间线在项目中保持同步。

❑ **以简明英语编写表达式拾取**　启用该复选框，表示用户在输入表达式时，将使用简介英语进行排列。

❑ **以原始图层上创建拆分图层**　启用该复选框，创建的拆分图层将位于原始图层上方。

❑ **允许脚本写入文件和访问网络**　启用该复选框，表示将加载和运行脚本。

❑ **启用 JavaScript 调试器**　启用该复选框，表示将使用 JavaScript 语句来调试项目动画。

❑ **使用系统拾色器**　启用该复选框，表示将使用系统中的颜色拾色器。

❑ **与 After Effects 链接的 Dynamic Link 将**

项目文件名与最大编号结合使用　启用该复选框，表示将与 After Effects 的动态链接一起结合使用项目文件名称和最大编号。

❑ **在渲染完成时播放声音**　启用该复选框，表示在渲染完成之后播放影片声音。

❑ **双击打开图层**　该选项表示双击打开图层时将在素材图层或复合图层上打开【图层】面板或【源素材】、【源合成】面板。另外，还可以在使用绘图、Roto 笔刷和调整边缘工具双击时打开【图层】面板。

❑ **在资源管理器中显示首选项**　单击该按钮，可在弹出的对话框中显示首选项的设置文件。

❑ **迁移早期版本设置**　单击该按钮，可以将早期版本的设置迁移到当前最新版本中。

2．预览

在【首选项】对话框中，激活左侧的【预览】选项卡，在展开的列表中设置项目完成后的预览参数。

在【预览】选项卡中，包括快速预览、查看器质量、音频试听等选项：

❑ **自适应分辨率限制**　该选项用于设置分辨率的限制范围，包括 1/2、1/4、1/8、1/16 范围。

❑ **GPU 信息**　单击该按钮，可以在弹出的对话框中显示本机 GPU 的纹理内存、光线追踪等选项的设置选项，以及 OpenGL 的基本信息。

❑ **显示内部线框** 启用该复选框，可以显示折叠预合成和逐字 3D 化文字图层的组件的定界框线框。

❑ **缩放质量** 该选项用于设置查看器缩放质量的速度或精度，包括【更快】、【更准确】、【除 RAM 预览之外更准确】3 种选项。

❑ **色彩管理品质** 该选项用于设置查看器中色彩品质的管理方式，也包括【更快】、【更准确】、【除 RAM 预览之外更准确】3 种选项。

❑ **替代 RAM 预览** 该选项需要在启用 RAM 预览期间按住 Alt 键时使用，其预览值介于 2~100 之间。

❑ **音频试听** 该选项需要在渲染音频并进行预览时使用，用户可直接在【持续时间】文本框中输入具体时间。

3. 显示

在【首选项】对话框中，激活左侧的【显示】选项卡，在展开的列表中设置项目的运动路径和相应的首选项即可。

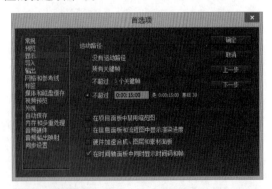

在【显示】选项卡中，包括运动路径选项组及其他相应选项：

❑ **运动路径** 在该选项组中主要用于设置对象的运动路径，当选中【没有运动路径】选项时则表示不显示对象的运动路径，当选中【所有关键帧】选项时则表示只在所有关键帧上显示运动路径，当选中【不超过】多少个关键帧选项时表示将在指定的

关键帧个数内显示运动路径，当选中【不超过】选项时则表示在指定的时间段内显示运动路径。

❑ **在项目面板中禁用缩览图** 启用该复选框，表示将在项目面板中禁用素材的缩览图。

❑ **在信息面板和流程图中显示渲染进度** 启用该复选框，表示将在信息面板和流程图中显示影片的渲染进度。

❑ **硬件加速合成、图层和素材面板** 启用该复选框，表示将在进行合成、图层和素材面板操作时，使硬件处于加速状态，从而提高硬件的性能。

❑ **在时间轴面板中同时显示时间码和帧** 启用该复选框，表示将在时间轴面板中同时显示时间码和帧，该选项默认为启用状态。

4. 视频预览

在【首选项】对话框中，激活左侧的【视频预览】选项卡，在展开的列表中设置外部监视器。

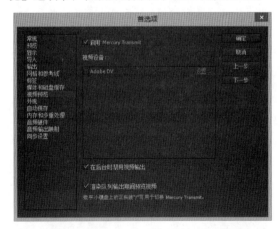

在【视频预览】选项卡中，主要包括下列一些选项：

❑ **启用 Mercury Transmit** 启用该复选框，可以启用 Adobe Mercury Transmit 在外部监视器上进行视频预览，无须增加另外的硬件设备。

❑ **视频设备** 用于设置 Adobe DV 等视频的长宽比和 24p 转换方法，用户只需单击设

备后面的【设置】选项，即可在弹出的对
话框中设置所对应设备的转换参数。

- ❏ **在后台时禁用视频输出**　启用该复选框，
该软件在后台运行而非前景应用程序时，
将禁用视频发送至外部监视器。

- ❏ **渲染队列输出期间预览视频**　启用该复
选框，表示在渲染队列中的帧时，将视频
发送至外部监视器。

1.4.2　导入和输出首选项

导入和输出选项主要用于设置项目中素材的
导入参数，以及影片和音频的输出参数和方式。

1. 导入

在【首选项】对话框中，激活左侧的【导入】
选项卡，在展开的列表中设置静止素材、序列素材、
自动重新加载素材等素材导入选项。

在【导入】选项卡中，主要包括下列一些选项：

- ❏ **静止素材**　该选项组主要用于设置静止
素材导入时所需要的长度类型，包括图像
合成的长度和指定的时间长度两种类型。

- ❏ **序列素材**　该选项组用于指定导入序列
素材的速度，即所导入的序列素材是按照
每秒指定的帧数进行输入，其帧数值介于
0.01~999 之间。而当启用【报告缺失帧】
复选框后，在导入时将显示所丢失的帧。

- ❏ **自动重新加载素材**　该选项组用于项目
在重新获取焦点时，将自动重新加载任何
已更改的素材，其加载素材的类型包括

【非序列素材】、【所有素材类型】和【关】。

- ❏ **不确定的媒体 NTSC**　该选项用于设置当
系统无法确定 NTSC 媒体情况下允许丢帧
或不丢帧的情况下进行输入。

- ❏ **将未标记的 Alpha 解释为**　该选项用于设
置未标记的 Alpha 通道的一些操作，当选
择【询问用户】选项时表示在导入包含
Alpha 通道的素材时将自动弹出提示对话
框，以供用户进行选择；当选择【猜测】
选项时表示由系统自行根据内置设置来
选择 Alpha 通道的类型；当选择【忽略
Alpha】选项时表示在导入素材时将忽略
Alpha 通道类型；当选择【直接（无遮罩）】
选项时表示在导入素材时使用无遮罩的
Alpha 通道；当选择【预乘（黑色遮罩）】
和【预乘（白色遮罩）】选项时表示在导
入素材时使用去掉蒙版颜色的 Alpha 通道。

- ❏ **通过拖动将多个项目导入为**　该选项表
示用户可以直接将资源管理器中的文件
拖到项目中，包括【素材】、【合成】和【合
成-保存图层大小】3 种类型的文件。

2. 输出

在【首选项】对话框中，激活左侧的【输出】
选项卡，在展开的列表中设置影片的输出参数。

在【输出】选项卡中，主要包括下列一些选项：

- ❏ **序列拆分为**　该选项表示是否将图像序
列拆分为指定个数的文件，用户只需启用
该复选框并在其后输入文件数值即可，其
拆分文件的数值介于 1~32000 之间。

- ❏ **仅拆分视频影片为**　该选项表示将视频

影片拆分为指定大小,用户只需启用该复选框并在其后输入大小数值即可,其文件大小值介于 1~9999 之间。用户需要注意,该选择在具有音频的影片中无法使用。

- ❑ **使用默认文件名和文件夹** 启用该复选框,表示将使用系统默认的文件名和文件夹保存所要输出的影片。

- ❑ **音频块持续时间** 该选项表示用于指定在渲染影片中断后音频的时长。

3.音频输出映射

在【首选项】对话框中,激活左侧的【音频输出映射】选项卡,在展开的列表中设置音频映射时的输出格式。

在该选项卡中,只包含了【映射其输出】、【左侧】和【右侧】3 个选项,每个选项的具体设置与计算机所安装的音频卡相关,用户只需要根据当前计算机的音频硬件进行相应的设置即可,一般情况下可以使用默认设置。

1.4.3 界面和保存首选项

界面和保存首选项主要用于设置工作界面中的网格线和参考性、标签和外观,以及软件的自动保存功能等首选项,以使软件更加符合用户的使用习惯。

1.网格和参考线

在【首选项】对话框中,激活左侧的【网格和参考线】选项卡,在展开的列表中设置网格颜色、网格样式、网格线间隔,以及对称网格、参考线和安全边距等选项。

在【网格和参考线】选项卡中,主要包括的一些选项。

选项组	选项	含 义
网格	颜色	用于设置网格的颜色,可通过单击后面的【吸管】来拾取颜色
	样式	用于设置网格线条的样式,包括【线条】、【虚线】和【点】
	网格线间隔	用于设置网格的间隔大小,其值介于 1~1000 之间
	次分割线	用于设置网格的数目,其值介于 1~1000 之间
对称网格	水平	用于设置网格的宽度,其值介于 1~1000 之间
	垂直	用于设置网格的长度,其值介于 1~1000 之间
参考线	颜色	用于设置参考线的颜色,可通过单击后面的【吸管】来拾取颜色
	样式	用于设置参考线的样式,包括【线条】和【虚线】
安全边距	动作安全	用于设置动作安全区域的范围,其值介于 0~100 之间
	字幕安全	用于设置字幕安全区域的范围,其值介于 0~100 之间
	中心剪切动作安全	用于设置中心剪切动作安全区域的范围,其值介于 0~100 之间
	中心剪切字幕安全	用于设置中心剪切字幕安全区域的范围,其值介于 0~100 之间

> **提示**
>
> 中心剪切安全区域出现在 16:9 查看器中,以显示将发生在非宽银幕显示屏上的裁剪。

2．标签

在【首选项】对话框中，激活左侧的【标签】选项卡，在展开的列表中设置标签的默认值和默认颜色。

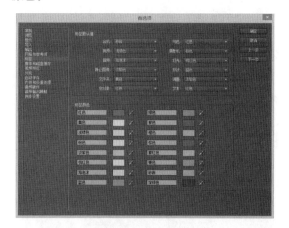

其中，在【标签默认值】选项组中，主要用于设置各类型的标签所显示的默认颜色，用户只需单击标签名称后面对应的下拉按钮，在其下拉列表中选择相应的选项即可。例如，单击【合成】标签对应的下拉按钮，在其下拉列表中选择【砂岩】选项。

在【标签颜色】选项组中，主要通过设置颜色来区分不同属性的图层。用户可单击色块，在弹出的【标签颜色】对话框中选取新的颜色；同样，用户也可以单击右侧的【吸管】来拾取屏幕中的颜色。新的颜色更改之后，其左侧所对应的颜色名称也会随着新颜色而改变。

3．外观

在【首选项】对话框中，激活左侧的【外观】选项卡，在展开的列表中设置相应的选项即可。

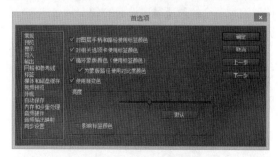

在【外观】选项卡中，主要包括下列 7 种选项：

❑ **对图层手柄和路径使用标签颜色**　启用

该复选框，图层、合成和素材项目都以标签颜色进行显示。

❑ **对相关选项卡使用标签颜色**　启用该复选框，将对相关的选项卡使用标签颜色。

❑ **循环蒙版颜色**　启用该复选框，将循环切换蒙版路径的颜色。

❑ **为蒙版路径使用对比度颜色**　启用该复选框，表示将为蒙版路径使用对比度颜色。

❑ **使用渐变色**　启用该复选框，将在用户界面中使用渐变色。

❑ **亮度**　该选项主要用来设置用户界面的亮度，向左拖动滑块将降低界面的亮度，向右拖动滑块将增加界面的亮度，单击【默认】按钮将恢复到默认亮度。

❑ **影响标签颜色**　启用该复选框，当调整界面时会调整图层、项目和时间轴窗口的标签颜色。

4．自动保存

在【首选项】对话框中，激活左侧的【自动保存】选项卡，在展开的列表中启用【自动保存项目】复选框，系统将根据所设置的保存间隔，自动保存当前所操作的项目。只要启用该复选框，其下方的【保存间隔】和【最大项目版本】选项才变为可用状态。

其中，【保存间隔】选项用来设置自动保存的时间间隔，其值介于 1~1440 之间。而【最大项目版本】选项用于设置自动保存文件的最大个数，其值介于 1~999 之间。

另外，在【自动保存位置】选项组中为用户提供了两种位置。选中【项目旁边】选项，表示将保存在当前项目所在的位置；选中【自定义位置】选项后，可通过单击【选择文件夹】按钮，在弹出的对话框中自定义保存位置。

1.4.4 硬件和同步首选项

硬件和同步首选项主要用于设置制作项目时所需要的媒体和磁盘缓存、音频硬件，以及新增加的同步设置功能。

1．媒体和磁盘缓存

在【首选项】对话框中，激活左侧的【媒体和磁盘缓存】选项卡，在展开的列表中设置磁盘缓存、符合的媒体缓存和 XMP 元数据等选项。

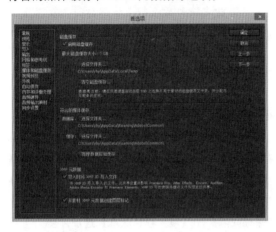

在【媒体和磁盘缓存】选项卡中，主要包括下列一些选项组和选项：

- ❑ 磁盘缓存　该选项组主要用于设置磁盘缓存参数，启用【启用磁盘缓存】复选框表示将为系统启用磁盘缓存功能；【最大磁盘缓存大小】选项表示用户设置磁盘的缓存大小，其值介于 0~500000GB 之间；单击【选择文件夹】按钮，在弹出的对话框中设置磁盘缓存的具体位置；单击【清空磁盘缓存】按钮，将清空当前的磁盘缓存文件。

- ❑ 符合的媒体缓存　该选项组用于设置媒体缓存参数，单击【选择文件夹】按钮可设置媒体数据库和缓存的具体位置，单击【清理数据库和缓存】按钮将清理当前所有的数据库和缓存文件。

- ❑ 导入时将 XMP ID 写入文件　启用该复选框，表示将 XMP ID 写入导入的文件，以改进媒体缓存文件和预览的共享。

- ❑ 从素材 XMP 元数据创建图层标记　启用该复选框，表示将以素材 XMP 元数据来创建图层标记。

2．内存和多重处理

在【首选项】对话框中，激活左侧的【内存和多重处理】选项卡，在展开的列表中设置内存和 After Effects 多重处理选项。

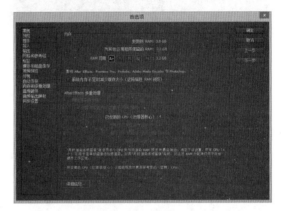

在【内存】选项组中，主要显示了当前计算机中所安装的内存大小，以及为其他应用程序保留的 RAM 和为 Adobe 相应软件所保留的 RAM 可用内存值。同时，用户可通过启用【系统内存不足时减少缓存大小（这将缩短 RAM 预览）】复选框，在内存不足时来减少缓存大小，从而加快计算机的运行速度。

在【After Effects 多重处理】选项组中，已安装的 CPU（处理器）的核心数，以及使用多个 CPU 同时渲染多个帧时所需要设置的 CPU 后台的 RAM 分配等参数。

用户也可以单击【详细信息】按钮，在弹出的【内存和多重处理细节】对话框中，查看内存使用的详细信息。

3．音频硬件

在【首选项】对话框中，激活左侧的【音频硬件】选项卡，在展开的列表中设置音频的相关设置。

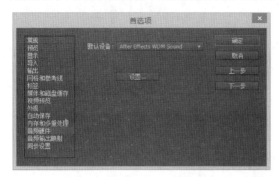

在【音频硬件】选项卡中，单击【默认设备】下拉按钮，在其下拉列表中选择一种音频设备。通常情况下，系统已默认选择本地计算机中的音频设备，用户只需保持默认设置即可。

另外，单击【设置】按钮，可在弹出的【音频硬件设置】对话框中设置输入和输出的音频选项。

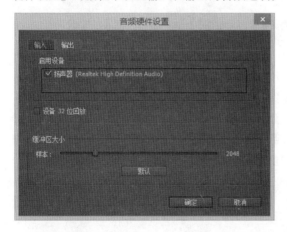

4．同步设置

在【首选项】对话框中，激活左侧的【同步设置】选项卡，在展开的列表中设置有关同步设置中的相应选项。

在【同步设置】选项卡中，主要包括下列一些选项：

❑ **退出应用程序时自动清除用户配置文件**　启用该复选框，表示在退出应用程序时，将同时删除用户所配置的文件。

❑ **可同步的首选项**　启用该复选框，表示在同步设置中将同步用户所设置的首选项。

❑ **键盘快捷键**　启用该复选框，表示在同步设置中将同步用户所设置的快捷键。

❑ **合成设置预设**　启用该复选框，表示在同步设置中将同步用户所设置的合成预设设置。

❑ **解释规则**　启用该复选框，表示在同步设置中将同步项目中的解释规则。

❑ **渲染设置模板**　启用该复选框，表示在同步设置中将同步用户所设置的渲染模板。

❑ **输出模块设置模板**　启用该复选框，表示在同步设置中将同步用户所设置的输出模块。

❑ **在同步时**　该选项主要用于设置同步状态，包括【询问我的首选项】、【始终上载设置】、【始终下载设置】。

第**2**章

创建和管理项目

　　项目是存储素材、引用素材、创建合成和制作特效等影视后期操作的载体，而创建和管理项目则是影视后期制作的首要步骤。在使用 AE 创建和制作影片特效之前，用户还需要创建一个新项目，用来承载影视制作所需要的图像、声音等素材和合成文件。除此之外，用户还需要通过管理素材、解释素材，以及备份项目等操作来管理项目，以保证影片可以按照预设的样式和效果进行制作。在本章中，将详细介绍创建和管理项目的基础知识和操作技巧，为用户使用 AE 制作高质量的影片奠定坚实的基础。

2.1　创建项目

在默认情况下，AE 软件启动时就会创建一个项目，通常采用的是默认设置。此时，如果用户需要制作比较特殊的项目，则需要新建项目并对项目进行更详细的设置了。

2.1.1　新建项目

AE 中的项目是一个文件，是包含一切操作的容器，用于存储合成、图形及项目素材使用的所有源文件的引用。在新建项目之前，用户还需要先了解一下项目的基础知识。

1．项目概述

当前项目的名称显示在 AE 窗口的顶部，一般使用.aep 作为文件扩展名，例如"无标题项目.aep"项目名称。文件扩展名.aep 属于二进制项目文件，除了该文件扩展名之外，AE 还支持模板项目文件的.aet 文件扩展名和.aepx 文件扩展名，而以.aepx为文件扩展名的项目文件是基于文本的 XML 项目文件。

基于文本的 XML 项目文件可以将一些项目信息包含为十六进制编码的二进制数据，而且多数项目信息可以在 string 元素中公开为可读文件，以方便用户在文本编辑器中编辑项目信息和项目元素，例如标记属性、原素材项目的文件路径和素材项目、图层、合成、文件夹名称和注释等。

> **注意**
>
> 只要使用自定义素材项目名称时，才会在 XML 项目文件中的 string 元素中公开这些名称；而自动从源文件名称和纯色名称派生的素材项目名称将不会在 string 元素中公开。

2．新建空白项目

在 AE 中，执行【文件】|【新建】|【新建项目】命令，即可创建一个采用默认设置的空白项目。

> **技巧**
>
> 用户也可以使用 Ctrl+Alt+N 快捷键，快速创建一个空白项目。

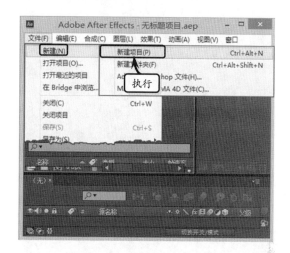

此时，系统并不会弹出相应的新建项目提示信息，而只是将软件中已经打开的项目文件关闭。如果已打开的文件被修改或未保存过，那么系统将弹出提示信息，询问用户是否保存已打开的项目。只要关闭已打开的项目文件，才可以显示新创建的空白项目文件。

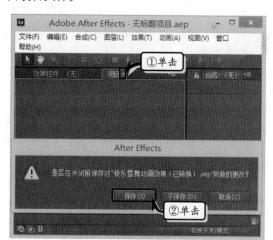

2.1.2　设置项目

一般情况下，用户所创建的新项目是基于系统默认设置而创建的。当用户需要制作一些具有特殊要求的影片时，则需要设置新建项目的各种属性。

此时，执行【文件】|【项目设置】命令，在

弹出的【项目设置】对话框中,进行相应的设置即可。

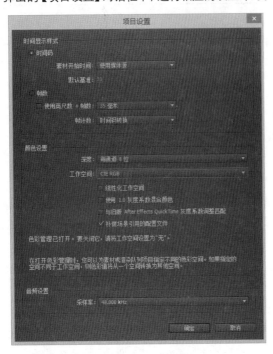

在【项目属性】对话框中,主要包括时间显示样式、颜色设置和音频设置 3 种属性。

1. 设置时间显示样式

在【时间显示样式】选项卡中,主要包括时间码和帧数两个选项组。每个选项组中各选项的具体含义如下所述。

- ❑ **素材开始时间** 该选项用于设置时间的开始样式,包括【使用媒体源】和【00:00:00:00】两种样式;默认情况下是系统自动选择的方式,用户可根据不同的编辑对象来选择相应的选项。
- ❑ **默认基准** 用于设置时间码的基准值,其值介于 1~99 之间。
- ❑ **使用英尺数+帧数** 该选项一般用于编辑电影胶片,其胶片规格包括 16mm(每英尺 16 帧)和 35mm(每英尺 35 帧),而不足一英尺的则用帧数表示。
- ❑ **帧计数** 该选项用于设置帧的计数方式,当选择【时间码转换】选项时,表示当项目存在源时间码时,其项目的时间码用于起始数,如没有时间码值则计数从零开

始;当选择【开始位置 0】选项时,表示帧计数从零开始;当选择【开始位置 1】选项时,表示帧计数从 1 开始。

2. 设置颜色属性

在【颜色设置】选项卡中,主要用于设置项目的颜色,包括深度、工作空间及其他相关选项。

- ❑ **深度** 该选项用于设置颜色的质量,它以位为基本单位。可以通过下拉列表选择【每通道 8 位】、【每通道 16 位】、【每通道 32 位(浮点)】3 种色深类型。系统默认选择是【每通道 8 位】,如果是高质量的影像处理,则选择【每通道 16 位】,如果进行高清晰影像处理,则可以选择【每通道 32 位(浮点)】。
- ❑ **工作空间** 用于设置编辑时使用的颜色编辑模式,例如选择 ProPhoto RGB 或者 Apple RGB、SDTV PAL 等。当选择【无】选项时,将关闭色彩管理。
- ❑ **线性化工作空间** 启用该复选框,表示将使用线性化的工作色彩空间,当【工作空间】选项设置为【无】时,该选项将不可用。
- ❑ **使用 1.0 灰度系数混合颜色** 启用该复选框,表示要在线性化色彩空间中混合颜色,该选项仅影响图层之间的混合,仅影响不透明度淡化、运动模糊和依赖混合模式的其他功能。
- ❑ **与旧版 Afer Effects QuickTime 灰度系数调整匹配** 启用该复选框,表示当前所设置的颜色将与旧版本的 After Effects QuickTime 相匹配,避免颜色变化。
- ❑ **补偿场景引用的配置文件** 启用该复选框,可以禁止使用自动颜色变换,当【工作空间】选项设置为【无】时,该选项将不可用。

> **提示**
>
> 当打开色彩管理时,用户可以为素材或渲染队列项目指定不同的色彩空间;但是当所指定的色彩空间不同于工作空间时,其色彩值将从一个空间转换到其他空间。

3．设置音频属性

在【音频设置】选项卡中，只包含了一个【采样率】选项，主要用来设置项目中音频的采样率，包括 22.050kHz、32.000kHz、44.100kHz、48.000kHz 和 96.000kHz 选项。

2.1.3　打开项目文件

AE 为用户提供了多种项目文件的打开方式，包括打开项目、打开最近使用项目、在 Bridge 中浏览等方式。

1．打开项目

当用户需要打开本地计算机中所存储的项目文件时，只需执行【文件】|【打开项目】命令，在弹出的【打开】对话框中，选择相应的项目文件，单击【打开】按钮即可。

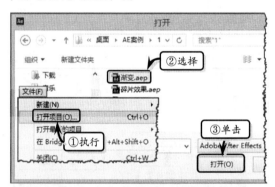

> **技巧**
>
> 用户也可以使用 Ctrl+O 快捷键，在弹出的【打开】对话框中，选择需要打开的项目文件。

2．打开最近使用项目

除了可以打开本地计算机中的项目文件之外，用户还可以通过执行【文件】|【打开最近的项目】命令，在展开的级联菜单中选择具体项目，即可打开最近使用的项目文件。

> **提示**
>
> 如果用户计算机中安装了 Adobe Bridge 软件，则可以通过执行【文件】|【在 Bridge 中浏览】命令，来打开 Bridge 中的文件。

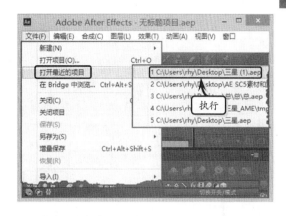

打开项目文件之后，当在【项目】面板中打开或者创建不同比例的视频文件，在【项目】面板中的缩略图就会显示各自的画面长宽比，以方便用户快速地查看最终画面效果。

2.1.4　保存和备份项目

创建并编辑项目文件之后，为防止项目内容丢失，还需要保存和备份项目。

1．保存项目

保存项目是将新建项目或重新编辑的项目保存在本地计算机中，对于新建项目则需要执行【文件】|【保存】命令，在弹出的【另存为】对话框中，设置保存名称和位置，单击【保存】按钮即可。

> **提示**
>
> 在【另存为】对话框中，用户可单击【保存类型】下列按钮，在下拉列表中选择【Adobe AE 模板项目（*.aet）】选项，将项目保存为模板文件。

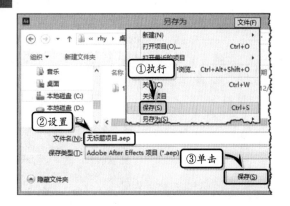 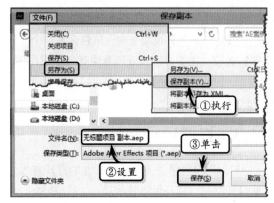

如果项目文件已保存在本地计算机中,需要重新保存。或者,需要将当前的项目文件保存为另外一个位置或文件名时,则需要执行【文件】|【另存为】|【另存为】命令,在弹出的【另存为】对话框中设置保存名称和位置,单击【保存】按钮即可。

2.保存为副本

如果需要将当前项目文件保存为一个副本,作为编辑操作时的一个版本,则可以执行【文件】|【另存为】|【保存副本】命令,在弹出的【保存副本】对话框中,设置保存名称和位置,单击【保存】按钮即可。

提示

执行【文件】|【增量保存】命令,可以在原保存位置自动保存该项目文件,名称为该项目文件名称 2.aep。

3.保存为 XML 文件

当用户需要将当前项目文件保存为 XML 编码文件时,执行【文件】|【另存为】|【将副本另存为 XML】命令。在弹出的【副本另存为 XML】对话框中,设置保存的项目文件位置和文件名,单击【保存】按钮。

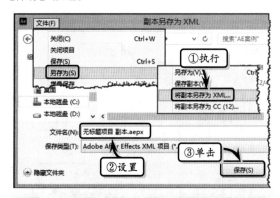

提示

用户还可以通过执行【文件】|【另存为】|【将副本另存为 CC(12)】命令,将项目文件保存为 Adobe AE 2012 版本的项目文件。

2.2 导入素材

众所周知,丰富的外部素材是制作视频动画的基本元素,也是进行视频合成的基础。在 AE 中,除了可以依靠内置的矢量图形功能增加动态效果之外,还需要导入一些外部素材来丰富动画题材,例如导入视频、音频、图像、序列图片等。

2.2.1 素材格式

AE 属于后期制作软件,主要是对通过其他途径得到的素材进行再加工,例如利用摄像机拍摄的素材、使用三维软件制作的动画等。鉴于其独特的制作功能，AE 不仅能够导入视频文件、动画文件、静止图片文件，而且还可以导入声音等格式的文件。

1．动态素材格式

动态素材一般包括利用三维软件制作和利用摄像机进行拍摄的两种来源，其具体素材格式如下所述。

❑ **MOV**　MOV 格式是 Apple 公司推出的一种视频文件格式，典型的播放工具是 QuickTime。

❑ **AVI**　AVI 格式是一种多媒体和 Windows 应用程序广泛支持的视频、音频格式。另外，AVI 格式在非线性编辑系统中应用也十分广泛，但是由于非线性编辑系统中的 AVI 视频文件大多数由硬件压缩，普通的 AVI 格式文件在多数情况下不能直接在非线性编辑系统中调用，因此不同的非线性编辑系统产生的 AVI 文件一般不具有兼容性。

❑ **MPEG**　MPEG 格式是运动图像压缩算法的国际标准，它采用有损压缩方法减少运动图像中的冗余信息，同时保证每秒 30 帧的图像动态刷新率，并且几乎所有的计算机平台都支持这种格式。

2．图像素材格式

AE 支持的图像素材格式比较多，大多数图像处理软件的格式几乎全部都囊括，比较常见的类型如下所述。

❑ **BMP**　BMP 图形文件是 Windows 中的标准图像文件格式，在 Windows 环境下运行的所有图像处理软件几乎都支持 BMP 格式。它以独立于设备的方法描述位图，可以用于非压缩格式存储图像数据，解码速度快，支持多种图像的存储。

❑ **JPEG/JPG**　JPEG 格式是较为常见的一种 24 位图像处理格式，它是由静止图像压缩标准开发并命名的。JPEG 文件的压缩技术十分先进，它使用有损压缩方式去除冗余的图像和彩色数据，能够在得到极大压缩比的同时展现出十分丰富生动的图像。

❑ **GIF**　GIF 格式是图形交换格式的缩写，它采用压缩比较高的 LZW 无损数据压缩算法，存储色彩最高为 256 色。它的最大优点是体积小、可用于网络传输；最大缺点是只能处理 256 种色彩，因此不能用于存储真彩色的图像文件。

❑ **PNG**　PGN 格式是一种能够存储 32 位信息的位图文件格式，它的图像质量要远远胜于 GIF，PNG 也采用无损压缩方式来减少文件的大小。PNG 图像可以是灰色的，或者是彩色的，也可以是 8 位的索引色。

❑ **TIFF**　TIFF 格式是应用在 MAC 平台上的一种图形格式文件，现在 Windows 上主流的图像处理应用软件都支持这种格式。TIFF 格式的特点是存储图像质量高，但占用的存储空间也非常大，其大小相当于 GIF 图像的 3 倍；细微层次的信息比较多，有利于原始色调与色彩的恢复。

3．声音素材格式

AE 中常用的声音素材是 WAV 格式，它是由 Microsoft 公司开发的一种声音格式，也称为波形声音文件，是最早的数字音频格式，被 Windows 平台及其应用程序广泛应用。

WAV 格式支持许多压缩算法，支持多种音频位数、采样频率以及声道，采用 44.1kHz 的采样频率、16 位量化位数，因此 WAV 的音质与 CD 相差不大，但是 WAV 格式需要较大的存储空间。

> **提示**
>
> 除了上述素材格式之外，在 AE 中还可以导入 XAVC(Sony 4K)文件、AVC-Intra 200 文件、其他 QuickTime 视频类型以及 RED(.r3d) 文件的其他特性（RedColor3、RedGamma3 和 Magic Motion 等其他格式）。

2.2.2　按数量导入素材

素材是 AE 作品中的基本元素，由于其格式和文件形式繁多，因此用户还需要根据素材的具体类型，来选择不同的导入方式，例如导入单个和序列素材等方式。

1. 导入单个素材

导入单个素材是一次只导入一个素材，该导入方法是使用最多和最广泛的一种方法。

执行【文件】|【导入】|【文件】命令，或者在【项目】面板中双击空白位置，弹出【导入文件】对话框，选项相应的素材，并单击【导入】按钮。

技巧

如果要一次导入多个文件，可以按住 Shift 键，同时选择多个连续素材文件，也可以按住 Ctrl 键，选择多个不连续的文件。

2. 导入序列素材

当导入的素材为一个序列文件时，执行【文件】|【导入】|【多个文件】命令，在弹出的【导入多个文件】对话框中选择序列的第一个图像文件后，【JPEG 序列】复选框自动被启用。这时单击【导入】按钮，即可在【项目】面板中导入序列文件。

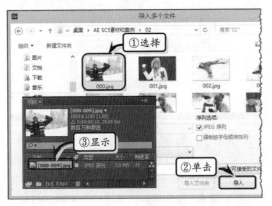

技巧

执行【文件】|【导入】|【文件】命令，在弹出的【导入文件】对话框中启用【JPEG 序列】复选框，并且选择序列的第一个图像文件，单击【导入】按钮即可导入序列素材。

2.2.3 按软件类型导入素材

在 AE 中，除了可以导入最常见的图片、视频、音频等格式的素材之外，还可以导入 Premiere 和 Photoshop 软件项目素材。

1. 导入 Premiere 文件

在 AE 中可以直接导入 Premiere 的项目文件，并且系统会自动为其建立一个合成，以层的形式包含 Premiere 中所有的素材。

在 AE 中，执行【文件】|【导入】|【导入 Adobe Premiere Pro 项目】命令，在弹出的【导入 Adobe Premiere Pro 项目】对话框中选择 Premiere 的项目文件，单击【打开】按钮即可。

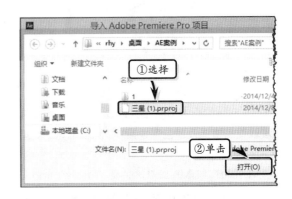

2. 导入 Photoshop 图层文件

在 AE 中可以直接导入 Photoshop 等带有图层的文件，并且所导入的 Photoshop 图层文件可以保留文件的所有信息，例如层的信息、Alpha 通道、调整层、蒙版层等。

执行【文件】|【导入】|【文件】命令，在弹出的【导入文件】对话框中，选择【导入为】下拉列表中【合成】选项，单击【导入】按钮，以【合成】的方式导入素材。

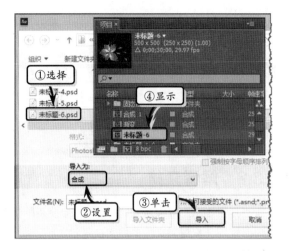

PSD 文件的导入方式。除此之外，还可以在【图层选项】选项组中，设置导入 Photoshop 图层文件的图层信息。

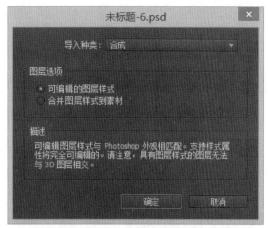

在导入 PSD 层文件时，单击【导入】按钮后，系统将自动弹出一个对话框。在该对话框中，用户可以通过【导入类型】下拉列表，再次选择或更改

2.3　组织素材

在 AE 中导入大量素材之后，为了保证动画效果的精良制作，还需要对素材进行一系列的管理和解释。

2.3.1　管理素材

在 AE 中导入素材之后，可以根据其类型和使用顺序，对素材进行一系列的管理操作。例如，排序素材、归纳素材、搜索素材等。

1．排序素材

在【项目】面板中，素材的排列方式是以【名称】、【类型】、【尺寸】、【文件路径】等属性进行显示。如果用户需要改变素材的排列方式，则需要在素材的属性标签上单击，即可按照该属性进行升序排列。

例如，单击【名称】属性标签，则会按照名称首字母的先后进行排列，而属性标签上也会以上箭头或下箭头图标来显示排列是按照升序还是降序进行显示的。

提示

在【项目】面板中，单击面板中的【菜单】按钮，从下拉菜单中选择【列数】选项下的子菜单，可以定义该面板中显示的属性类型。

2．归纳素材

归纳素材是通过创建文件夹，并将不同类型的素材分别放置相应文件夹中的方法，来按照划分类型归类素材。

执行【文件】|【新建】|【新建文件夹】命令，

或单击【项目】面板底部的【新建文件夹】按钮 ，即可创建文件夹。此时，系统默认为文件夹重命名状态，直接输入文件夹名称，并将素材拖入到文件夹中即可。

当要删除一个文件夹时，可以直接将其选中，单击【项目】面板中的【删除】按钮 。此时，若文件夹中没有任何对象，将直接删除；若该文件夹中含有一些对象，无论该对象是否被 AE 软件所使用，都将弹出【警告】对话框。根据该对话框提示的信息，确定是否要删除。

> **技巧**
> 选择文件夹，右击执行【重命名】命令，即可重命名文件夹。

3. 搜索素材

当素材非常多时，如果想快速找到需要的素材，只要在搜索框中输入相应的关键字，符合该关键字的素材或文件夹就会显示出来，其他素材将自动隐藏。

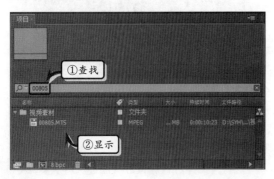

当需要重新将所有素材显示出来时，单击该搜索栏右侧的 按钮即可。

> **提示**
> 用户可以执行【编辑】|【首选项】|【导入】命令，在【首选项】对话框中的【导入】选项卡中，设置素材的自动加载功能。

2.3.2 解释素材

当用户在 AE 中导入素材时，系统会使用默认的内部规则，根据源文件的像素长宽比、帧速率、颜色配置和 Alpha 通道类型来解释每个素材项目。而当 AE 的内部规则无法解释所导入的素材时，或用户需要以不同的方式来使用素材，则需要通过设置解释规则，通过提供额外的信息来解释这些特殊需求的素材。

AE 中的解释素材的功能非常强大，可以对选中的素材进行 Alpha、帧速率、场和折叠属性设置。用户需要在【项目】面板中选择某个素材，然后执行【文件】|【解释素材】|【主要】命令，或直接单击【项目】面板底部的【解释素材】按钮，弹出【解释素材】对话框。

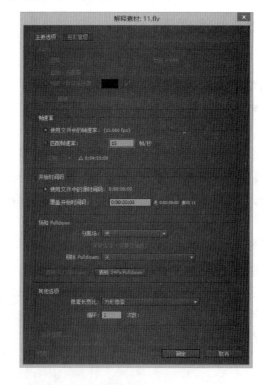

该对话框包括的【主要选项】选项卡中,包括 Alpha、【帧速率】、【开始时间码】、【场和 Pulldown】等选项组。

1．设置 Alpha 通道

当带有 Alpha 通道的素材在导入 AE 后,系统将会打开该对话框并自动识别 Alpha 通道。而当系统无法识别 Alpha 通道时,则可以在 Alpha 选项组中设置 Alpha 通道。

其中,Alpha 选项组中主要包括下列一些选项:

❑ **忽略** 选中该选项,将忽略 Alpha 通道中图文文件的透明信息。

❑ **直通–无遮罩** 选中该选项,图文文件的透明信息只存储在 Alpha 通道中,而不存储在任何可见的颜色通道中;而且,也只在支持直接通道的应用程序中显示图像时才能看到透明度状态。

❑ **预乘–有彩色遮罩** 选中该选项,可以将透明信息同时存储在 Alpha 通道和 RGB 通道中,用户可以通过右侧的颜色块选择颜色;而半透明区域(如羽化边缘)的颜色偏向于背景颜色,偏移度与其透明度成比例。

❑ **猜测** 单击该按钮可以让系统自动识别 Alpha 通道的类型。

❑ **反转 Alpha** 如果启用该复选框,则可以反转透明区域和不透明区域。

2．设置帧速率

帧速率是指定每秒从源素材项目对图像进行多少次采样,以及设置关键帧时所依据的时间划分方法等内容。在【帧速率】选项组中,主要包括下列两种选项:

❑ **使用文件中的帧速率** 选中该选项,可以使用素材默认的帧速率进行播放。

❑ **匹配帧速率** 选中该选项,可以在其后的文本框中指定素材的速率,其值介于 0.01~99 之间。

3．设置场和 Pulldown

在视频的采集过程中,视频采集卡会对视频信号进行交错场处理。当把这些素材导入到 AE 当中时,需要设置场的交错方式,以便于确保画面的高质量显示。在【场与下变换】选项组中可以对素材的场设置进行调整。

通常情况下,每个隔行视频是由两个场组成的,而每个场包含帧中的一半水平行数,高场(或场 1)包含奇数行,而低场(或场 2)包含偶数行。AE 可为 D1 和 DV 视频素材自动分离场,而对于其他素材则可以单击【分离场】下拉按钮,在其列表中选择【高场优先】、【低场优先】或【关】选项,来设置分离场,以来确定视频场的显示顺序。设置分离场之后,用户便可以设置下列 3 种分离场选项了。

❑ **保留边缘(仅最佳品质)** 启用该复选框,在"最佳"品质下渲染图像时,可以提高非移动区域的图像品质。

❑ **移除 Pulldown** 该选项用于设置移除 Pulldown 的方式,只有分离场之后,才能移除 Pulldown。

❑ **猜测 3:2 Pulldown** 单击该按钮,可以移除 3:2 Pulldown,即影片帧以重复的 3:2 模式跨视频场分布,而 3:2 Pulldown 过程将导致产生全帧(用 W 表示)和拆分场帧(用 S 表示)。

❑ **猜测 24Pa Pulldown** 单击该按钮,可以移除 24Pa Pulldown。

4．设置其他选项

该选项组主要用于设置像素宽高比。由于某些视频输出时使用相同的帧宽高比,但是使用不同的像素宽高比,这样就导致了画面的变形,需要进行处理,用户可以在该选项组中的下拉列表中选择合适的方式。

另外,在整个对话框的下方还有一个【循环】选项,它可以设置视频的循环播放次数。当素材的持续时间小于合成图像总时间时,为了保证合成的时间不变,可以通过更改该参数来调整视频的播放次数。

2.4 认识合成

项目的创建只是建立一个可以操作的容器，例如素材的导入等，真正的视频动画是在合成文件中制作的。而【合成】窗口的功能就是用来合成作品，此外合成的作品不仅能够独立工作，还可以作为素材使用。

2.4.1 新建合成

合成是影片的框架，包括视频、音频、动画文本、矢量图形等多个图层。每个合成也都具有单独的时间轴，用户可通过合成内的时间段来安排各个图层，并使用透明度功能设置图层堆叠和穿透。

合成一般用来组织素材，简单的项目也许只包括一个或少数的几个合成，但相对复杂的项目则有可能包含几百个合成。在 AE 中，用户既可以新建一个空白的合成，也可以根据素材新建包含素材的合成。

1．新建空白合成

在 AE 中，执行【合成】|【新建合成】命令，或者单击【项目】面板底部的【新建合成】按钮，在弹出的【合成设置】对话框中设置相应选项即可。

为了区分合成的具体内容，用户还需要在对话框中的【合成名称】文本框中，输入合成的名称。

然后，激活【基本】选项卡，设置合成基本选项。

❑ **预设** 该参数用于调整 AE 的预设。在其下拉列表中，提供了大量的合成预设选项，通过选择相应的预设，可以快速地对合成进行设置。

❑ **宽度和高度** 这两个参数用于设置合成图像的尺寸，可以根据不同的用途进行尺寸设置。

提示

启用【锁定长宽比为××】复选框，系统将自动锁定合成影片的宽度和高度。调整其中任意一个参数，另一个参数将自动调整。

❑ **像素长宽比** 用于设置合成图像的像素宽高比，可以在右侧的下拉列表中选择预设的像素比。

❑ **帧速率** 在该选项的文本框中，可以设置合成图像的帧速率。

❑ **分辨率** 该选项用于定义进行视频效果预览时，渲染的分辨率比例。在 AE 中编辑影片时，由于素材或者特效的增加而导致系统速度降低，此时就可以使用低分辨率来显示，从而加快显示速度。这里可以【完整】、【二分之一】、【三分之一】、【四分之一】或【自定义】方式显示。

❑ **开始时间码** 该选项用于设置合成图像的开始时间。

❑ **持续时间** 该选项用于设置合成图像的持续时间，即影片的播放总长度。

❑ **背景颜色** 用于设置合成窗口的背景颜色，用户可以单击颜色块来选择颜色，或单击【吸管】按钮来拾取屏幕中的颜色。

激活【高级】选项卡，在展开的列表中设置 3D 属性，一般情况下保持默认设置即可。

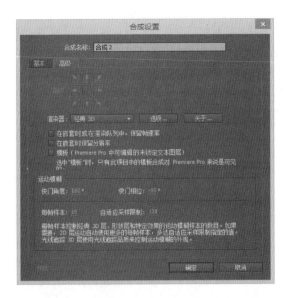

在【高级】选项卡中，主要包括下列一些选项：

❑ **锚点**　该选项用于定义合成图像的中心点。不同的设置将导致素材的位置不同。

❑ **渲染器**　该选项用于设置渲染器，在其右侧的下拉列表中进行选择。其中包括【经典 3D】和【光线追踪 3D】两个选项。另外，还可以通过其右侧的【选项】按钮来调整渲染器的设置。

❑ **在嵌套时或在渲染队列中，保留帧速率**　启用该复选框，可以在嵌套合成时或在预渲染及渲染队列中，保留影片的帧速率。

❑ **在嵌套时保留分辨率**　启用该复选框，可以在嵌套合成中保留影片的分辨率。

❑ **模板**　启用该复选框，表示在 Premiere Pro 中编辑未锁定的文本图层，而该模板合成也只有在 Premiere Pro 中显示为可见状态。

❑ **快门角度**　用于设置快门的角度。如果需要动态模糊产生作用，则需要在【时间轴】面板中应用动态模糊效果。

❑ **快门相位**　用于设置快门相位。通过该选项设置可以调整动态模糊的偏移幅度。

❑ **每帧样本**　设置每帧的采样率。

❑ **自适应采样限制**　用于设置自适应取样的极限。

2．基于单个素材新建合成

当【项目】面板中导入外部素材文件后，还可以通过素材建立合成。在【项目】面板中选中某个素材，执行【文件】|【基于所选项新建合成】命令，或者将素材拖至【项目】面板底部的【新建合成】按钮上即可。

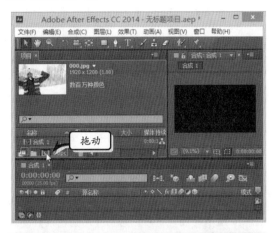

> **提示**
>
> 通过素材创建合成，其合成名称、合成尺寸均是以素材名称、素材尺寸为依据。当然也可以右击【项目】面板中的合成，选择【合成设置】命令，重新设置合成属性。

3．基于多个素材新建合成

在【项目】面板中同时选择多个素材，执行【文件】|【基于所选项新建合成】命令，或将多个素材直接拖到【项目】面板底部的【新建合成】按钮上。此时，系统将弹出【基于所选项新建合成】对话框。

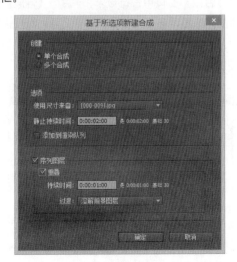

在该对话框中，主要包括创建、选项和序列图层 3 个选项组。

❏ **创建**　该选项组用于设置合成的创建方法，包括【单个合成】和【多个合成】两种方式；其中，【单个合成】表示所有素材被创建在一个合成中，【多个合成】表示将根据素材数量创建相等数量的合成。

❏ **选项**　该选项组主要用来设置合成的尺寸、持续时间等。其中，【使用尺寸来自】选项用于设置素材尺寸的依据对象，【静止持续时间】选项则用于设置每个素材静止时所使用的时间，【添加到渲染队列】选项表示是否将合成添加到渲染队列中。

❏ **序列图层**　该选项组主要用来设置序列素材的相应选项。启用【序列图层】复选框后【重叠】选项才变为可用状态，同时启用【重叠】复选框，用来设置重叠状态下对象的持续时间和过渡方式。

技巧

在【项目】面板中选择素材，执行【文件】|【将素材添加到合成】命令，即可将所选素材添加到合成中。

2.4.2　合成窗口

无论是空白合成，还是显示素材的合成，均能够在【合成】窗口中进行显示。其中，【合成】窗口主要用来显示各个层的效果，不仅可以对层进行移动、旋转、缩放等直观的调整，而且还可以显示对层使用滤镜等特效。

【合成】窗口分为预览窗口和操作区域两大部分，预览窗口主要用于显示图像，而在预览窗口的下方则为包含工具栏的操作区域。

在操作区域中，包含了用于操作合成状态的各项按钮命令，其各按钮命令的具体含义如下所述。

❏ **始终预览此视图**　始终预览当前视图。如果按下该按钮，则将始终预览当前的视图；如果弹起该按钮，则当前视图不参与预览。

❏ **放大率弹出式菜单**　单击右侧的下三角按钮，在展开的下拉列表中选择合适的放大比率进行显示。如果选择了【适合】选项，则会按照合适的比例自动进行调整。

❏ **选择网格和参考线选项**　通过该按钮，可以显示或隐藏栅格、参考线、字幕和活动安全框等元素。

❏ **切换蒙版和形状路径可见性**　单击该按钮，则可以显示【合成】窗口中的蒙版，再次单击该按钮则隐藏蒙版。

❏ **当前时间**　单击该按钮，可以在弹出的【转到时间】对话框中设置当前时间。

❏ **拍摄快照**　单击该按钮，可以暂时保存当前时间的图像，以便在更改后进行对比。其中，暂时保存的图像只会保存在内存中，一次只能暂存一张。

❏ **显示快照**　单击该按钮，可以显示最后一次快照的图像。

如果想要拍摄多张快照，可以按下 Shift 键，在需要快照的地方按下 F5、F6、F7、F8 键，可以进行多次快照；如果需要显示快照按下 F5、F6、F7、F8 键即可。

- **显示通道及色彩管理设置** 单击该按钮，可以从弹出的下拉菜单中选择不同的通道模式，显示区将显示出这种通道效果，从而检查图像的各种通道信息。
- **分辨率/向下采样系数弹出式菜单** 完整 选择以何种分辨率来显示图像，单击下三角按钮，选择不同的选项，可以定义图像的分辨率。
- **目标区域** 单击该按钮，可以在显示区自定义一个矩形区域，只有矩形区域中的图像才能显示出来。这样便于加速影片的预览速度，只显示需要看到的区域。
- **切换透明网格** 单击该按钮，可以打开棋盘格透明背景。默认情况下，背景为黑色。
- **3D 视图弹出式菜单** 活动摄像机 该选项用于在建立摄像机并打开 3D 图层时，可以通过该按钮来进入不同的摄像机视图，单击该按钮会弹出下拉菜单，选择不同的摄像机视图，看到的效果角度不一样。
- **选择视图布局** 1 单击该按钮，从弹出的下拉菜单中，可以选择使用的视图数量和不同的视图组合方式。
- **切换像素长宽比校正** 单击该按钮，合成窗口中的素材图像会被压扁或拉伸，从而校正图像中非正方形的像素。它不会影响合成影像或素材文件中的正方形像素。
- **快速预览** 该按钮是动态预览按钮，单击它会弹出下拉菜单，选择不同的动态加速预览选项。
- **时间轴** 当【时间轴】面板未显示出来

时，通过单击该按钮，可以将合成预览窗口对应的【时间轴】面板打开。

- **合成流程图** 单击该按钮，可以打开【流程图】面板，查看合成中各个素材图层的流程关系。

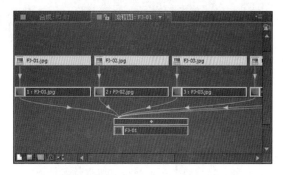

- **重置曝光度（仅影响视图）** 单击该按钮，可以重置素材在当前合成窗口中的曝光度。
- **调整曝光度（仅影响视图）** +0.0 单击该按钮，可以调整素材在当前合成窗口的曝光度。

除了上面介绍的工具外，用户还可以在【合成】窗口中右击，从弹出的菜单中执行相应命令，来操作合成图像。

2.4.3 时间轴面板

项目中的每个合成都具有自己的【时间轴】面板，位于工作界面的底部。【时间轴】面板是编辑视频特效的主要面板，要用来管理素材的位置，并且在制作动画效果时，定义关键帧的参数和相应素材的入点、出点和延时。

在【时间轴】面板中，左侧为控制面板区域，它是由图层的控件列组成；右侧是时间图表，包含时间标尺、标记、关键帧、表达式、图层的持续时间条（在图层条模式下）和图表编辑器等，而合成的当前时间是时间图表中的垂直红线"时间指示器（CTI）"进行指示。

当前时间显示区　　　　　　　　　　　　　　　　　　　当前时间指示器（CTI）　时间标尺

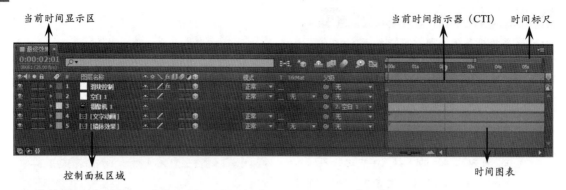

控制面板区域　　　　　　　　　　　　　　　　　　　时间图表

在控制面板区域内，主要包括下列几种工具按钮。

- ❑ **时间码** 0:00:03:07　用于显示合成中时间指针所在的时间位置。单击该数字，可以输入精确的数字来移动时间指针的位置。也可以输入时间增量来定位时间指针的位置，格式为在增量数字前添加一个"+"运算符号，例如，+10，则当前时间码显示为 0:00:24:14。
- ❑ **搜索** 🔍▾　　　用于在时间轴面板中查找素材，可以通过名称直接搜索到素材。
- ❑ **合成微型流程图** 📊　单击该按钮，可以打开流程图窗口。
- ❑ **草图 3D** 🎲　该按钮用来控制是否显示草图 3D 功能。
- ❑ **设置躲避开关** 🎭　该按钮用来显示或隐藏时间轴面板中"害羞"状态的图层。通过显示和隐藏层功能来限制显示层的数量，简化工作流程，提高工作效率。
- ❑ **帧混合开关** 📶　该按钮可以控制是否在图像刷新时启用帧混合效果。一般情况下，应用帧混合时只会在需要的层中打开帧混合按钮，因为打开总的帧混合按钮会降低预览速度。
- ❑ **动态模糊开关** 🌑　该按钮可以控制是否在【合成】窗口中应用动态模糊效果。在素材层后面单击按钮🌑，可以给该层添加动态模糊。用来模拟电影中摄影机使用长

胶片曝光效果。

- ❑ **变化** 📊　该按钮是对素材某项数值设置关键帧后，再插入一个随机值，使创建效果更多样化。
- ❑ **图形编辑器** 📈　该按钮可以快速切换【曲线编辑器】面板，可以方便地对关键帧进行属性操作。

> **提示**
>
> 在【图层名称】列中每个图层都有一个展开按钮▶，单击该按钮，可以在展开的列表中查看和设置图层的属性。

2.4.4　嵌套合成

合成的创建是为了视频动画的制作，而对于效果复杂的视频动画，还可以将合成作为素材，放置在其他合成中，形成视频动画嵌套视频动画的嵌套合成效果。

1．嵌套合成概述

嵌套合成是一个合成包含在另外一个合成中，显示为包含的合成中的一个图层。嵌套合成又称为预合成，主要用于细分合成中已存在的图层，也就是将相关类型的图层预合成在一个新的合成中，并替换原来合成中的图层。此时，新的嵌套合成将称为原始合成中单个图层的源。

普通的合成是由视频、图像、图形、文字等素材组合而成，在【时间轴】面板中，能够清晰地查看合成中的组合元素。

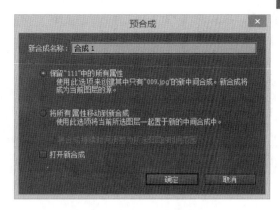

而嵌套合成，则是由各种素材以及合成组成。用户可以在【时间轴】面板中，通过图层图标来查看嵌套合成。

2．生成嵌套合成

用户可以通过将现有合成添加到其他合成中的方法，来创建嵌套合成。

在【时间轴】面板中的【图层名称】列中，选择单个或多个图层名称，右击执行【预合成】命令，即可创建嵌套合成。

然后，在弹出的【预合成】对话框中，设置相应的选项，单击【确定】按钮即可。

在该对话框中，主要包括下列 4 个选项：

❏ **保留"××"中的所有属性** 选中该选项，可以保留并应用原始合成中预合成图层的属性和关键帧，新合成的帧大小与所选图层的大小相同。而当选择多个图层、一个文本图层或一个形状图层时，此选项将不可用。

❏ **将所有属性移动到新合成** 选中该选项，在合成层次结构中将根合成中的属性和关键帧移动到预合成图层中，并将应用于图层属性的更改也应用于预合成中的各个图层中。其中，新合成的帧大小与原始合成的帧大小相同。

❏ **将合成持续时间调整为所选图层的时间范围** 启用该复选框，表示将所选图层的时间范围应用到新合成中。

❏ **打开新合成** 启用该复选框，将在【时间轴】面板中打开新合成。

> **提示**
>
> 用户也可以通过执行【图层】|【预合成】命令，或使用 Ctrl+Shift+C 快捷键，创建嵌套合成。

2.5 新建项目

新建项目是使用 AE 制作影视特效的基础工作，也是存储各种特效素材的载体。创建项目并导入各类素材之后，为了使整个制作过程有条不紊地进行，还需要对素材进行整理和归纳。在本练习中，将详细介绍新建 AE 项目的操作方法和实用技巧。

练习要点

● 新建空白项目
● 设置项目
● 导入素材
● 查看素材
● 重命名素材
● 归纳素材
● 保存项目

操作步骤 ▶▶▶▶

STEP|01 新建空白项目。在 AE 中，执行【文件】
|【新建】|【新建项目】命令，创建一个空白项目。

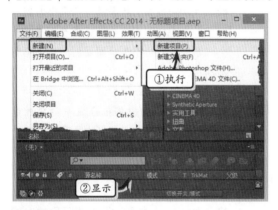

STEP|02 设置项目。执行【文件】|【项目设置】
命令，在弹出的【项目设置】对话框中，设置项目
属性。

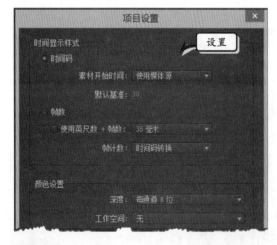

STEP|03 导入素材。执行【文件】|【导入】|【文
件】命令，在弹出的【导入文件】对话框中，选择

多个文件，单击【导入】按钮。同样方法，导入其
他素材。

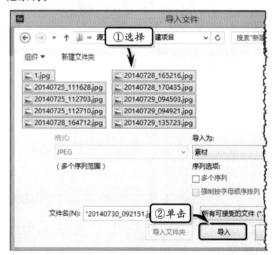

STEP|04 查看素材。导入素材之后，在【项目】
面板中将显示素材列表，双击某个素材，即可在【素
材】窗口中查看素材。

STEP|05 重命名素材。选择某个素材，右击执行
【重命名】命令。然后，输入素材名称，即可重命
名素材。

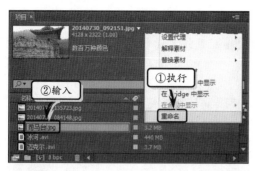

STEP|06 归纳素材。执行【文件】|【新建】|【文件夹】命令，新建两个文件夹，并设置文件夹名称。

STEP|07 将【项目】面板中的所有图片素材，拖动到【图片】文件夹内，并将所有的影片素材拖到【视频】文件夹内。

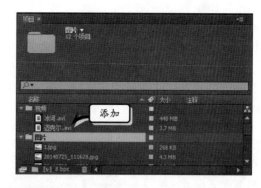

STEP|08 保存项目。执行【文件】|【保存】命令，在弹出的【另存为】对话框中，设置保存名称和位置，单击【保存】按钮。

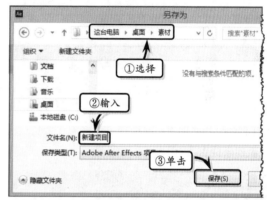

2.6 创建合成

　　合成一般用来组织素材，它是影片的框架，包括视频、音频、动画文本、矢量图形等多个图层。另外，创建合成之后，由于创建的合成尺寸与素材显示尺寸不一定一致，所以就需要设置素材尺寸使其尽可能地显示在【合成】窗口中。在本练习中，将详细介绍创建简单合成和嵌套合成的操作方法和技巧。

练习要点
● 新建合成
● 根据素材创建合成
● 设置合成
● 预览合成
● 创建嵌套合成

操作步骤 ▶▶▶▶

STEP|01 新建合成。在【项目】面板中，选中【视频】文件夹，执行【合成】|【新建合成】命令，在弹出的【合成设置】对话框中，设置合成的基本属性。

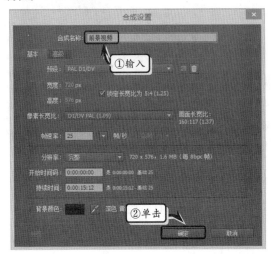

STEP|02 将【项目】面板中的"冰河"素材，拖到新建合成中。

STEP|03 根据素材创建合成。在【项目】面板中，同时选择多个素材，执行【文件】|【基于所选项新建合成】命令。

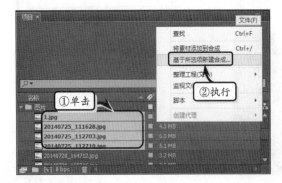

STEP|04 在弹出的【基于所选项新建合成】对话框中，设置相应的选项，单击【确定】按钮即可。

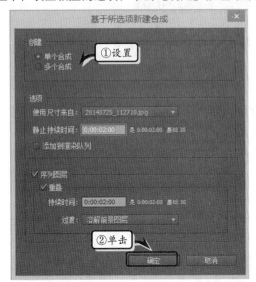

STEP|05 重命名合成。右击新建合成，执行【重命名】命令，重命名合成。使用同样方法，创建其他合成。

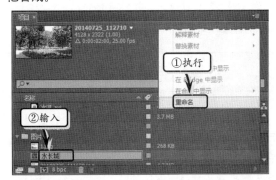

STEP|06 关闭合成。在【合成】窗口中，单击合成名称后面的下拉按钮，选择【全部关闭】选项，关闭所有的合成。

STEP|07 创建嵌套合成。将【项目】面板中的【木兰围场】合成添加到【时间轴】面板中，并选择其中的两个图层，右击执行【预合成】命令。

STEP|08 在弹出的【预合成】对话框中，设置相应的选项，单击【确定】按钮。

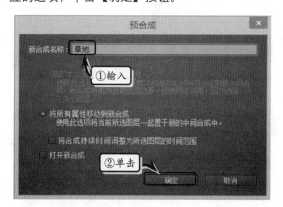

STEP|09 此时，在【时间轴】面板中，将显示新创建的合成。

STEP|10 双击新创建的嵌套合成，可在【时间轴】中查看合成中的具体素材。

第3章

应 用 图 层

　　AE 中的图层是构成合成的基本元素，没有图层的合成只是一个空帧。AE 图层的原理类似于 Photoshop 中的图层，它既可以存储类似 Photoshop 图层中的静止图片，又可以存储动态的视频；它的工作原理类似于将背景和角色创建在一张透明塑料片上，一层一层叠加到一起，从而制作出完整的作品。在本章中，将详细介绍 AE 图层的创建、属性设置、混合模式和样式，以及图层标记和图层剪辑等基础知识和使用方法。

3.1 创建图层

图层是 AE 中最基本的元素，每个导入项目中的素材都可以看成是一个图层。除了导入的素材之外，用户还可以创建纯色图层、特殊图层，以及可视元素的合成图层等。

3.1.1 图层概述

AE 中的图层类似于 Premiere Pro 中的轨道，其差异在于 AE 不像 Premiere Pro 那样，可以在轨道中包含多个剪辑。此外，AE 图层还类似于 Photoshop 中的图层，不仅可以存储类似 Photoshop 图层中的静止图片，还可以存储动态的视频；AE 中的【时间轴】面板则类似于 Photoshop 中的【图层】面板，将素材一层一层地叠加在一起，从而形成一个完整的作品。

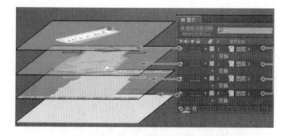

在 AE 中，由于在对一个图层进行更改时，并不会影响到其源素材；因此，同一个素材可以放入多个图层中并在每个实例中以各种方式使用该素材。除了不会影响到源素材之外，在不存在图层关联的状态下，对一个图层的更改也不会影响到其他的图层。例如，对一个图层进行移动、旋转或绘制蒙版等操作，不会因此而影响到合成中的其他图层。

AE 会自动对合成中的所有图层进行编号，其编号会显示在【时间轴】面板中，位于图层名称的左侧。图层编号主要用于对应该图层在堆叠顺序中的位置，当堆叠顺序更改时，AE 也会相对应地更改所有图层的编号。另外，由于图层堆叠顺序直接影响了渲染的顺序，因此也会影响针对预览及最终

输出时对合成进行渲染的方式。

3.1.2 基于素材创建图层

在 AE 中，用户可以通过【项目】面板中的任何素材，来创建图层。其实，在用户新建合成时，就已经将源素材以图层的形式显示在【时间轴】面板中了，也就是系统自动创建合成图层了。

另外，当用户需要基于素材创建图层时，只需在【项目】面板中选择一个或多个素材，直接拖动到【时间轴】面板中即可。

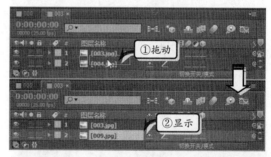

除此之外，如果【时间轴】面板中已经存在一个素材图层或合成素材图层，那么用户可以直接将【项目】面板中的素材拖到【时间轴】面板中的图表视图中。此时，系统将会自动添加一个"当前时间指示器"，根据该指示器的位置可以指定所添加素材图层的开始时间。

用户也可以通过执行【图层】|【新建】|【Adobe Photoshop 文件】命令，创建 Photoshop 文件类型的图层。

3.1.3 新建图层

AE 为用户提供了 9 种不同的新建图层，每一种图层都有其独特的作用。例如，文本图层则可以制作文本，灯光图层则可以创建灯光效果等。用户在新建图层的时候可以选择不同类型的图层。

1. 新建文本图层

文本图层是用于创建文字特效的图层。执行【图层】|【新建】|【文本】命令，即可创建一个空文本图层，新创建的图层将显示在【时间轴】面板中，同时在窗口右侧将自动显示【字符】和【段落】面板。而且光标也将自动切换为【横排文字工具】，即可在【合成】窗口中输入文字。

提示

在【时间轴】面板中，右击空白区域，选择【新建】命令中的子命令，同样能够创建不同类型的空白图层。

2. 新建纯色图层

纯色图层是具有固态颜色的层，也是我们平时用到最多的一种图层类型。

执行【图层】|【新建】|【纯色】命令，在弹出的【纯色设置】对话框中，设置图层的大小和颜色，单击【确定】按钮，即可创建一个纯色图层。

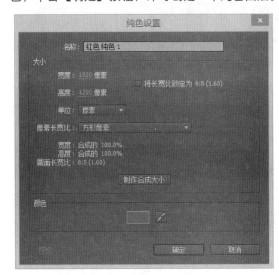

3. 新建灯光图层

灯光图层是用来添加光影效果的，该图层建立后会出现在最上层位置，并且只有在 3D 模式下才能使用。执行【图层】|【新建】|【灯光】命令，在弹出的【灯光设置】对话框中，设置各项选项。

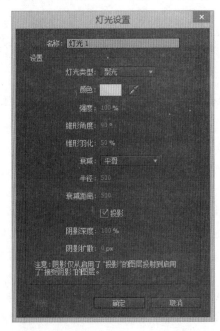

在【灯光设置】对话框中，单击【确定】按钮之后，系统将自动创建一个【灯光】图层，并在【合成】窗口中显示灯光图案，用户可通过鼠标调整灯光的具体位置和方向。

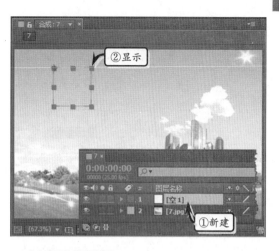

4．新建摄像机图层

在 AE 中，执行【图层】|【新建】|【摄像机】命令，即可创建摄像机图层。

摄像机图层是用来设置摄像机的，在 3D 模式下将层沿着 X、Y、Z 轴移动后会出现 3D 效果；在普通视图是看不出立体透视效果的。如果添加了摄像机，就可以看到近大远小的透视效果了。

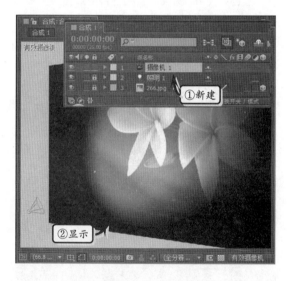

5．新建空对象图层

在 AE 中，执行【图层】|【新建】|【空对象】命令，即可在现有图层上方创建一个空对象图层。

空白对象图层是一种虚拟图层，以虚线方框进行显示，经常用来制作父子链接和配合表达式等。在空白对象图层，既不会显示任何增加的特效，而且其图层也不会显示在最终输出中。

6．新建形状图层

在 AE 中，执行【图层】|【新建】|【形状图层】命令，即可创建一个形状图层。

形状图层是一个特殊图层，既可以使用工具栏上的形状工具，又可以使用【钢笔工具】绘制任意图形；除此之外，用户还可以使用【效果】命令，为图层添加相应的效果。

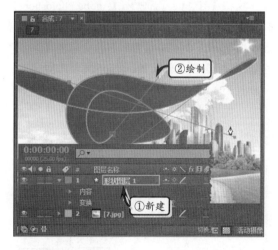

7．新建调整图层

在 AE 中，当用户想为某个图层应用效果时，该效果只能应用到该图层一个图层中，无法同时应用到其他图层中。而调整图层，则可以将效果应用于基于图层堆叠顺序中位于调整图层之下的所有图层创建的合成中。因此，调整图层必须位于所有图层的最上方。

另外，调整图层是透明的，在最终输出的时候不会被显示。用户只需执行【图层】|【新建】|【调

整图层】命令，即可创建一个调整图层。

8．新建 Adobe Photoshop 文件图层

　　AE 与 Adobe Photoshop 软件之间具有强大的兼容性，不仅可以导入 Adobe Photoshop 文件，而且还可以使图层转化为 Photoshop 所使用的*.psd 格式。

　　执行【图层】|【新建】|【Adobe Photoshop 文件】命令，在弹出的【另存为】对话框中，设置 Photoshop 文件的保存位置和名称，单击【保存】按钮，即可新建 Adobe Photoshop 文件图层。

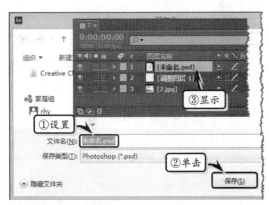

9．新建 MAXON CINEMA 4D 文件图层

　　德国 MAXON 公司出品的 CINEMA 4D，是一套整合 3D 模型、动画与算图的高级三维绘图软件，一直以高速图形计算速度著名，并有令人惊奇的渲染器和粒子系统，其渲染器在不影响速度的前提下，使图像品质有了很大提高，可以面向打印、出版、设计及创造产品视觉效果。

　　MAXON CINEMA 4D 文件可以使图层转化为 CINEMA 4D 使用的*.c4d 格式，该层可以使 MAXON 公司生产的软件兼容性更强。

　　执行【图层】|【新建】|【MAXON CINEMA 4D 文件】命令，在弹出的【新建 MAXON CINEMA 4D 文件】对话框中，设置保存名称和位置，单击【保存】按钮即可。

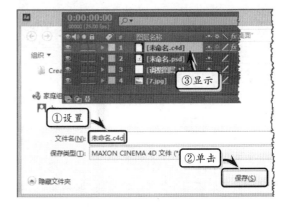

　　当创建 C4D 图层后，在【合成】面板中显示三维空间效果，并且在【效果控件】面板中显示 CINEWARE 效果选项。

　　通过 CINEMA 4D 与 After Effects 之间的紧密集成，可以导入和渲染 C4D 文件（R12 或更高版本）。CINEWARE 效果可直接使用 3D 场景及其元素。

3.2 操作图层

在 AE 中的图层中不仅可以放置各种类型的素材对象,而且还可以对图层进行一系列的操作,以查看和确定素材的播放时间、顺序和编辑情况。例如,用户可通过为图层添加出点和入点的方法,来决定图层中视频动画素材对象的播放时间;或者通过为不同的时间段添加标记的方法,来查看相对应的其他部分的编辑状态。

3.2.1 选择与移动图层

在对图层进行相应操作之前,用户还需要先了解一下选择和移动图层的操作方法。

1. 选择图层

AE 中的图层类似于 Photoshop 中的图层,每个层次之间是相互叠加在一起的,因此必须正确地选择某个图层,才可以对该图层进行一系列的编辑操作。

通常情况下,用户需要在【合成】窗口中,对所选中的素材对象进行编辑操作。而图层本身则需要在【时间轴】面板中,通过单击来选中。例如,用户需要选择【灯光 1】图层时,在【时间轴】面板中直接单击该图层即可。

在【时间轴】面板中,系统将使用实心高光状态显示被选中的图层。除了上述选择图层的方法之外,用户还可以使用下列方法,来选择不同类别的图层。

- **选择图层** 可以在【合成】窗口中单击该图层,或在【时间轴】面板中单击其名称或持续时间条,以及在【流程图】面板中

单击其名称。

- **选择被遮挡的图层** 在【合成】窗口中右击选择【选择】命令,然后在展开的级联菜单中选择图层名称即可。

- **按编号选择图层** 用户直接在数字键盘上输入图层编号,即可按照编号来选择图层。但是,当图层编号具有多个数字时,需要快速输入数字,以便 After Effects 可以将它们识别为一个编号。

- **选择下一个图层** 当用户需要选择堆积顺序中的下一个图层时,则需要按下 Ctrl+向下方向键来选择;当用户需要选择上一个图层时,则需要按下 Ctrl+向上方向键。

- **选择所有图层** 要选择所有图层,需要在【时间轴】面板或【合成】窗口中处于活动状态时,执行【编辑】|【全选】命令。

- **选择除当前所选图层以外的所有图层** 在【合成】窗口或【时间轴】面板中右击,执行【反向选择】命令,即可取消选择任何当前所选图层并选择所有其他图层。

- **选择标签颜色相同的图层** 在【时间轴】面板中,单击图层编号前面的颜色标签,执行【选择标签组】命令;或者选择图层名称,执行【编辑】|【标签】|【选择标签组】命令,即可选择标签颜色相同的所有图层。

- **选择父图层下的所有子层** 要选择分配给父图层的所有子图层,需要选择该父图层,并在【合成】窗口或【时间轴】面板中,右击执行【选择子项】命令。

- **同时选择多个图层** 当用户需要选择多个图层时,则可以使用选择工具在【时间轴】面板中,通过拖动鼠标框选需要选择的所有图层,也就是在图层周围创建用于选择图层的选择框。另外,用户也可以先

选择一个图层,然后在按住 Shift 键的同时选择其他图层。

2．移动图层

图层的移动能够改变图层顺序,从而影响图层对象在【合成】面板中的显示效果。当选中图层后,在【时间轴】面板中,拖动图层至合适位置即可移动图层。

另外,选中图层,执行【图层】|【排列】命令,在其级联菜单中选择相应的选项,即可以实现向上或向下移动图层。

> **提示**
> 用户还可以通过修改【位置】属性和使用【图层锚点】功能来移动图层。

3.2.2 拆分图层

在 AE 中,用户可通过【时间轴】面板,将一个图层拆分为两个独立的图层,以方便用户在图层中进行不同的处理。拆分图层是复制并修剪图层最省时的替代方法,一般用于修改合成中间图层的堆积顺序位置。

在【时间轴】面板中,选择一个或多个图层,并将当前时间指示器移动到需要拆分图层所处的位置中。然后,执行【编辑】|【拆分图层】命令,即可对所选图层进行拆分。

> **提示**
> 如果在拆分图层时,用户没有选择任何图层,那么执行【编辑】|【拆分图层】命令后,系统将在当前时间下拆分所有的图层。

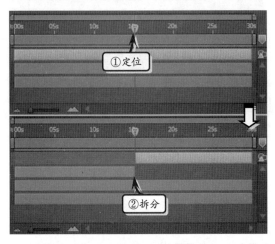

而所拆分的两个图层包含原始图层中它们的原始位置处的所有关键帧,而任何已经应用的轨道遮罩则继续保持它们在图层顶端的顺序。另外,拆分图层之后,原始图层的持续时间将在拆分点处结束,而新图层则从该时间点开始。

3.2.3 编辑图层的出入点

AE 进行的图层剪辑可以定义相应图层的入场、出场和出现时间,通过调整相应图层的入点、出点和延时可以定义图层相应的属性。

图层的入点、出点和时间位置的设置是相辅相成的,调整入点和出点的位置,就会间接或直接改变时间位置,反之亦然。

要想改变图层的入点位置,可以直接在【时间轴】面板中拖动图层条左侧的边缘,从而定义图层的入点;或者选中该图层,按 Alt+【快捷键即可。

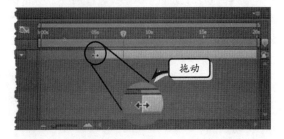

当拖动该面板图层条右侧的边缘，则可以定义该图层的出点。或者选中该图层，按 Alt+】快捷键即可。通过调整相应的入点和出点，从而间接调整了图层的时间位置和延时。

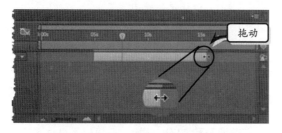

而图层的出现时间，则可以直接单击图层条后左右拖动，从而将其放置在相应的位置上，调整图层的出现时间。

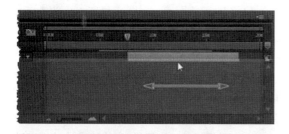

3.2.4 排序图层

在视频编辑的过程中，一种非常常见的编辑方式就是将每一段视频进行衔接，也就是将第一段的出点和第二段的入点放置在一起，一段视频播放完毕后就播放下一段。在 AE 中，用户可以使用序列图层功能，快速地衔接相应的视频片段。

首先，将多个素材导入到项目中，并将导入的素材从【项目】面板中直接拖曳到【时间轴】面板中，生成素材图层。此时，用户可以看到所有图层的开始时间是一致的。

然后，按下 Ctrl+A 快捷键同时选中所有的图层，并执行【动画】|【关键帧辅助】|【序列图层】命令，在弹出的【序列图层】对话框中，直接单击【确定】按钮。

此时，在【时间轴】面板的右侧，图层将按照普通的视频进行衔接，其时间开始点也是相互链接的。

如果在【序列图层】对话框中启用【重叠】复选框，并设置【持续时间】和【过渡】选项，则可以在链接各个图层之外，还可以在每一个图层之间添加覆盖的转场效果，以及定义覆盖转场的时长。

3.2.5 设置图层标记

在视频编辑过程中，不仅仅要对画面进行编辑，有时还需要对相应的音频部分进行编辑。这时就需要在同一个时间点添加标记，从而进行多方面的编辑。

1. 添加图层标记

选择需要添加标记的图层，将"当前时间指示器"调整到相应的时间点位置。然后，执行【图层】|【添加标记】命令，即可在当前时间点位置添加标记。

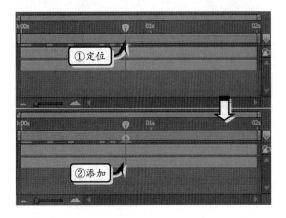

2. 为标记添加注释

添加标记后，只能在【时间轴】面板中查看标记，对于标记的用途则可以通过添加注释来了解每一个标记的含义。

要为标记添加注释，首先需要双击【时间轴】面板中的标记，弹出【图层标记】对话框。在该对话框中，分别设置标记的延时时间、注释信息、章节与网络等选项。

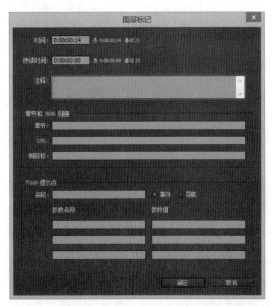

在【图层标记】对话框中，主要包括下列一些选项：

- ❑ **时间** 该选项显示出当前标记所在的精确时间位置。可以通过设置该数值，重新定义该标记的时间位置。
- ❑ **持续时间** 该选项用来设置当前标记的持续时间，默认显示为 0:00:00:00。
- ❑ **注释** 在该文本框中输入注释信息后，在【时间轴】面板相应的标记右侧就会出现该标记的注释信息。
- ❑ **章节和 Web 链接** 分别输入相应字符，定义章节的名称与链接地址。其中【帧目标】选项用来定义打开网络的方式：_blank、_self、_top、_parent。
- ❑ **Flash 提示点** 该选项组可以定义视频在 Flash 格式下的提示点信息。

3. 锁定图层标记

添加的图层标记，可以通过鼠标拖动来调整标记的位置。如果要确保一个图层标记的位置保持不变时，则可以通过锁定来保持标记位置。

右击图层标记，执行【锁定标记】命令，即可锁定图层标记，使其无法移动与编辑。

> **提示**
>
> 对于多余的图层标记，用户可以右击图层标记，执行【删除此标记】命令，即可删除当前的图层标记。

3.2.6 提升与抽出图层

提升和抽出主要用于删除图层中的部分内容，其提升可以在保留该时间长度空间的同时，清空该时间长度的内容；而抽出则可以在清空该时间长度内容的同时，删除相应的长度空间。

提升和抽出的操作方法大体一致，首先调整"当前时间指示器"位置到需要删除部分的开始位置，并按下 B 键快速设置工作区域的开始位置。

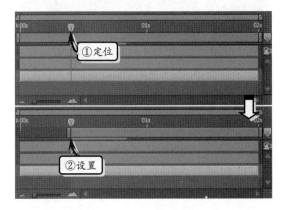

然后，调整"当前时间指示器"到要删除部分的结束位置，并按 N 键快速设置工作区域的结束位置。

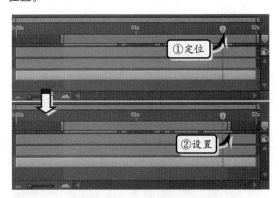

此时，执行【编辑】|【提升工作区域】命令，将相应的时间长度内容删除，但保留相应的空间，并且将突出分成两个图层。

另外，如果执行【编辑】|【抽出工作区域】命令，除了将相应的时间长度内容删除外，还将相应的时间空间删除，并且将该图层分成了两个图层。

3.3　设置图层属性

每个图层均具有属性，大部分图层都具有一个基本属性组，即【变换】组，该组包括锚点、位置、缩放、旋转等属性。用户可通过设置图层属性的方法，为图层添加动画效果。

所有图层的属性都是时间性的，它们会随着时间的推移更改图层。在属性名称前面存在一个"时间变化秒表"图标，用来切换属性随时间更改的能力。

一些图层属性（例如【不透明度】）仅具有时间组件，而一些图层属性（例如【位置】）除了具有时间组建之外还具有空间性，它们可以跨合成空间移动图层或其像素。

3.3.1　图层锚点

一个图层一定是一个面，而不是一个点，所以当要精确定义一个图层时，相应参数对应的都是一个点，该点就是锚点。默认情况下，大多数图层类型的锚点位于图层的中心。但在开始进行动画制作之前，通常需要设置图层的锚点。

当用户需要对锚点进行调整时，除了可以在【时间轴】面板中进行精确的调整，还可以使用相应的工具在【合成】窗口中继续手动调整。

1．精确调整

在【时间轴】面板中，单击图层标签前面的折叠按钮，展开图层属性，并展开【变换】属性组。此时，可以看到在【锚点】属性右侧有两个数值，分别是 X 轴和 Y 轴中的数值。用户只需要单击 X 轴或 Y 轴中的数值，输入新的数值即可精确调整锚点的位置。

> **提示**
>
> 锚点并不是必须在图层的中间，也可以在图层的外侧。除此之外，锚点还是旋转的中心点，旋转围绕该锚点进行。

2．手动调整

手动调整是使用【选择工具】进行调整。首先，使用【选择工具】，单击【合成】窗口中的图层对象将其选中。然后选择【锚点工具】，单击【合成】窗口中的锚点标记，并拖曳到相应的位置，重新调整锚点。

3.3.2　图层位置

图层位置是指图层对象放置的位置，一般情况下用户可以使用横向的 X 轴和纵向的 Y 轴，精确地调整图层的位置。

1．移动图层

在【时间轴】面板中，展开【变换】属性组，单击【位置】属性右侧的 X 轴和 Y 轴中的数值，输入新的数值即可。

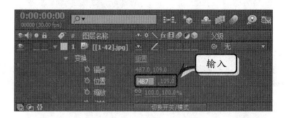

另外，用户还可以使用【选择工具】，在【合成】窗口中通过拖动鼠标的方法，手动编辑图层的位置。

在拖动图层对象的同时按 Shift 键，可以锁定移动的角度为 45°的倍值，也就是 0°、45°、90°、135°、180°等。

2．对齐图层

AE 还为用户提供了对齐图层的功能，使用该功能可以在合成面板中拖动图层时对齐图层。

在对齐图层时，其最接近指针的图层特性将用于对齐，包括锚点、中心、角或蒙版路径上的点。而对于 3D 图层，还包括表面的中心或 3D 体积的中心。

用户启用【工具栏】中【对齐】复选框，即可在拖动其他图层附近的图层时，目标图层将突出显示对齐点。

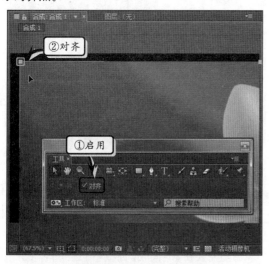

3.3.3　图层缩放和不透明度

在 AE 中，用户还可以设置图层的缩放，使图层按照指定的比例进行缩放。另外，还可以通过设置不透明度属性，来设置图层的透明效果。

1．图层缩放

缩放属性是定义图层对象的尺寸，无论是精确设置还是手动调整，均是定义与原始尺寸的比例，而不是对象的尺寸数值。

在【时间轴】面板中，展开【变换】属性组，单击【缩放】属性右侧的缩放值或缩放百分比值，分别输入新的数值即可。另外，用户也可以通过单击缩放值左侧的【约束比例】按钮，来启用或禁止

按照比例进行缩放。

进行手动缩放时，通过按 Shift 键，可以锁定缩放比例。在确认缩放尺寸后，必须先释放鼠标然后释放 Shift 键，否则得到的将是不成比例的缩放。

2．不透明度

通过调整图层对象的透明度属性，可以透过上面的图层查看到下面图层对象的状态。

在【时间轴】面板中，展开【变换】属性组，单击【不透明度】属性右侧的百分比值，输入新的数值即可。

3.3.4　设置图层旋转

AE 中的【旋转】属性不仅提供了用于定义图层对象角度的旋转角度参数，而且还提供了用于制作旋转动画效果的旋转圈数参数，从而达到了用户根据视频需求可以随意设置旋转图层目的。

在【时间轴】面板中，展开【变换】属性组，单击【旋转】属性右侧的旋转圈数和旋转角度值，输入新的数值即可。

当用户需要翻转所选图层时，执行【图层】|【变换】|【水平翻转】或【垂直翻转】命令即可。

当用户需要手动旋转图层时，则可以使用【选择工具】选中图层对象，并选择【旋转工具】，在【合成】窗口中单击并拖动鼠标，即可对图层对象进行旋转。

当按 Shift 键进行旋转时，可以锁定旋转的角度为 45°的倍值。

3.3.5 设置双立方采样

After Effects CC 引入了素材图层的双立方采样。现在，可以为对缩放之类的变换选择双立方或双线性采样。在某些情况下，双立方采样可获得明显更好的结果，但速度更慢。指定的采样算法可应用于质量设置为【最佳品质】的图层。

要启用双立方采样，执行【图层】|【品质】|【双立方】命令，即可对图层进行缩放，从而得到较高画质的效果。

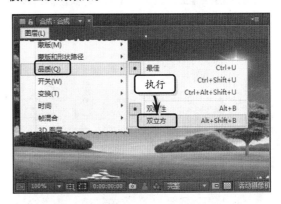

3.4 图层混合模式

AE 中的图层混合模式又称为图层模式或传递模式，主要用于控制每个图层与其下面的图层混合或交互，类似于 Adobe Photoshop 中的混合模式。

AE 中的每个图层都具有混合模式，其图层默认的混合模式为【正常】混合模式。根据混合模式的功能划分，AE 中的混合模式包括正常、变暗、添加、相交、反差等模式组。

3.4.1 正常模式组

正常模式组中的混合模式，只有不透明度小于源图层的 100%时，图层才会受到影响，否则图层像素的结果颜色不受基础像素的颜色影响。而【溶解】混合模式则会使源图层的一些像素变成透明的。

用户需要在【时间轴】面板中，选择一个图层。然后，执行【图层】|【混合模式】命令，在级联菜单中的【正常】组中，选择具体混合模式即可。

正常模式组中的混合模式选项，包括最常用的【正常】、【溶解】和【动态抖动溶解】3 种混合模式：

- ❑ **正常**　该模式为系统默认模式，它忽略基础颜色，其结果颜色为源颜色。
- ❑ **溶解**　该模式下，每个像素的结果颜色是源颜色或基础颜色。结果颜色是源颜色的概率取决于源的不透明度。当源的不透明度为 100% 时，其结果颜色是源颜色；而当源的不透明度为 0%，其结果颜色是基础颜色。该混合模式不适用于 3D 图层。
- ❑ **动态抖动溶解**　该模式与【溶解】模式相同，其结果会随着时间的改变而变化，但是该模式会为每个帧重新计算概率函数。该混合模式不适用于 3D 图层。

正常

溶解：不透明度为 60%

3.4.2　变暗模式组

变暗模式组中的混合模式可以使图层颜色变暗，而其中一些混合颜色的方式与在绘画中混合彩色颜料的方式大致相同。

用户需要在【时间轴】面板中，选择一个图层。然后，执行【图层】|【混合模式】命令，在级联菜单中的【变暗】组中，选择具体混合模式即可。

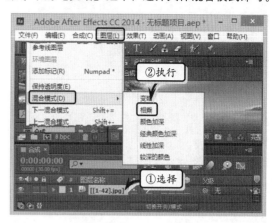

变暗模式组中的混合模式选项，包括【变暗】、【相乘】、【颜色加深】等 6 种混合模式：

- ❑ **变暗**　该模式下，每个结果颜色通道值低于源颜色通道值和相应的基础颜色通道值的颜色。
- ❑ **相乘**　该模式下，对于每个颜色通道，将源颜色通道值与基础颜色通道值相乘，再除以 8-bpc、16-bpc 或 32-bpc 像素的最大值，其具体结果取决于图层的颜色深度，而结果颜色的亮度往往低于原始颜色。当输入颜色为黑色时，则结果颜色为黑色；当输入颜色为白色时，则结果颜色为其他输入颜色。
- ❑ **颜色加深**　该模式下，结果颜色是源颜色变暗而形成的，它是通过增加对比度来反映基础图层颜色。另外，原始图层中的纯白色不会更改基础颜色。
- ❑ **经典颜色加深**　该模式类似于【颜色加深】模式，主要用于保持与早期项目的兼容性。
- ❑ **线性加深**　该模式主要用于反映基础颜色，其结果颜色是源颜色变暗形成的，而纯白色不会产生任何变化。
- ❑ **较深的颜色**　该模式下，每个结果像素是源颜色值和相应基础颜色值中的较深颜色。

变暗

颜色加深

3.4.3　添加模式组

添加模式组中的混合模式可以使当前图像中的黑色消失，从而使颜色变亮。

用户需要在【时间轴】面板中，选择一个图层。然后，执行【图层】|【混合模式】命令，在级联菜单中的【添加】组中，选择具体混合模式即可。

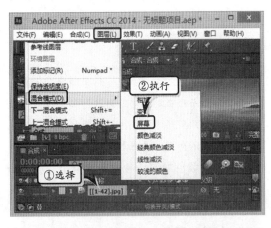

添加模式组中的混合模式选项，包括【相加】、【变亮】、【屏幕】、【颜色减淡】等7种混合模式：

- □　相加　在该模式下，每个结果颜色通道值是源颜色和基础颜色的相应颜色通道值的和。该模式下所形成的结果颜色，会比任一输入颜色浅。

- □　变亮　该模式下，每个结果颜色通道值比源颜色通道值和相应的基础颜色通道值高（亮）。
- □　屏幕　该模式下，将通过乘以通道值的补色，来获取结果颜色的补色。结果颜色绝不会比任一输入颜色深。
- □　颜色减淡　该模式下，结果颜色是源颜色变亮形成的，主要通过减小对比度来反映基础图层颜色。当源颜色为纯黑色时，其结果颜色为基础颜色。
- □　经典颜色减淡　该模式下主要用于保持与早期项目的兼容性，其功效类似于【颜色减淡】模式。
- □　线性减淡　该模式下，结果颜色是源颜色变亮形成的，主要通过增加亮度来反映基础颜色。当源颜色为纯黑色时，其结果颜色为基础颜色。
- □　较浅的颜色　该模式下，每个结果像素是源颜色值和相应的基础颜色值中的较亮的颜色。"浅色"类似于"变亮"，但是"浅色"不对各个颜色通道执行操作。

相加

较浅的颜色

3.4.4　相交模式组

相交模式组中的混合模式选项，在进行混合时

50%的灰色会完全消失，任何高于50%灰色的区域都可能加亮下方的图像，而低于50%灰色区域都可能使下方图层变暗。

用户需要在【时间轴】面板中，选择一个图层。然后，执行【图层】|【混合模式】命令，在级联菜单中的【相交】组中，选择具体混合模式即可。

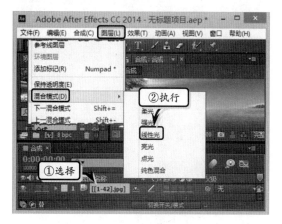

相交模式组中的混合模式选项，包括【叠加】、【柔光】、【强光】、【亮光】等7种混合模式：

❏ **叠加**　该模式下，当基础颜色比50%灰色浅时，将对输入颜色通道值相乘或对其进行滤色，其结果颜色将保留基础图层中的高光和阴影。

❏ **柔光**　使用该模式，可以使基础图层的颜色通道值变暗或变亮，具体变化情况取决于源颜色。当源颜色比50%灰色浅时，其结果颜色会比基础颜色浅，好像颜色减淡一样；当源颜色比50%灰色深时，其结果颜色比基础颜色深，就好像颜色加深一样。具有纯黑色或白色的图层明显变暗或变亮，但没有变成纯黑色或白色。

❏ **强光**　在该模式下，可以将输入颜色通道值相乘或对其进行滤色，具体变化情况取决于原始源颜色。当基础颜色比50%灰色浅时，其图层变亮，就好像被滤色一样；当基础颜色比50%灰色深时，其图层变暗，就好像被相乘一样。此模式适用于在图层上创建阴影外观。

❏ **线性光**　该模式可以通过减小或增加亮度来加深或减淡颜色，具体变化情况取决于基础颜色。当基础颜色比50%灰色浅时，其亮度增加，图层变亮；当基础颜色比50%灰色深时，其亮度减小，图层变暗。

❏ **亮光**　该模式可以通过增加或减小对比度，来加深或减淡颜色，具体情况取决于基础颜色。当基础颜色比50%灰色浅时，其对比度减小，图层变亮；当基础颜色比50%灰色深时，其对比度增加，图层变暗。

❏ **点光**　该模式可以根据基础颜色替换颜色。当基础颜色比50%灰色浅时，在不改变比基础颜色浅的像素的情况下，替换比基础颜色深的像素；当基础颜色比50%灰色深时，在不改变比基础颜色深的像素的情况下，替换比基础颜色浅的像素。

❏ **纯色混合**　该模式可以提高源图层上蒙版下面的可见基础图层的对比度。蒙版的大小确定了对比区域，而反转的源图层可以确定对比区域的中心。

3.4.5　反差模式组

反差模式组中的混合模式选项，可以基于源颜色和基础颜色值之间的差异创建颜色。也就是比较当前图像与下方图像,然后将相同的区域显示为黑色,不同的区域显示为灰色层次或彩色。

用户需要在【时间轴】面板中,选择一个图层。然后执行【图层】|【混合模式】命令,在级联菜单中的【反差】组中,选择具体混合模式即可。

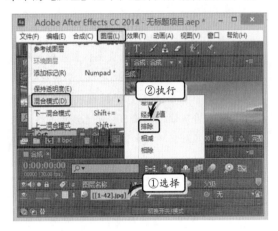

反差模式组中的混合模式选项,包括【差值】、【经典差值】、【排除】、【相减】、【相除】等5种混合模式:

- **差值** 在该模式中,对于每个颜色通道,从浅色输入值中减去深色输入值,得出一个颜色差值。当使用白色绘画时,则会反转背景颜色;当使用黑色绘画时,则不会产生任何变化。当一个元素完全堆积在另外一个元素之上时,差值为零,其视觉元素的像素此时都是黑色。

- **经典差值** 该模式主要用于保持与早期项目的兼容性,其功能类似于【差值】模式。

- **排除** 在该模式中,可以创建与【差值】模式相似但对比度更低的结果颜色。当源颜色为白色时,其结果颜色是基础颜色的补色;当源颜色为黑色时,其结果颜色仍然为基础颜色。

- **相减** 该模式可以从基础颜色中减去源颜色。当源颜色为黑色时,其结果颜色为基础颜色。但在32-bpc项目中,结果颜色值可以小于0。

- **相除** 在该模式下,其结果颜色是基础颜色除以源颜色。当源颜色为白色时,其结果颜色为基础颜色。但在32-bpc项目中,结果颜色值可以大于1.0。

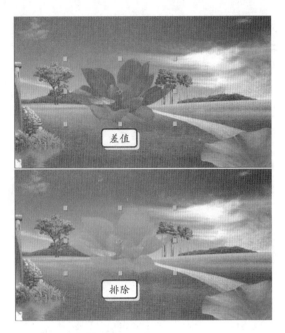

差值

排除

3.4.6 颜色模式组

颜色模式组中的混合模式选项,是将色相、饱和度和发光度三要素中的一种或两种应用在图像中。

用户需要在【时间轴】面板中,选择一个图层。然后,执行【图层】|【混合模式】命令,在级联菜单中的【颜色】组中,选择具体混合模式即可。

颜色模式组中的混合模式选项,包括【色相】、【饱和度】、【颜色】、【发光度】等4种混合模式:

- **色相** 在该模式下,结果颜色具有基础颜色的发光度和饱和度以及源颜色的色相。

- **饱和度** 在该模式下,结果颜色具有基础颜色的发光度、色相以及源颜色的饱和度。

- **颜色** 在该模式下,结果颜色具有基础颜色的发光度以及源颜色的色相和饱和度。该模式会保持基础颜色中的灰色阶，适用于为灰度图像和彩色图像着色。

❏ **发光度**　该模式下与【颜色】模式相反，其结果颜色具有基础颜色的色相和饱和度以及源颜色的发光度。

Alpha 模式组中的混合模式选项，包括【模板Alpha】、【模板亮度】、【轮廓 Alpha】、【轮廓亮度】等 6 种混合模式：

❏ **模板 Alpha**　在该模式下，可以使用图层的 Alpha 通道创建模板。

❏ **模板亮度**　在该模式下，可以使用图层的亮度值创建模板。其中，图层的浅色像素比深色像素更不透明。

❏ **轮廓 Alpha**　在该模式下，可以使用图层的 Alpha 通道创建轮廓。

❏ **轮廓亮度**　在该模式下，可以使用图层的亮度值创建轮廓。混合颜色的亮度值确定结果颜色中的不透明度，而源的浅色像素会导致比深色像素更透明。当使用纯白色绘画时，则会创建 0% 不透明度；当使用纯黑色绘画时，则不会产生任何变化。

❏ **Alpha 添加**　在该模式下，可以通过为合成图层添加色彩互补的 Alpha 通道来创建无缝的透明区域，主要用于从两个相互反转的 Alpha 通道或从两个接触的动画图层的 Alpha 通道边缘删除可见边缘。

❏ **冷光预乘**　在该模式下，可以将超过 Alpha 通道值的颜色值添加到合成中，以防止修剪这些颜色值。在应用此模式时，可以通过将预乘 Alpha 源素材的解释更改为直接 Alpha，来获得最佳结果。

3.4.7　Alpha 模式组

Alpha 模式组中的混合模式选项是 AE 特有的混合模式，它会将两个重叠中不相交的部分保留，使相交的部分透明化。这些混合模式实质上是将源图层转换为所有基础图层的遮罩。

用户需要在【时间轴】面板中，选择一个图层。然后，执行【图层】|【混合模式】命令，在级联菜单中的 Alpha 组中，选择具体混合模式即可。

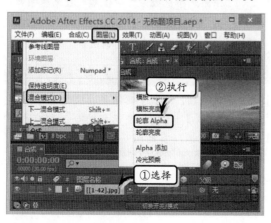

3.5 图层样式

图层样式功能为图层图像提供了添加效果的功能，通过使用该功能可以按照图层的形状添加一些效果，例如投影、外发光、浮雕等。在 AE 中，除了可以添加视觉元素的图层样式之外，还可以使用【图层样式】属性组中的【混合选项】属性设置，实现对混合操作的强大而灵活的控制。

3.5.1 投影和内阴影样式

投影样式主要用于添加落在图层后面的阴影，而内阴影样式主要用于添加落在图层内容中的阴影，从而使图层具有凹陷外观。

1. 投影样式

投影样式可以按照该图层中图像的边缘形状，为图像添加投影的效果。在【时间轴】面板中，选择一个图层，执行【图层】|【图层样式】|【投影】命令，即可为图层应用投影样式。

此时，在【时间轴】中的该图层下面，将显示一个【投影】属性组。

在【投影】图层样式中，主要包括下列 10 种

选项：

- □ **混合模式** 在该下拉列表中可以选择添加投影效果的混合模式，默认的情况下为【正片叠底】选项。
- □ **颜色** 单击【颜色】按钮，在弹出的【颜色】对话框中可以选择投影颜色。也可以单击右侧的【吸管工具】按钮，在屏幕中选择相应的颜色。
- □ **不透明度** 通过设置该选项，可以控制投影部分的不透明度。
- □ **使用全局光** 选择【开】选项时能够将该样式的光效果应用到所有启用的样式中；选择【关】选项时，该样式的光不影响其他样式。
- □ **角度** 通过设置该选项，可以定义光照的角度，从而控制投影的角度。
- □ **距离** 通过设置该选项，可以定义图像和投影之间的距离，数值越大，图像和背景的距离越大，反之越小。
- □ **扩展** 通过设置该选项，可以定义投影边缘的羽化程度，数值越大羽化程度越低。
- □ **大小** 通过设置该选项，可以定义投影的尺寸，数值越大投影尺寸越大，反之越小。
- □ **杂色** 通过设置该选项，可以在投影部分中添加杂色效果，数值越大效果越明显。
- □ **图层镂空投影** 打开该选项后，对象将显示在它所投射投影的前面。

> **提示**
>
> 选中【时间轴】面板中的图层，执行【图层】|【图层样式】|【全部显示】命令，将在相应图层中显示所有的图层样式。

2. 内阴影样式

内投影样式可以按照该图层中图像的边缘形

状，为图像添加内部投影的效果。在【时间轴】面板中，选择一个图层，执行【图层】|【图层样式】|【内阴影】命令，即可为图层应用内阴影样式。

此时，在【时间轴】中的该图层下面，将显示一个【内阴影】属性组。

内阴影样式中的各个选项与投影样式基本相同，其设置方法也相同，唯一不同的是得到的效果显示在图像内部。

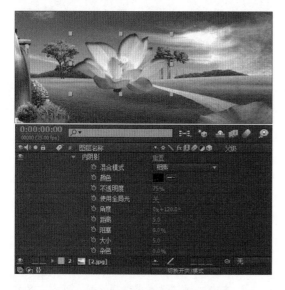

3.5.2 外发光和内发光样式

外发光样式用于添加从图层内容向外发出的光线，而内发光样式则用于添加从图层内容向里发出的光线。

1．外发光样式

外发光样式可以按照该图层中图像的边缘形状，为其添加外部发光的效果。在【时间轴】面板中，选择一个图层，执行【图层】|【图层样式】|【外发光】命令，即可为图层应用外发光样式。

此时，在【时间轴】中的该图层下面，将显示一个【外发光】属性组。

外发光样式中的各个选项与投影样式基本相同，其不同的选项如下所述。

❑ **颜色类型** 用于设置发光颜色的类型，包括【单色】和【渐变】两种类型。

❑ **颜色** 该样式中包括两个【颜色】选项，其第二个【颜色】选项主要用于设置渐变颜色。单击其后的【编辑渐变】链接，可在弹出的【渐变编辑器】对话框中设置渐变颜色。

❑ **渐变平滑度** 用于设置渐变颜色的过渡中的平滑性，其值越大平滑度越好，颜色的过渡分界也就越不明显。

❑ **技术** 用于设置外发光的技术类型，包括【柔和】和【精细】两种选项。

❑ **范围** 用于设置外发光的光源范围，其值越小外发光越明显。

❑ **抖动** 改变渐变的颜色和不透明度的应用，以减少光带条纹。

2．内发光样式

内发光样式是为图像添加内部发光效果，它与外发光具有相反的效果。

在【时间轴】面板中，选择一个图层，执行【图层】|【图层样式】|【内发光】命令，即可为图层应用内发光样式。

此时，在【时间轴】中的该图层下面，将显示一个【内发光】属性组。

内发光样式中的各个选项与外发光样式基本相同，其设置方法也相同，唯一不同的是得到的效果显示在图像内部。

技巧

用户为图层添加样式之后，可通过执行【图层】|【图层样式】|【全部移除】命令，移除图层中的样式。

3.5.3 斜面和浮雕样式

斜面和浮雕样式是用于添加高光和阴影的各种组合。在【时间轴】面板中，选择一个图层，执行【图层】|【图层样式】|【斜面和浮雕】命令，即可为图层应用斜面和浮雕样式。

此时，在【时间轴】中的该图层下面，将显示一个【斜面和浮雕】属性组。

在【斜面和浮雕】图层样式中，主要包括下列15 种选项：

- ❏ **样式** 在该下拉列表中可以选择不同的样式选项，分别是【外斜边】、【内斜边】、【浮雕】、【枕状浮雕】和【描边浮雕】。
- ❏ **技术** 在该下拉列表中可以选择不同的选项，分别是【平滑】、【雕刻清晰】、【雕

刻柔和】，来定义不同边缘处理方式。

- ❏ **深度** 通过设置该选项参数，可以定义立体效果的明显程度。
- ❏ **方向** 选择列表中的【向上】或【向下】选项，可以定义立体效果的方向。
- ❏ **大小** 通过设置该选项参数，可以定义立体的尺寸。
- ❏ **柔化** 通过设置该选项参数，可以定义立体边缘的柔化效果。
- ❏ **使用全局光** 选择【开】选项时能够将该样式应用到所有启用的样式中；选择【关】选项时，该样式不影响其他样式。
- ❏ **角度** 通过设置该选项参数，可以定义光照的角度，从而控制投影的角度。
- ❏ **高度** 通过设置该选项参数，可以定义光照的高度，从而控制投影的位置。
- ❏ **高亮模式/加亮颜色/高光不透明度** 分别用来设置立体高光部分的混合模式、颜色以及不透明度。
- ❏ **阴影模式/阴影颜色/阴影不透明度** 分别用来设置立体投影部分的混合模式、颜色及不透明度。

3.5.4　颜色和渐变叠加样式

颜色叠加样式是使用颜色填充图层的内容,而渐变叠加样式则是使用渐变填充图层的内容。

1. 颜色叠加样式

选择一个图层,执行【图层】|【图层样式】|【颜色叠加】命令,即可为图层应用颜色叠加样式。此时,在【时间轴】中的该图层下面,将显示【颜色叠加】属性组。

用户可通过设置其中的【颜色】、【混合模式】或者【不透明度】选项,来改变图像与颜色的混合效果。

2. 渐变叠加样式

选择一个图层,执行【图层】|【图层样式】|【渐变叠加】命令,即可为图层应用渐变叠加样式。此时,在【时间轴】中的该图层下面,将显示一个【渐变叠加】属性组。

在【渐变叠加】图层样式中,用户可通过设置

【混合样式】、【不透明度】、【颜色】、【样式】等参数,来更改默认的渐变叠加样式。

3.5.5　光泽和描边样式

光泽样式用于创建光滑光泽的内部阴影,而描边样式用于描画图层内容的轮廓。

1. 光泽样式

选择一个图层,执行【图层】|【图层样式】|【光泽】命令,即可为图层应用光泽样式。此时,在【时间轴】中的该图层下面,将显示【光泽】属性组。

设置【光泽】图层样式中的各个选项，如【混合模式】、【距离】、【大小】和【反转】等选项，即可得到不同的光泽效果。

该图层样式中的选项，主要是通过【颜色】、【大小】和【位置】选项来改变描边效果的。其中，【混合模式】和【不透明度】选项是用来设置描边与图像本身的融合效果。

2. 描边样式

选择一个图层，执行【图层】|【图层样式】|【描边】命令，即可为图层应用描边样式。此时，在【时间轴】中的该图层下面，将显示一个【描边】属性组。

3.6 图片展示

图片展示是由一组静态图片组成，并通过序列图层功能，按照先后顺序以幻灯片的方式显示项目中的图片。在本练习中，将通过制作图片展示效果，来详细介绍应用图层的使用方法和操作技巧。

练习要点
- 导入素材
- 创建合成
- 设置合成
- 设置混合模式
- 锁定图层
- 预览效果

操作步骤 ▶▶▶▶

STEP|01 导入素材。执行【文件】|【导入】|【文件】命令，在弹出的【导入文件】对话框中，选择多个素材文件，单击【导入】按钮。

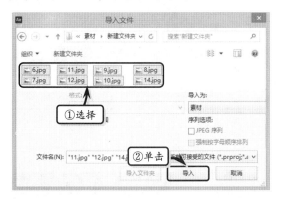

STEP|02 创建合成。在【项目】面板中，选择所有的素材，执行【文件】|【基于所选项新建合成】命令。

STEP|03 在弹出的对话框中，设置【选项】和【序列图层】选项组中各选项，单击【确定】按钮。

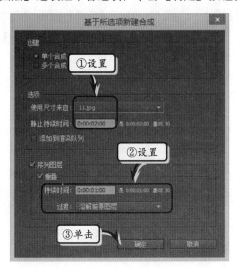

STEP|04 此时，在【时间轴】面板中，合成中的图层将以设置的持续时间按序列进行显示。

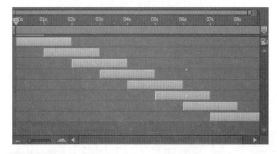

STEP|05 设置混合模式。选择图层，单击图层后面的【模式】下拉按钮，在其下拉列表中选择【动态抖动溶解】选项。使用同样方法，设置其他图层的模式。

STEP|06 锁定图层。单击图层名称左侧的【锁定】方框，锁定该图层。同样方法，锁定其他图层。

STEP|07 预览效果。执行【窗口】|【预览】命令，显示【预览】面板。单击【播放/暂停】按钮，预览图片展示效果。

STEP|08 执行【文件】|【保存】命令，在弹出的【另存为】对话框中，设置保存名称和位置，单击【保存】按钮，保存项目。

3.7 制作万马奔腾效果

万马奔腾效果是在 AE 中通过有关马的图片和视频，运用图层等功能，使图片具有交互运动和缩放旋转效果，从而体现了静态图片的动态特效。本练习中，将运用新建图层、设置图层属性等功能，来详细介绍万马奔腾效果的制作方法。

练习要点
- 导入素材
- 创建合成
- 新建图层
- 设置运动模糊
- 设置位置属性
- 设置不透明度属性
- 设置旋转属性
- 设置缩放属性

操作步骤 ▶▶▶▶

STEP|01 导入素材。执行【文件】|【导入】|【文件】命令，在弹出的对话框中选择需要导入的素材，单击【导入】按钮。

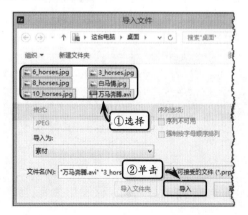

STEP|02 新建合成。执行【合成】|【新建合成】命令，在弹出的对话框中设置合成参数，单击【确定】按钮，创建一个空白合成。

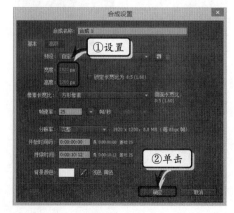

STEP|03 新建图层。选择【时间轴】面板，执行【图层】|【新建】|【纯色】命令，在弹出的对话框中设置图层颜色，单击【确定】按钮。

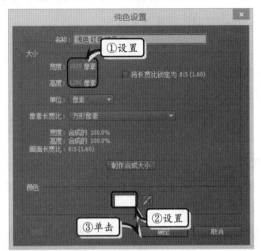

STEP|04 添加素材。将【项目】面板中的"白马情"素材添加到新建合成中，并在【时间轴】面板中将【时间指示器】移到 00:00:00:00 位置处。

STEP|05 设置缩放属性。在【时间轴】面板中选择该图层，将【缩放】属性右侧的数值调整为 51%，并将图片调整到窗口的左上角。

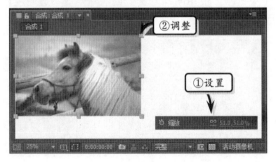

STEP|06 设置旋转属性。单击【旋转】属性左侧的【时间变化秒表】按钮，在 00:00:00:00 位置处创建第 1 个关键帧。

STEP|07 将【时间指示器】移到 00:00:03:00 位置处，同时将【旋转】属性设置为 2×+0.0°，创建第 2 个关键帧。

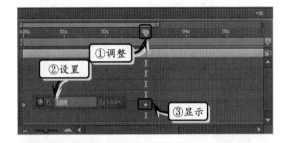

STEP|08 设置不透明属性。将【时间指示器】移到 00:00:00:00 位置处，单击【不透明度】属性左侧的【时间变化秒表】按钮，并将【不透明度】属性设置为 20%。

STEP|09 将【时间指示器】移到 00:00:03:00 位置处，同时将【不透明度】属性设置为 100%，创建第 2 个关键帧。

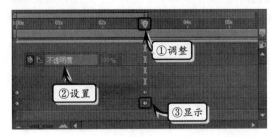

STEP|10 设置位置属性。将【时间指示器】移到 00:00:00:18 位置处，单击【位置】属性左侧的【时间变化秒表】按钮，创建第 1 个关键帧。

STEP|11 将【时间指示器】移到 00:00:01:17 位置处，同时在【合成】窗口中拖动图片至中心位置，创建第 2 个关键帧。

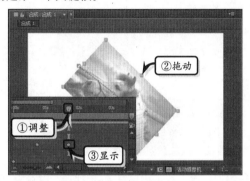

STEP|12 将【时间指示器】移到 00:00:03:00 位置处，同时在【合成】窗口中拖动图片至左上角，创建第 3 个关键帧。

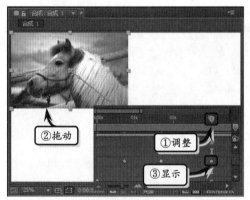

STEP|13 重复步骤（4）~（12），分别添加其他素材，并为素材设置图层属性。

STEP|14 制作重叠图层。在【时间轴】面板中，旋转所有的图片图层，将【时间指示器】移到 00:00:04:06 位置处，按右中括号键确定图层出点位置，从而设置持续时间。

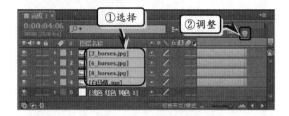

STEP|15 在【项目】面板中，将"10_horses.jpg"素材添加到合成中，并在【时间轴】面板中，调整该图层的时间条，使其与其他图层部分重合。

STEP|16 展开该图层中的【变换】属性，将【时间指示器】移到 00:00:03:15 位置处，单击【不透明度】左侧的【时间变换秒表】按钮，并将参数设置为 10%。

STEP|17 将【时间指示器】移到 00:00:03:20 位置处，将【不透明度】参数设置为 30%，创建第 2 个关键帧。使用同样方法，创建其他【不透明度】关键帧。

STEP|18 将【时间指示器】移到 00:00:04:21 位置处，单击【缩放】左侧的【时间变化秒表】按钮，创建第 1 个关键帧。

STEP|19 同样，将【时间指示器】移到 00:00:08:08 位置处，将【缩放】属性设置为 80%，创建第 2 个关键帧。使用同样方法，创建其他【缩放】关键帧。

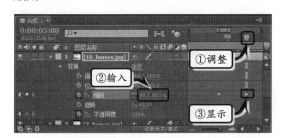

STEP|20 制作视频图层。将"万马奔腾"素材添加到合成中，展开【变换】属性，设置【缩放】属性的参数值。

STEP|21 在【时间轴】面板中调整时间条，使其和"10_horses.jpg"图层部分重合。

第 **4** 章

应用关键帧动画

　　AE 软件的主要功能是通过为各类素材添加动画效果的方法来制作视频动画，但无论为哪种素材添加动画效果，都离不开创建关键帧动画。关键帧动画与传统意义上的逐帧动画的区别是，后者是一帧一帧来实现的，较为烦琐；而关键帧动画只需要在关键的位置产生变化，其他都由计算机自动生成，从而可以获得比较流畅的效果。在本章中，将详细介绍关键帧在视频动画中的创建、编辑、路径运动和动画等基础知识，从而帮助用户熟练掌握使用关键帧动画的操作技巧。

4.1 创建关键帧动画

关键帧动画主要用于制作具有运动和属性变化的动画效果，既具有独立性又具有相互作用性。它不仅可以将属性的变化设置成动画，而且还可以将特效的变化设置为动画。由于关键帧动画在路径动画和文字动画上都得到了极大的应用，因此关键帧技术是每个动画师必须的功课。

4.1.1 显示关键帧

关键帧用于设置动作、效果、音频以及许多其他属性的参数，这些参数通常随时间变化。显示关键帧需要在【时间轴】面板中进行，展开图层属性列表，在【变换】属性列表中的左侧将显示一个秒表，该秒表便是关键帧控制器，主要用于控制关键帧的变化，也是设定动画关键帧的关键所在。当图层中的某个特定属性的秒表处于活动状态时，表示该图层将显示关键帧。

1. 显示单个关键帧

在【时间轴】面板中，选择图层属性，并将该属性的【时间指示器】调整到合适位置，激活该属性的【关键帧控制器】，即可显示关键帧，而关键帧在时间轴里面出现一个◆图标。

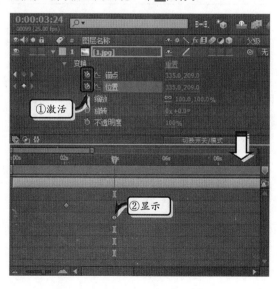

创建关键帧动画后，特别是【位置】属性的关键帧动画，在【合成】窗口会形成一条运动轨迹。

当用户停用图层前面的秒表时，表示用户删除了该图层属性的所有关键帧，并且该属性的常量值将成为当前时间的值。

> **注意**
>
> 当自动关键帧模式为打开状态时，在修改某个属性时将自动为该属性激活秒表。

2. 显示多个关键帧

在 AE 中，无论是在【时间轴】面板中修改该属性值，还是在【合成】窗口中修改图像对象，都会被记录下关键帧。

例如，在【时间轴】面板中，选择图层中的【位置】属性，将该属性的【时间指示器】调整到合适位置，激活该属性的【关键帧控制器】，创建第一个关键帧。然后，在【时间轴】面板中将【时间指示器】调整到另外一个位置，并在【合成】窗口中移动图层，创建第二个关键帧。以此类推，即可显示多个关键帧。

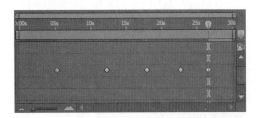

提示

在显示多个关键帧时,可以将【时间指示器】调整到一个新位置,单击图层属性最左侧的【在当前时间添加或移除关键帧】按钮即可。

4.1.2 显示关键帧曲线

当用户为图层添加关键帧之后,可以通过调整图层关键帧的曲线,以及为图层创建多个关键帧的方法,来设置关键帧的运动速度和路径。

在【时间轴】面板菜单中选择【图表编辑器】选项,并激活关键帧控制器右侧的 ,便可以使用曲线编辑器随意控制图层的运动节奏和运动路线。

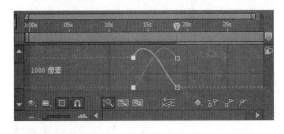

在【时间轴】面板中的图表编辑器中,用户可以通过关键帧中的 X 轴和 Y 轴值点,来改变曲线的弧度或位置。

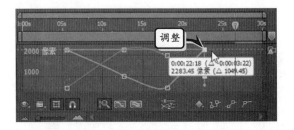

曲线编辑器可以任意地制作运动动画,在编辑动画的过程中,使用曲线编辑器可以编辑带有运动缓冲的动画,这样的动画在现实中随处可见,非常接近现实中的运动。

在曲线编辑器中重设关键帧后,关闭图表编辑器,回到【时间轴】面板中会发现关键帧图标发生了变化。

4.2 编辑关键帧动画

创建关键帧之后,为了保证动画效果的流畅性、平滑性和特效性,还需要在【时间轴】面板中对关键帧进行一系列的编辑操作。

4.2.1 选择与移动关键帧

选择与移动关键帧是编辑关键帧动画的基础操作。用户可以在【时间轴】面板中,通过选择和移动关键帧,来更改关键帧的显示位置。

1. 选择关键帧

当用户在同一时间段内设置了多个关键帧时,

选择其中一个关键帧时可能会出现选择偏差。此时,用户可以通过【在当前时间添加或移除关键帧】按钮 两侧的【转到上一个关键帧】 或者【转到下一个关键帧】按钮 ,来精确地选择关键帧。

除了上述选择方法之外,用户还可以通过下列

方法，来选择关键帧：

- **同时选择多个关键帧** 当用户需要选择多个关键帧时，可以按住 Shift 键并单击各个关键帧，或拖动选取框把各个关键帧框起来即可。
- **选择所有关键帧** 当用户需要选择图层属性中的所有关键帧时，选择相对应的图层属性名称即可。
- **选择具有相同值属性的所有关键帧** 右击关键帧，在弹出的菜单中执行【选择相同关键帧】命令即可。
- **选择某个关键帧之前或之后的所有关键帧** 右击关键帧，在弹出的菜单中执行【选择前面的关键帧】和【选择跟随关键帧】命令即可。

2．移动关键帧

要想改变关键帧在时间轴中的位置，那么在选中关键帧后，单击并拖动关键帧即可。

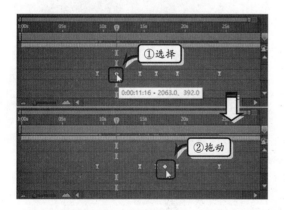

3．转到关键帧时间

在 AE CC 版本中，除了通过【转到上一个关键帧】◀或者【转到下一个关键帧】按钮▶来选择关键帧外，还可以右击【时间轴】面板中的关键帧，在弹出的菜单中执行【转到关键帧时间】命令，即可将【当前时间指示器】指向该关键帧的位置。

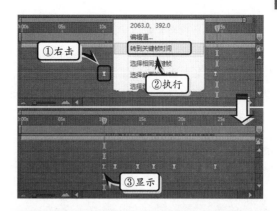

4.2.2 复制与剪切关键帧

为图层创建关键帧之后，还需要通过复制与剪切操作，来调整关键帧的具体位置，从而保证图层运动的平滑性和特效性。

1．复制关键帧

选择需要复制的关键帧，执行【编辑】|【复制】命令，将【当前时间指示器】移动到被复制的时间位置，执行【编辑】|【粘贴】命令，将关键帧粘贴到该位置中。

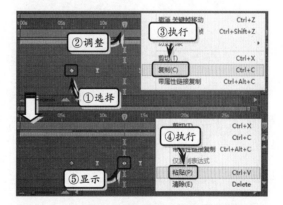

除了在【时间轴】面板中复制关键帧之外，用户还可以将关键帧数据复制并转化成文本格式。例如，在【时间轴】面板中复制关键帧，然后在文本文档或 Word 等文件中粘贴所复制的关键帧，即可以文本的形式展现关键帧数据。

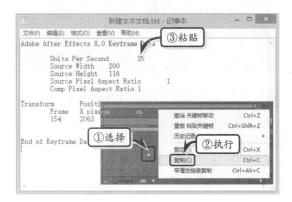

2．剪切关键帧

选择需要复制的关键帧，执行【编辑】|【剪切】命令，将【当前时间指示器】移动到被粘贴的时间位置，执行【编辑】|【粘贴】命令，将关键帧粘贴到该位置中。

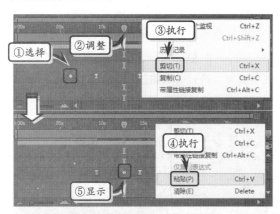

技巧

用户也可以使用 Ctrl+X 快捷键复制关键帧，以及使用 Ctrl+V 快捷键粘贴关键帧。

4.2.3 设置关键帧插值

插值是在两个已知值之间填充未知数据的过程，可以通过设置关键帧来指定特定关键时间的属性值。关键帧之间的插值可以用于对运动、效果、音频电平、图像调整、透明度、颜色变化以及许多其他视觉元素和音频元素添加动画。

1．添加关键帧插值

设置了属性动画关键帧后，关键帧的插值法是系统默认的插值法，AE 会自动在关键帧之间按默认插值法进行插值，产生相应的动画。但是在实际的制作过程中，默认的插值计算方法无法满足制作需要，这时就需要更改插值的计算方法。

在【时间轴】面板中，右击关键帧，执行【关键帧插值】命令，在弹出的【关键帧插值】对话框中，设置相应选项即可。

在该对话框中，显示出关键帧的插值方法分为【临时插值】和【空间插值】两种方式。其中，【临时插值】表示在【时间轴】中的时间值的插值，影响属性随着时间的变化方式；而【空间插值】表示在【合成】窗口或【图层】面板中的空间值的插值，影响路径的形状。

【临时插值】和【空间插值】的插值选项大体相同，其每种选项的具体含义，如下所述：

- ❑ 当前设置 该选项为默认选项，表示维持关键帧的当前状态。
- ❑ 线性 线性插值在关键帧之间创建统一的变化率，从而让动画看起来更具有机械效果。在值图表中，连接采用线性插值方法的两个关键帧的段显示为一条直线。
- ❑ 贝塞尔曲线 贝塞尔曲线插值可以提供最精确的控制，它允许用户沿着运动路径创建曲线和直线的任意组合，适用于绘制复杂形状的运动路径。另外，用户可以在值图表和运动路径中单独操控贝塞尔曲线关键帧上的两个方向手柄，从而制作出最丰富、最复杂的曲线图。

- ❏ **连续贝塞尔曲线**　连续贝塞尔曲线插值通过关键帧创建平滑的变化速率，用户可以通过方向手柄来更改关键帧任一侧的值图表或运动路径段的形状。
- ❏ **自动贝塞尔曲线**　自动贝塞尔曲线插值产生的曲线路径是光滑的，它的两个方向手柄在一条直线上，其方向手柄的角度呈 180° 不会变动，移动其中一个方向手柄，另外一个会向相反的方向移动。
- ❏ **定格**　定格插值只能用在【临时插值】中，也就是只能用在时间曲线中，它可以在时间上改变属性的值，但不会产生过渡。使用该插值后，曲线的角度会发生很明显的变化。

2. 编辑关键帧插值

为关键帧设置插值之后，除了可以在【关键帧插值】对话框中来更改关键帧插值的方式之外，还可以在【时间轴】面板中的图表编辑器中，来更改关键帧插值的方法。

在【时间轴】面板中的图表编辑器中，选择面板底部的相应的插值方式即可。

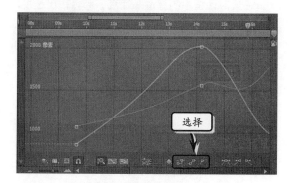

4.2.4　调整关键帧速度

创建关键帧之后，可以通过【时间轴】中的【图表编辑器】功能打开【速度图表】，以查看和调整关键帧的变化速率。除此之外，还可以在【合成】窗口或【图层】面板中，调整运动路径中空间属性的速度。

一般情况下，关键帧的速度是由下列因素所影响：

- ❏ **关键帧之间的时间差值**　关键帧之间的时间间隔越短，图层变化的速度就越快，以便可以尽快到达下一个关键帧值。反之，间隔越长，则图层变化越缓慢。用户可以通过沿着时间轴向前或向后移动关键帧的方法，来调整变化速率。
- ❏ **邻近关键帧值之间的差值**　关键帧值的差越大（例如 75%和 20%的不透明度之差），其生成的变化速率越大；而值的差越小（例如30%和20%的不透明度之差），其生成的变化速率越小。用户可以通过增大或减小某个关键帧图层属性值的方法，来调整变化速率。
- ❏ **应用于关键帧的插值类型**　关键帧的插值类型也决定了其变化速度。例如，当使用【线性】插值时很难通过该关键帧使值平滑地变化，此时切换为【贝塞尔曲线】插值，以通过方向手柄以更精确的方式调整变化速率。

1. 窗口和面板调整

在【合成】窗口或【时间轴】面板中，其运动路径上各个点之间的间隔表示速度，而每个点则表示一个帧。均匀的间隔表示速度恒定，其间距越大表示速度越高。使用定格插值的关键帧不显示点，因为在关键帧值之间没有中间过渡，图层仅出现在下一关键帧指定的位置。

在【合成】窗口或【时间轴】面板中，调整运动路径上两个关键帧之间的空间距离，可以控制关键帧的速度。例如，通过将一个关键帧移至离另一个关键帧更远的位置来提高速度，或者通过将一个关键帧移至离另一个关键帧更近的位置来降低速度。

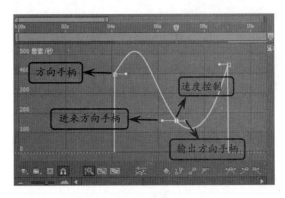

在【时间轴】面板中的图表部分中，调整两个关键帧之间的时间差，即可以调整其变化速度。例如，通过将一个关键帧移至离另一个关键帧更远的位置来降低速度，或者通过将一个关键帧移至离另一个关键帧更近的位置来提高速度。

用户可以通过调整速度图表的上升和下降，来控制关键帧之间值变化的速度。而向上拖动进来手柄可提高速度或速率，向下拖动则可降低速度或速率。输出手柄以同样的方式影响下一个关键帧，用户也可以通过向左或向右拖动手柄来控制对速度的影响。

3. 通过进来/输出参数调整

在【时间轴】面板中选中某个关键帧，执行【动画】|【关键帧速度】命令，弹出【关键帧速度】对话框。

在该对话框中的【进来速度】和【输出速度】选项中，分别设置新的速度值和影响百分比值，单击【确定】按钮即可。此时，【时间轴】面板中相对应的关键帧图标将会发生变化。

2. 速度图表调整

在【时间轴】面板中选择【图表编辑器】选项，激活【图表编辑器】。然后，单击底部的【选择图表类型和选项】按钮，在级联菜单中选择【编辑速度图表】选项，激活【速度图表】。

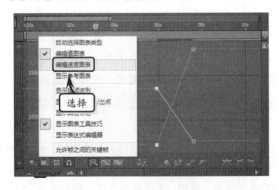

速度图表针对合成中任何帧的所有空间和时间值，提供有关值控制和变化速率的信息。在速度图表中，图表高度的变化表示速度的变化。水平值表示速度恒定；值越高表示速度越快。

> **提示**
>
> 如果用户需要保持相等的输入和输出速度来创建平滑的过渡，则需要启用【连续】复选框。

4. 通过漂浮关键帧调整

漂浮关键帧是未链接到特定时间的关键帧，它的速度和计时是由邻近的关键帧所确定的，仅适用于空间图层属性（例如位置、锚点和效果控制点）。

漂浮关键帧具有一次跨多个关键帧的功能,用户使用它可以轻松创建多个关键帧的平滑运动。当用户在运动路径中更改邻近漂浮关键帧的某个关键帧的位置时,漂浮关键帧的计时可能会发生变化。

选择需要平滑过渡的关键帧,在【图表编辑器】中,单击【编辑选定的关键帧】按钮,在其列表中选择【漂浮穿梭时间】选项即可。

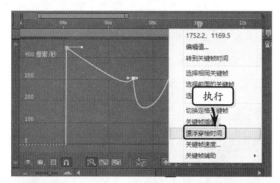

提示

用户也可以右击关键帧,在展开的级联菜单中执行【漂浮穿梭时间】命令,即可创建关键帧的平滑过渡。

由于漂浮关键帧必须从上一个和下一个关键帧插入其速度,因此只有当关键帧不是图层中的第一个或最后一个关键帧时,该关键帧才可以漂浮。

5. 通过时间拉伸调整

时间拉伸是通过相同的因子对整个图层进行加速或减速的一种过程。在对图层进行时间拉伸时,素材中的音频和原始帧(以及属于该图层的所有关键帧)都会沿着新的持续时间重新分布。

选择关键帧所在的图层,执行【图层】|【时间】|【时间伸缩】命令,在弹出的【时间伸缩】对话框中,输入【拉伸因数】或【新持续时间】值即可。

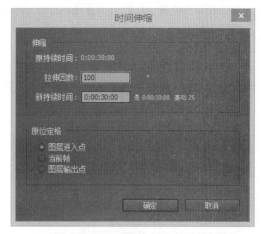

对话框中的【原位定格】选项组,主要用于指定拉伸图层时长的时间点,包括下列 3 个选项:

- **图层进入点**　选中该选项,可将图层的开始时间定格在当前值,并通过移动其出点拉伸图层的时长。
- **当前帧**　选中该选项,可将图层定格在当前时间指示器的位置,然后通过移动入点和出点拉伸图层的时长。
- **图层输出点**　选中该选项,可将图层的结束时间定格在当前值,并通过移动其入点拉伸图层的时长。

提示

在【时间轴】面板中非图表编辑器状态下,双击关键帧,可在弹出的【位置】对话框中,通过更改 X、Y 值,在【合成】窗口中查看关键帧中对象的位置变化情况。

4.3　动画运动路径

运动路径通常是指对象位置变化的轨迹,它是以一连串的点进行显示的,每个点标记图层中每个帧的位置,而路径中的方框则标记关键帧的位置。

路径动画是我们经常见到的动画种类,它在其他图形软件中使用曲线来控制动画的路径,而在 AE 中也是如此。通常情况下,用户需要通过设置运动路径,来突出素材的动画效果。

4.3.1　更改运动路径

在 AE 中,用户可以通过【选择工具】和【钢笔工具】等工具,来更改关键帧的运动路径。

1．使用【选择工具】更改

当用户为【位置】属性创建关键帧时，系统默认情况下创建的位置变化轨迹为直线。此时，可以采用路径编辑方法，来更改变化轨迹。

首先，在工具栏中选择【选择工具】 。然后，在【合成】窗口中，拖动轨迹中的控制点至合适位置，使其显示为曲线，松开鼠标即可更改位置变化的轨迹。

此时，单击【预览】面板中的【播放/暂停】按钮 ，查看对象运动轨迹，发现对象是沿曲线路径进行运动的。

2．使用【钢笔工具】更改

在 AE 中，用户还可以使用【钢笔工具】通过添加顶点的方法，来更改运动轨迹。但在添加顶点的同时，系统会自动在【时间轴】面板中添加一个关键帧。

在工具栏中选择【钢笔工具】 或者【添加顶点工具】 ，将鼠标移至【合成】窗口中关键帧的运动直线上。此时，单击鼠标可为直线添加一个顶点，而直接拖动鼠标则会在为直线添加顶点的同时将直线改变为曲线。

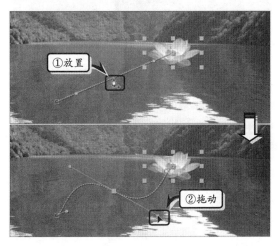

4.3.2　运动自定向

当进行曲线运动时发现，虽然对象会随着路径开始移动，但是对象的运动方向并没有随着路径而改变。此时，用户可以使用【运动自定向】功能，让运动方向随着路径的改变而改变。

执行【图层】|【变换】|【自动定向】命令，在弹出的【自动方向】对话框中，选中【沿路径定向】选项，并单击【确定】按钮。

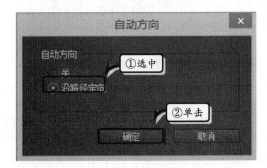

然后，单击【预览】面板中的【播放/暂停】按钮▶，查看对象运动轨迹，会发现对象是随着路径运动的。

4.3.3　父级关系

在 AE 图层中，图层之间的关系还可以通过父级关系，将一个或多个图层依附于另外一个图层，使其前者的图层属性随着后者而改变。图层属性中的各种关键帧动画，除透明度属性动画外，其他属性动画均能够通过父级关系，实现不同图层中的对象执行相同动画的播放。

图层之间的父级关系，创建方法非常简单，只要将某个图层中的父级图标◎单击并拖动至其他

图层上，释放后即可为这两个图层建立父级关系。其中，前者为子图层，后者为父图层。

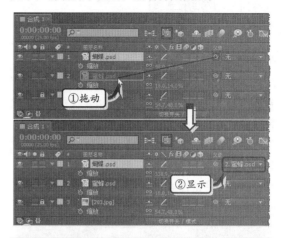

> **提示**
>
> 直接在图层的【父级】下拉列表中，选择其他图层名称，同样能够建立两者的父级关系。其中，要想单独显示【位置】属性，可以按 S 键。

对于静止的父级关系图层，子图层中的对象会在建立该关系之后随着父图层中对象的变化而变化。也就是说，子图层中对象不会随着建立父级关系之前的父图层中对象的改变而改变。

而对于动画中的父级关系图层，无论父级关系是否建立，子图层中的对象均会随着父图层中的对象改变而变化。

4.4　创建与修改快捷动画

在 AE 中，通常是通过关键帧与属性的结合，来创建视频动画效果。除此之外，用户还可以通过鼠标拖动的方法，来创建视频动画效果，该种方法被称为快捷动画。在本小节中，将详细介绍创建与

修改快捷动画的基础知识和操作方法。

4.4.1 运动草图

所谓的运动草图就是直接用鼠标进行运动路径绘制的过程。当要制作一个位置运动的动画效果时，如果图层对象的运动轨迹比较复杂，并不是简单使用直线路径或曲线路径就可以定义的时候，就可以使用运动草图来实现。

首先，需要在【时间轴】面板中，创建一个对象的位置变化关键帧动画。然后将【当前时间指示器】调整到开始位置。

接着，执行【窗口】|【动态草图】命令，打开【动态草图】面板。在该面板中，可以对路径的采集进行相应的设置。

在【动态草图】面板中，主要包括下列选项：

- ❏ **捕捉速度为** 用于设置路径采集和最终动画的速率。
- ❏ **平滑** 用于设置运动路径的平滑性，数值越大路径越平滑。
- ❏ **显示** 该选项区域用于定义在采集路径时所显示的内容。当启用【线框】复选框时，表示在采集时显示对象的框架，从而节省系统资源；当启用【背景】复选框时，表示在采集时显示背景图像，从而得到一些采集路径的依据。
- ❏ **开始** 用于标记开始进行采集的时间。

❏ **持续时间** 用于标记采集的持续时间。

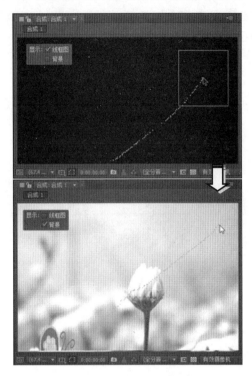

当设置完成后，单击【开始捕捉】按钮，即可用鼠标按住相应的图层对象进行移动，系统将自动进行路径采集。当路径采集结束后，系统不会出现相应的提示，而是自动进行动画播放。

在采集路径时，如果路径比较复杂，可以将采集速度设置得小些，这样会减慢播放速度。另外，系统也会按照平滑参数的大小，来确定关键帧的创建数量，当移动路径越平滑，关键帧相对越少。

4.4.2 路径平滑

当使用【动态草图】功能采集了运动路径之后，由于鼠标灵活性的限制，通常会导致路径的不平滑。即使在采集路径前设置平滑参数，这种情况也是不能避免的。此时，用户可以通过 AE 中的【平滑器】功能，对采集的路径进行平滑处理。

执行【窗口】|【平滑器】命令，打开【平滑器】面板。在该面板中，单击【应用到】下拉按钮，在其下拉列表中可以选择平滑处理应用的范围，包括【空间路径】或【时间图表】两种范围，其具体范围由关键帧的属性类型决定。而【容差】选项，则用于定义平滑处理的程度，数值越大平滑处理强度越大。

在【平滑器】面板中设置完毕后，单击【应用】按钮开始进行平滑处理。

4.4.3 路径抖动

在视频动画中，随机变化是一种较为常见的情况。用户可以使用 AE 内置的【摇摆器】功能，在属性随时间变化时对该属性应用随机性。【摇摆器】功能主要是根据指定的属性和选项，通过添加关键帧并随机化进入或离开现有关键帧的插值，将一定数量的偏离添加到属性中。

在使用【摇摆器】功能时，至少需要两个关键帧，才可以在规定的限制内更准确地模拟自然运动。例如，在蝴蝶动画中应用随机性以产生飞舞的感觉，或者对亮度或不透明度应用摇摆器来模拟旧式放映机闪动的效果等。

在【时间轴】面板中，选择图层属性中的关键帧，执行【窗口】|【摇摆器】命令，打开【摇摆器】控制面板，对随机运动进行设置。

在【摇摆器】面板中，主要包括下列 5 种选项：

- **应用到** 该选项用于定义随机应用的范围。其中，【时间图表】选项，用于将随机的变化应用到时间的变化上；而【空间路径】选项，则用于将随机的变化应用到空间的变化上。

- **杂色类型** 该选项用于定义随机变化噪波的类型。选择【平滑】选项，随机变化的噪波是平滑方式，每一次参数的变化程度并不是很大；而选择【锯齿】选项，则随机变化的噪波是粗糙方式，每次参数的变化程度较大。

- **维数** 该选项用于设置随机变化的维数范围。选择 X 和 Y 选项，表示将偏离仅添加到选定属性的一个维度中；选择【全部独立】选项，表示将不同组的偏离单独添加到每个维度中；选择【所有相同】选项，表示将同一组偏离添加到所有维度中。

- **频率** 该选项定义每秒向选定关键帧中添加偏离（关键帧）的数量。其中，较低的值仅偶尔生成偏离，较高的值会生成更不规则的结果，而小于 1 的值以不到每秒一个的间隔创建关键帧。

- **数量级** 该选项用于定义随机变化的量，数值越大其变化的程度越大。

在【摇摆器】窗口中，设置相应选项之后，单击【应用】按钮，即可生成相应的随机运动。在下图中，所显示的为不同【杂色类型】和【数量级】

下的随机运动轨迹图。

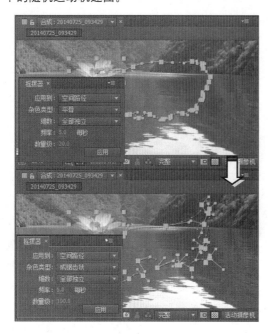

4.4.4　关键帧时间反转

当创建关键帧动画后，动画播放顺序是图层对象从 0:00:00:00 开始的属性效果，至最后关键帧的属性变化效果，并且播放顺序是固定的。但是在

AE 中，不仅能够按照制作的顺序播放动画效果，还可以将动画顺序整个翻转，形成倒序的顺序播放。

在【时间轴】面板中，选择动画所在的图层，执行【图层】|【时间】|【时间反向图层】命令，即可发现关键帧的位置发生位置的翻转，并且图层条下方出现红色线条。

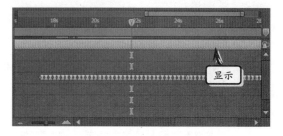

由于【当前时间指示器】放置在 0:00:00:00 的位置，所以【合成】窗口中的图层对象显示在原来动画的最后关键帧中的位置。当播放该动画时，发现动画顺序发生颠倒，形成原动画的倒序播放效果。

4.5　动态水墨画

组织结构图是最常见的表现雇员、职称和群体关系的一种图表，它形象地反映了组织内各机构、岗位上下左右相互之间的关系。本练习将使用 SmartArt 图形制作某公司研发部组织结构图。

练习要点
- 创建关键帧
- 设置图层属性
- 创建图层
- 添加文本
- 设置文本格式
- 设置文本格式
- 嵌套合成

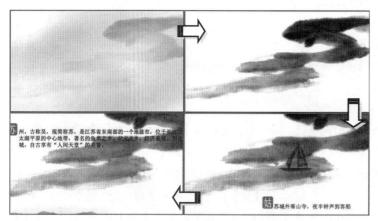

操作步骤 ▶▶▶▶

STEP|01 新建合成。首先，为项目导入所有素材。然后，执行【合成】|【新建合成】命令，在弹出的对话框中设置合成选项。

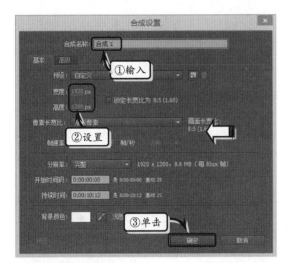

STEP|02 新建图层。选择【时间轴】面板，执行【图层】|【新建】|【纯色】命令，在弹出的对话框中设置图层参数。

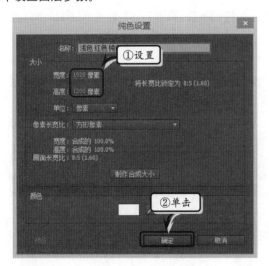

STEP|03 添加素材。按照图层显示的先后顺序，分别将素材添加到新建合成中，并调整素材在【合成】窗口中的位置。

STEP|04 创建文本。选择图层"姑 5"，同时单击工具栏中的【横排文字工具】按钮，在【合成】窗

口中拖动鼠标创建文本段落。

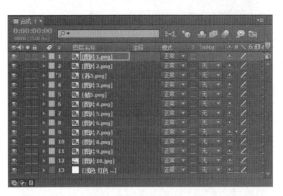

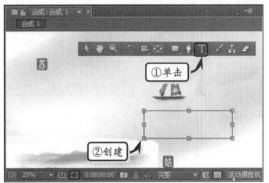

STEP|05 在弹出的【字符】面板中，设置文本的字体格式。使用同样方法，在"苏 3"图层上创建一个文本图层。

STEP|06 嵌套合成。同时选择"姑 5"图层和其上方的文本层，右击执行【预合成】命令，创建嵌套合成。同样方法，创建"苏 3"图层和其上文本成的嵌套合成。

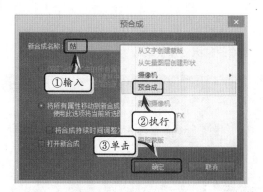

STEP|07 设置滚动效果。展开"图片 1"图层中的【变换】属性组,单击【位置】左侧的【时间变化秒表】按钮,创建第 1 个关键帧。

STEP|08 将【时间指示器】移至 00:00:03:00 位置处,并在【合成】窗口中将该图层从最左侧移动到最右侧,创建第 2 个关键帧。

STEP|09 再次往合成中添加两个"图片 1"素材,并使用相同的方法,分别在 00:00:03:00 和 00:00:06:11 位置处,以及 00:00:06:11 和最末尾位置处设置位置关键帧。

STEP|10 同时选择 3 个"图片 1"图层,右击执行【预合成】命令,嵌套合成图层。

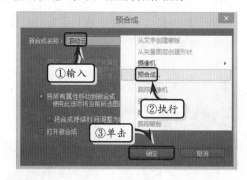

STEP|11 制作淡出效果。展开"图片 9"图层中的【变换】属性组,将【时间指示器】移至 00:00:00:00 位置处,单击【不透明度】左侧的【时间变化秒表】按钮,创建第 1 个关键帧。

STEP|12 将【时间指示器】移至 00:00:01:00 位置处,并将【不透明度】参数值设置为 0%,创建第 2 个关键帧。

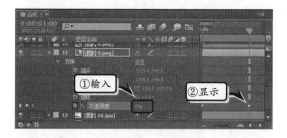

STEP|13 使用同样的方法,分别设置"图片 8"~"图片 4"图层的【不透明度】参数,并将每个图片的第 2 个关键帧往后拖延一点。

STEP|14 制作淡入/移动/淡出效果。展开"图片 3"图层中的【变换】属性组，将【时间指示器】移至 00:00:00:00 位置处，单击【不透明度】左侧的【时间变化秒表】按钮，并将参数值设置为 0%。

STEP|15 将【时间指示器】移至 00:00:02:09 位置处，仍然将【不透明度】参数值设置为 0%，创建第 2 个关键帧。

STEP|16 将【时间指示器】移至 00:00:02:21 位置处，将【不透明度】参数值设置为 100%，创建第 3 个关键帧。

STEP|17 将【时间指示器】移至 00:00:05:23 位置处，仍然将【不透明度】参数值设置为 0%，创建第 4 个关键帧。

STEP|18 将【时间指示器】移至 00:00:03:06 位置处，单击【位置】左侧的【时间变化秒表】按钮，创建第 1 个关键帧。

STEP|19 将【时间指示器】移至 00:00:06:05 位置处，在【合成】窗口中移动该素材，创建第 2 个关键帧。

STEP|20 使用同样的方法，创建"姑"合成的淡入/移动/淡出效果。同时，创建"苏"和"图片 2"图层的淡入效果。

4.6　公司宣传开头动画

　　一般情况下，公司宣传片中的公司名称都是以乏味的文字进行显示的，既不美观又呆板。此时，用户可以使用 AE 中的关键帧动画和一些特效，使公司名称具有拖尾动态效果，从而可以令观众印象深刻。在本练习中，将详细介绍制作公司宣传开头动画的操作方法。

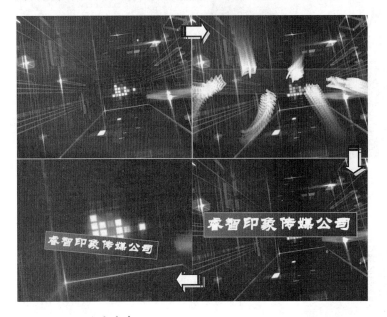

练习要点

- 嵌套合成
- 创建关键帧
- 【颜色校正】特效
- 【生成】特效
- 【风格化】特效
- 【时间】特效
- 创建文本
- 创建蒙版
- 输入表达式

操作步骤 >>>>

STEP|01 创建合成。导入项目素材，执行【合成】|【新建合成】命令，在弹出的对话框中设置合成参数，单击【确定】按钮。

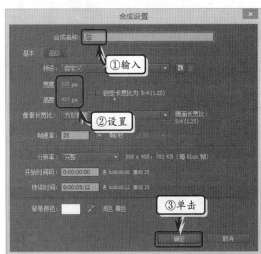

STEP|02 使用同样方法，创建一个"背景"合成，并将"背景.jpg"素材放置在该合成中。

STEP|03 设置"背景"图层。在【时间轴】面板中，展开"背景"图层中的【变换】属性组，将【缩

放】参数设置为 39.1%。

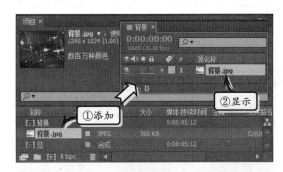

STEP|04 执行【效果】|【颜色校正】|【色相/饱和度】命令，为图层应用该效果，并在【效果控件】面板中设置效果参数。

STEP|05 同样，执行【效果】|【风格化】|【发光】命令，为图层应用该效果，并在【效果控件】面板中按住 Alt 键的同时单击【发光半径】左侧的【时间变化秒表】按钮。

STEP|06 在【时间轴】面板中，输入表达式"wiggle(50,200)"，单击空白处完成表达式的输入。

STEP|07 创建文本。在【项目】面板中，将【背景】合成添加到【总】合成中，创建嵌套合成。

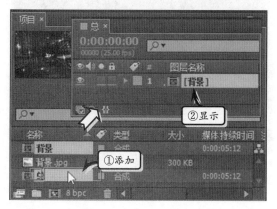

STEP|08 单击工具栏中的【横排文字工具】按钮，在【合成】窗口中输入公司名称，并在【字符】面板中设置文本的字体格式。

STEP|09 复制文本图层，将文本更改为单字"睿"，并将修改的文本图层调整到原文本图层的上方，使其"睿"字完全重叠。

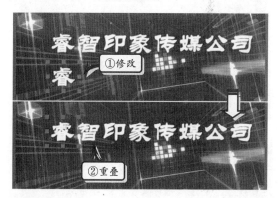

STEP|10 使用同样的方法，制作其他文本，并删除原文本图层。

STEP|11 设置文本属性。选中全部文本图层，展开【变换】属性组，将【时间指示器】移至 0:00:02:00 位置处，分别单击【位置】和【旋转】属性左侧的

【时间变化秒表】按钮。

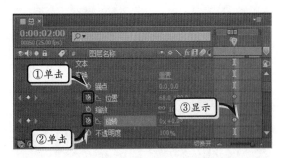

STEP|12 取消图层全选状态，选择图层"司"，将【时间指示器】移至 0:00:00:00 位置处，并设置其【位置】和【旋转】参数值。使用同样方法，分别设置其他文本的【位置】和【旋转】属性关键帧。

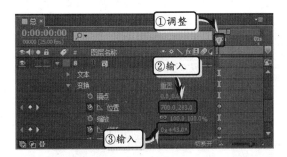

STEP|13 制作拖尾效果。选中全部文本图层，右击执行【预合成】命令，设置合成名称，单击【确定】按钮，创建【拖尾文字】嵌套合成。

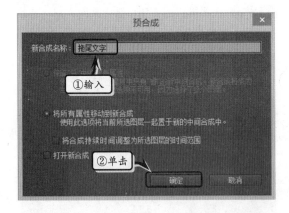

STEP|14 选择该合成，执行【效果】|【时间】|【残影】命令，为图层应用该效果，并在【效果控件】面板中设置效果参数。

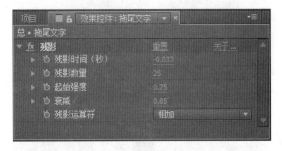

STEP|15 创建蒙版层。执行【图层】|【新建】|【纯色】命令，在弹出的对话框中设置图层参数，单击【确定】按钮，创建纯色"框"图层。

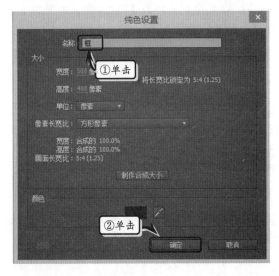

STEP|16 在【时间轴】中，将【时间指示器】调整到 0:00:02:00 位置处，单击工具栏中的【矩形工具】按钮，在【合成】窗口中绘制蒙版形状。

STEP|17 选择"框"图层，执行【效果】|【生成】|【梯度渐变】命令，为图层应用该效果，并在【效果控件】面板中设置效果参数。

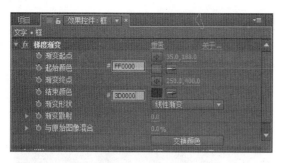

STEP|18 同时，执行【效果】|【生成】|【描边】命令，为图层应用该效果，并在【效果控件】面板中设置效果参数。

STEP|19 展开"框"图层中的【变换】属性组，将【时间指示器】移至 0:00:01:19 位置处。单击【不透明度】左侧的【时间变化秒表】按钮，并将参数值设置为 0%。

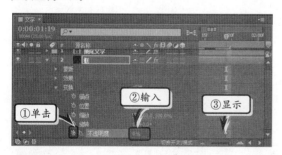

STEP|20 将【时间指示器】移至 0:00:02:00 位置处，将【不透明度】参数值设置为 100%。

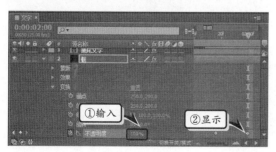

STEP|21 设置合成属性。在【时间轴】面板中，同时选择"拖尾文字"和"框"图层，右击执行【预合成】命令，创建"文字"嵌套合成。

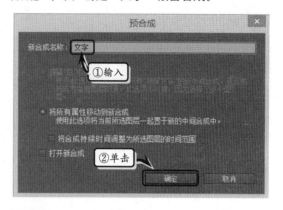

STEP|22 单击每个合成图层左侧的【独奏】方框，启用该功能。

STEP|23 展开"背景"图层中的【变换】属性组，将【时间指示器】移至 0:00:02:15 位置处，分别单击【位置】和【缩放】左侧的【时间变化秒表】按钮。

STEP|24 将【时间指示器】移至 0:00:03:07 位置处，分别设置【位置】和【缩放】属性的参数值，创建第 2 个关键帧。

STEP25 展开"文字"图层中的【变换】属性组，将【时间指示器】移至 0:00:02:15 位置处，分别单击【位置】、【缩放】和【旋转】左侧的【时间变化秒表】按钮。

STEP26 将【时间指示器】移至 0:00:03:07 位置处，分别设置【位置】、【缩放】和【旋转】属性的参数值，创建第 2 个关键帧。

第 **5** 章

应用蒙版动画

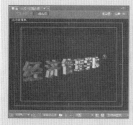 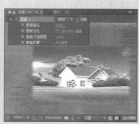  

　　蒙版是后期合成中必不可少的部分，它可以将图层中的某些部分进行隐藏，不仅可以简化作品中的元素，而且还可以突出作品的主题。通常情况下，蒙版常被用来分离母版物体与背景，也就是通常所说的抠图。除了蒙版功能之外，AE 还为用户内置了矢量图的绘制工具，可以协助用户绘制出任何形状的图形，以用来丰富作品的后期效果。而且，绘制的矢量图形还可以作为蒙版工具进行局部隐藏，从而扩展了隐藏形状的局限性。

　　通过本章的学习，希望读者不仅能够掌握矢量图形的绘制方法，而且还能够通过矢量图形变换各种蒙版形状，从而达到灵活运用蒙版功能的学习目的。

5.1 创建矢量图形

矢量图形由名为矢量的数学对象定义的直线和曲线组成，并根据图像的几何特征对图像进行描述。

而 AE 中矢量图形其实就是蒙版的原始形状，也就是说，当使用矢量图形工具在形状图层中进行绘制时为矢量图形，当在位图图层中进行绘制时则为蒙版图形。通过 AE 中的几何图形工具与钢笔工具，不仅能够绘制标准图形，还可以绘制任何形状的图形，以丰富作品的后期效果。

5.1.1 创建标准图形

AE 中创建的矢量图形对象并不是一个素材，而是一个矢量形状图层。几何矢量图形包括矩形、圆角矩形、椭圆、多边形和星形，其绘制方法基本相同，并且每一个图形绘制后，均附带所有的属性选项。

1. 绘制矩形形状

选择工具栏中的【矩形工具】▢，在空白【合成】窗口中，单击并拖动光标即可绘制形状。绘制形状的同时，在【时间轴】面板中将会自动创建一个"形状图层 1"图层。

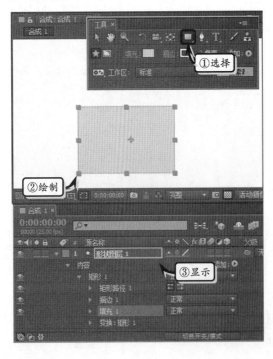

> **提示**
>
> 如果需要绘制正方形图形，可以按住 Shift 键单击并拖动。如果同时按住 Alt+Shift 键，可以从正方形的中心开始创建正方形对象。

2. 调整矩形形状

当绘制矩形路径后，在【时间轴】面板中将显示该矩形对象的所有属性选项。其中，【矩形路径】选项组是用来设置该图形对象的尺寸、位置以及圆角半径。用户可以在【大小】与【位置】子选项的右侧单击，输入数值即可调整形状的大小。

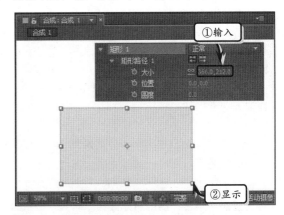

> **提示**
>
> 【大小】参数的数值，既可以成比例设置，也可以分别设置宽度和高度参数，只要单击参数左侧的【约束比例】图标⊸即可。

而【矩形路径】选项组中的【圆度】子选项是用来定义矩形对象圆角的半径，数值越大圆角越明显。

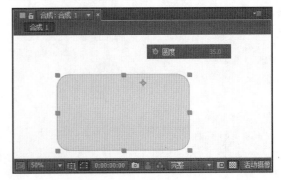

只有当此数值为 0 时，才是标准的矩形。【圆度】子选项参数大于 0 时，该图形就是圆角矩形，与使用【圆角矩形工具】■绘制的效果相同。

3. 设置矩形的边属性

【时间轴】面板中的【描边 1】选项组是用来设置所选矩形对象的描边效果。其中的各个子选项，分别用来控制描边中的颜色、宽度、透明度、斜角等效果。

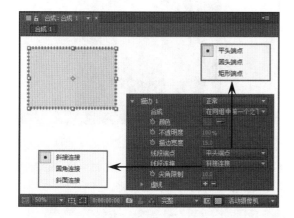

【描边 1】选项组中各属性的具体含义如下：

❑ **合成** 该选项用来控制整个描边效果。

❑ **颜色** 单击色块打开【颜色】对话框，选择任意颜色作为描边颜色。

❑ **不透明度** 该选项控制描边的不透明度效果。

❑ **描边宽度** 该选项控制描边的宽度。

❑ **线段端点** 该列表中的选项，用来控制线条两端的形状，包括【平头端点】、【圆头端点】和【形状端点】。

❑ **线段连接** 该列表中的选项，用来设置拐角形状，包括【斜接连接】、【圆角连接】和【斜面连接】。

❑ **虚线** 该选项用来定义每一段的长度和间隔的尺寸，也就是设置虚线效果。只要单击【添加虚线或间隙】按钮■，即可得到虚线效果。

> **提示**
>
> 该选项中的【虚线】子选项用来设置虚线的长度，【偏移】子选项用来设置虚线的显示位置。如果继续单击【添加虚线或间隙】按钮■，那么会得到多个【间隙】和【虚线】子选项，从而设置更多效果不一的虚线。

4. 设置矩形的填充属性

【时间轴】面板中的【填充 1】选项组是用来控制所选矩形对象的填充效果。该选项组中，【颜色】和【不透明度】子选项是用来设置填充的颜色与不透明度效果，而【填充规则】列表中的选项，则是用来控制填充处理方式。

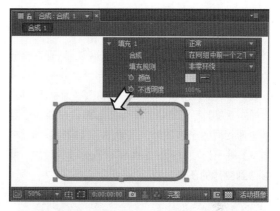

5. 设置矩形变换属性

【时间轴】面板中的【变换：矩形 1】选项组与图层中的【变换】选项组中的选项基本相同，但是前者是专门用来控制所选图形对象；后者则是控制所在图层中所有图形对象。

其中，【变换：矩形 1】选项组中的【倾斜】和【倾斜轴】子选项，前者是控制倾斜的程度，后者是控制倾斜的方向。

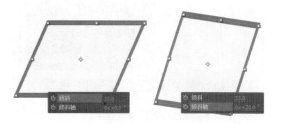

6. 绘制其他形状图形

当用户需要绘制其他矢量图形时,在工具栏中单击【矩形工具】按钮■,即可在展开的级联菜单中选择【椭圆工具】 ●、【多边形工具】 ●、【星形工具】 ★ 中的一种工具,绘制相应的图层形状即可如下图所示。

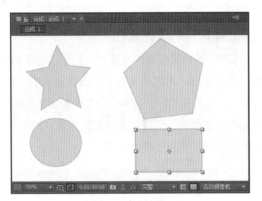

每一个图形对象的属性基本相似,只有在第一个相应路径选项组中,添加了不同形状特有的选项设置。例如多边形图形路径中添加了【点】、【外径】和【外圆度】等子选项;星形图形路径中添加了与多边形相同的子选项外,还添加了【内径】和【内圆度】等子选项。通过这些特有子选项的设置,能够得到变形的图形对象。

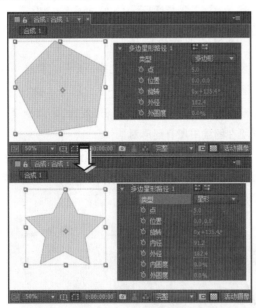

7. 矢量文件转换为形状图层

在 AE 中,不仅能够绘制矢量图形,还能够将外部的矢量文件直接转换为形状图层,从而得到具有路径的矢量图形。

首先,执行【文件】|【导入】命令,导入一个外部矢量文件,并将该矢量文件添加至【时间轴】面板中。

然后,在【时间轴】面板中右击该图层,执行【从矢量图层创建形状】命令。此时,用户会发现【合成】窗口中的对象发生变化。

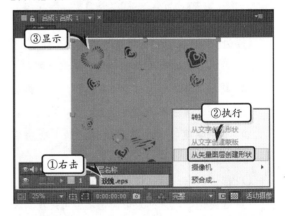

同时,【时间轴】面板中的图层也发生了相应的变化,系统隐藏了导入的文件图层,新建了一个矢量轮廓图层。

5.1.2 创建自由图形

路径是矢量绘图中最基本的概念,路径可以分别为直线和曲线。直线非常简单,两个节点和连接节点的直线形成直线路径。

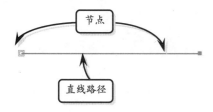

当路径为曲线时,曲线弯曲的幅度和角度是通过控制柄定义的。控制柄越长曲线的弯曲度越大,控制柄和曲线路径形成相切关系,通过调整控制柄方向,可定义曲线的角度。

路径可以定义为开放路径和封闭路径两种,在开放路径中可以查看到路径的开始节点和结束节点,而封闭路径的开始节点和结束节点是重合在一起的。

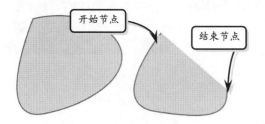

另外,开放路径则是在开始节点和结束节点之间虚拟绘制一条直线,将颜色填充到该封闭区域中;而封闭路径是将颜色填充到路径封闭的区域中。

1. 绘制不同形状路径

选择工具栏中的【钢笔工具】 ，在【合成】窗口中,任意位置单击即可创建第一个节点。在不同位置单击即可创建第二个节点,从而完成直线路径的创建。

如果要创建曲线路径,那么在创建第二个节点时,则需要单击并拖动鼠标,从而通过控制柄的长度来决定弯曲的弧度。

2. 调整路径形态

当创建多个节点路径时,无论是直线路径还是曲线路径,均能够通过路径调整工具改变路径形态。

选择工具栏中的【添加"顶点"工具】 ，在路径中单击鼠标,即可在路径中添加顶点。

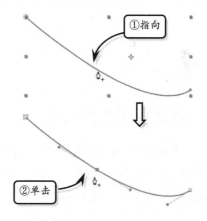

另外,使用工具栏中的【转换"顶点"工具】 ，单击并拖动控制柄,则可以改变路径弯曲的程度与方向。

> **注意**
>
> 如果单击节点,则能够将曲线路径转换为直线路径。当再次单击该节点,直线路径又转换为曲线路径。

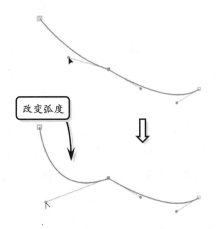

改变弧度

当用户需要删除路径中的某个节点时，则可以直接使用【删除"顶点"工具】 ，单击路径中的节点，即可删除该节点。另外，使用【选择工具】 选中某个节点，按下 Delete 键，也可以删除该节点。

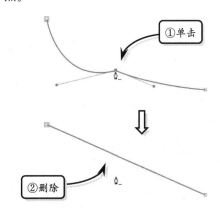

①单击

②删除

5.1.3 创建同组图形对象

在 AE 中除了可以绘制标准图形和自由图形之外，还可以通过图层属性中的"添加"功能，来创建同组图形对象，以方便用户对多个形状进行统一编辑。

1. 创建空白图形组

当用户在【合成】窗口中绘制矢量图形状时，同时会在【时间轴】面板中创建一个单独的图形组，只是该图形组并没有以组的形式进行命名。

创建空白图形组之前，需要在【合成】窗口中绘制一个矢量图形状，例如绘制矩形形状。然后，选择新建图层下的【内容】属性，单击【添加】按

钮，在其级联菜单中选择【组（空）】选项，即可创建一个空白图形组。

2. 为空白图形组添加形状

创建空白图形组之后，选择该组，单击【添加】按钮，在其级联菜单中选择所需要添加的形状即可。例如，选择【椭圆】选项。

此时，所创建的图形对象只显示路径子选项，而该对象的填充和描边将采用该图形组中其他对象的颜色色泽。用户可以通过设置该图形路径子选项，来设置图形的相关参数。

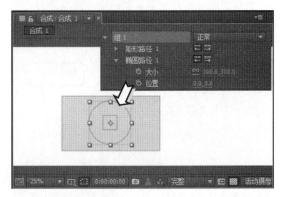

3. 组合同组图形

当在一个图形组中添加了多个图形对象后，可以按照不同的图形组合方法，创建不同的图形形状。

选择图层名称，单击【添加】按钮，在其级联菜单中选择【合并路径】命令，即可合并该图层组中的所有形状，从而形成一个路径对象。

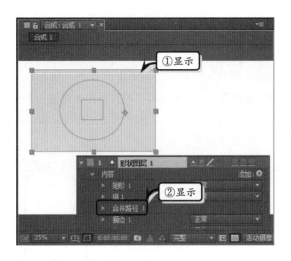

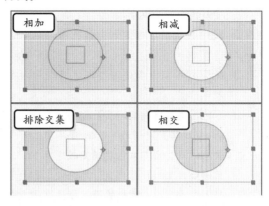

方式。

> **注意**
>
> 当对 3 个及以上的对象进行合并路径时，进行相交和排除交叉处理时，会出现更复杂的效果。

合并形状后，在【时间轴】面板中将添加一个【合并路径】子选项。在该子选项中，单击【模式】下拉按钮，选择相应的选项，即可定义不同的合并

5.2　设置矢量图

创建矢量图之后，为了使其更具有美观性和实用性，还需要设置矢量图的填充颜色、描边颜色，以及偏移路径、收缩和膨胀等图形效果。

5.2.1　填充与描边

无论几何图形还是自由图形，开放路径还是封闭路径，均能够为图形对象设置不同的填充颜色与描边颜色，并且两者的设置方法相同。

1．设置填充效果

选择工具栏中的【填充选项】选项，弹出【填充选项】对话框。在该对话框中，包括【无】▨、【固态色】▢、【线性渐变】▣与【径向放射渐变】▣ 4 种样式。

默认情况下，填充颜色为【固态色】，当在该对话框中单击【无】按钮▨后，【时间轴】面板中的【填充 1】选项组不变，但是无法设置颜色。

当单击【线性渐变】按钮▣或者【径向放射渐变】按钮▣后，其【时间轴】面板中的【填充 1】选项组转换为【渐变填充 1】选项组，并且在其中添加与渐变颜色相关的子选项。而【合成】窗口中的图形，也转换为默认的黑白渐变。

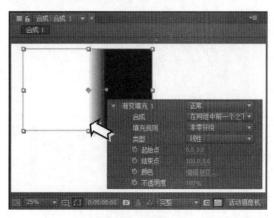

其中，【渐变填充 1】选项组中，各属性的具体含义如下所述：

- **类型** 在该列表中可以任意切换线性渐变与径向放射渐变。
- **起始点** 用于确定渐变颜色一段的颜色位置。
- **结束点** 用于确定渐变颜色另外一段的颜色位置。
- **颜色** 选择【编辑渐变】选项，在弹出的【渐变编辑】对话框中，设置不同的渐变颜色。渐变条下方色块设置颜色色相，上方色块设置颜色透明度。无论是上方色块还是下方色块，均能够设置颜色在渐变条中的位置。

当设置颜色完成后，单击【确定】按钮，即可改变渐变颜色。这时可以在【时间轴】面板中，将【类型】设置为【径向】，改变渐变方式。

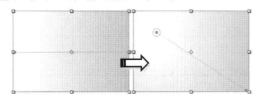

2．设置描边效果

每一个图形对象并非只能定义一个填充和描边属性，而是可以定义多个填充和描边。通过调整每一个填充或描边的透明度和混合模式，可以制作出更加复杂的图像颜色效果。

以描边效果为例，当绘制一个图形对象并设置描边效果后，单击【时间轴】面板右侧的【添加】按钮，在级联菜单中选择【描边】选项，添加【描边2】选项。

这时，使用相同方法设置描边属性后，在【合成】窗口中无法查看双描边效果。这是因为两个描边效果重叠，需要通过设置上方或下方描边的宽度、透明度、混合模式或者将其设置为虚线，才能够同时查看双描边效果，这里将上方描边设置为虚线，得到双描边效果。

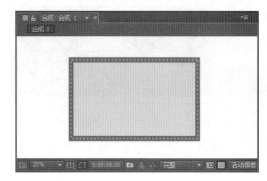

5.2.2　设置图形效果

对于自行创建的矢量图形对象，AE 包含了专门的图形效果，以丰富图形对象的形状效果。用户可在【时间轴】面板中，通过单击【添加】按钮 添加:● ，来设置图形效果。

1．偏移路径

当图形对象为一个开放路径时，可以单击【添加】按钮，选择级联菜单中的【偏移路径】选项，从而按照开放路径的形态产生一个封闭的图形。另外，可以通过调整【线段端点】和【线段连接】参数，来控制图形的宽度以及图形两端的样式。

2．中继器

当对选中的对象进行复制处理时，可以单击【添加】按钮，选择级联菜单中的【中继器】选项。然后通过对相应参数的设置，改变复制数量与偏移个数等效果的变换。

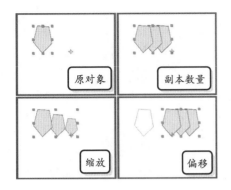

3．收缩和膨胀

【收缩和膨胀】效果并不是简单的缩放处理，而是将相应的图形对象进行收缩与膨胀，处理的图形对象将出现相应的变形现象，而变形的效果会按照相应节点的数量进行处理。当参数为正值时，将进行膨胀处理；当参数为负值时，将进行收缩处理。

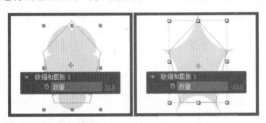

4．其他变形效果

在【添加】菜单中，还包括各种不同的变形效果，例如修剪路径、扭转、摆动路径、Z 字形等。并且设置每个效果中的相关参数，可以得到不同的变形效果。

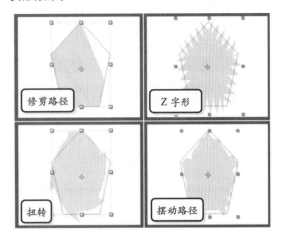

5.3 应用简单蒙版

AE 为用户提供了几款简单的蒙版功能，以方便用户在不创建模板的前提下，应用蒙版特效。下面，将通过保持透明区域和轨道蒙版，来介绍简单蒙版的使用方法。

5.3.1 保持透明区域

保持透明区域是一个简单的蒙版功能，它通过一个图形图层中含有的透明区域，将上面图层的部分图像隐藏，只在下面图层中不透明的区域内进行显示。

要使用保持透明区域功能，首先需要导入两个图像，并且其中一个图形必须是带有透明区域。

然后将两个图像分别添加到【时间轴】面板中，并且保持该图层在拥有透明区域的图层上方。

在【时间轴】面板中，选中不包含透明区域的图层，执行【图层】|【保持透明度】命令，此时上方图层的图像，将隐藏部分内容，只在下方图层不透明的区域内进行显示。

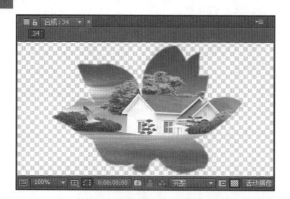

注意

保持透明区域功能只能对图像进行相应区域的隐藏，保持相应图像的透明区域，但是使用该功能并不能进行更多的设置，而且它对图层的位置有着更多的要求。

另外，执行【图层】|【跟踪遮罩】|【Alpha反转遮罩】命令，即可将反转上层图像的 Alpha 通道作为当前图层的蒙版。

5.3.2 应用跟踪遮罩

AE 中的保持透明区域功能，只能隐藏部分图像，并不能进行更多的设置。此时，用户可以使用跟踪遮罩功能，对图层进行更多的设置，从而弥补保持透明区域功能的不足。

1. 应用 Alpha 遮罩

跟踪遮罩仅适用于它正下方的图层，要将轨道遮罩应用于多个图层，首先需要先导入并合成多个图层。

2. 应用亮度遮罩

选择底层的图层，执行【图层】|【跟踪遮罩】|【亮度遮罩】命令，即可将上层图像的亮度作为当前图层的蒙版。

由于底层图像是要进行显示的，而上方图像将作为蒙版。所以选择底层的图层，执行【图层】|【跟踪遮罩】|【Alpha 遮罩】命令，即可将上层图像的 Alpha 通道作为当前图层的蒙版。

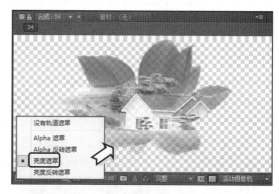

另外，执行【图层】|【跟踪遮罩】|【亮度反转遮罩】命令，即可将反转上层图像的亮度作为当前图层的蒙版。

提示

在【跟踪遮罩】命令中还有一个【没有轨道遮罩】选项，该选项为默认选项，表示将不进行任何的蒙版设置。

5.4 创建与设置蒙版

　　AE 中的蒙版是一个路径，主要用于修改图层属性、效果和属性的参数。蒙版最常见的用法是修改图层的 Alpha 通道，从而确定各像素的图层透明度；而蒙版的另一常见的用法，则是作为对文本进行动画制作的路径。

　　蒙版属于特定图层，其每个图层均可包含多个蒙版。在 AE 中，用户可以创建各种类型的蒙版，并通过计算蒙版、设置蒙版羽化和透明度等编辑操作，来最大化地显示蒙版的强大功能。

5.4.1 创建蒙版

　　在 AE 中，除了可以创建空白蒙版之外，还可以配合矢量绘制工具创建矢量蒙版。

1. 创建空白蒙版

　　如果要想使用外部矢量图形作为蒙版，就需要先为图层创建空白蒙版，然后再进行复制。

　　在【时间轴】面板中，选择图层，执行【图层】|【蒙版】|【新建蒙版】命令，即可创建空白蒙版。此时，用户会发现【合成】窗口中没发生任何变化。但是，在【时间轴】面板中，却多出一个【蒙版】属性组。

　　此时，在【时间轴】面板中选中【蒙版 1】子选项，即可将外部软件中的矢量图形复制到该蒙版中。当然也可以使用矢量绘制工具进行蒙版的绘制，并设置蒙版属性。

2. 创建矢量蒙版

　　当要为一个矢量对象创建蒙版时，需要在【时间轴】面板中选择一个图层。然后，在带有素材图像的【合成】窗口中，选择任意一个矢量绘制工具，拖动鼠标绘制矢量图。在绘制矢量图的同时，为图层建立蒙版。

当用户直接在工具栏中双击某个矢量绘制工具时,则会以【合成】窗口为最大尺寸,建立一个蒙版。

3．自动描绘蒙版

在进行蒙版的绘制时,一般都不会直接绘制一个标准的图像,而是通过使用【钢笔工具】 按照相应的图像形状进行蒙版的绘制。

但当绘制的蒙版比较复杂时,则可以使用自动描绘蒙版功能,为相应的图层自动描绘蒙版。该功能可以按照图层 Alpha 通道中的红、绿、蓝 3 个通道,或者亮度信息进行蒙版的自动绘制。

在【时间轴】面板中,选择一个图层,执行【图层】|【自动追踪】命令,在弹出的【自动追踪】对话框中,设置相应选项即可。

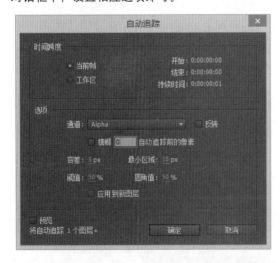

在【自动追踪】对话框中,主要包括下列选项:

□ **当前帧** 选中该选项后,将在该图层的当前时间位置上进行自动蒙版的描绘。

□ **工作区** 当需要自动描绘蒙版的图层为动画图层时,可以选中该选项。

□ **通道** 其下拉列表中包括 Alpha、【红】、【绿】、【蓝】和【亮度】选项,可以按照不同的通道依据进行蒙版的自动绘制。当启用【反转】复选框时,将反转选定的描绘依据。

□ **模糊** 启用该复选框,可以在进行描绘处理前,先对相应的图像进行模糊处理。

□ **容差** 该文本框中输入相应的数值,定义分析时判断误差与界线的范围。

□ **最小区域** 在该文本框中输入相应的数值,定义形成的蒙版最小要大于该数值的尺寸。

□ **阈值** 在该文本框中输入相应的百分比数值,定义不透明度高于该阈值的区域为不透明区域,低于该阈值的区域为透明区域。

□ **圆角值** 在该文本框中输入相应的数值,定义自动描绘时锐角进行什么程度的圆滑处理。

□ **应用到新图层** 启用该选项,将把自动描绘的蒙版作用到新建的固态图层中。

□ **预览** 启用该选项,可以在自动描绘蒙版前进行预览,方便对自动描绘蒙版参数的调整。

5.4.2 编辑蒙版

创建蒙版之后,在【时间轴】面板中将会出现一个【蒙版】选项组。用户可通过设置该选项组中的各个属性,来调整蒙版的效果。

1．设置蒙版形状

当用户需要调整蒙版的尺寸时,则可以单击【蒙版路径】右侧的【形状】选项,打开【蒙版形状】对话框。

在【定界框】选项组中，可以设置蒙版形状的尺寸；在【形状】选项组中，启用【重置为】复选框，可以将现有蒙版形状转换为矩形或者椭圆形。

> **提示**
>
> 用户也可以在【时间轴】面板中，选择【蒙版1】子选项，执行【图层】|【蒙版】|【蒙版形状】命令，即可打开【蒙版形状】对话框。

2．设置蒙版羽化

AE 中的羽化功能被应用到了蒙版，用于将蒙版的边缘进行虚化处理。在默认情况下，蒙版边缘不带有任何的羽化处理，要进行相应处理时，可以单击【蒙版羽化】选项右侧的数值，输入新的数值即可成比例进行羽化。

单击【约束比例】按钮，解除成比例羽化。此时，用户可以单独进行水平或者垂直羽化效果。

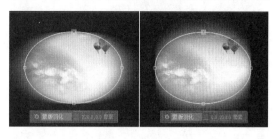

另外，用户还可以手动创建蒙版羽化效果。即创建蒙版后，选择工具箱中的【蒙版羽化工具】。在蒙版形状路径上单击并拖动，即可扩大羽化范围。

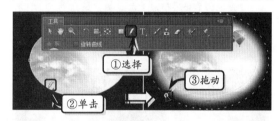

> **提示**
>
> 在工具栏中，单击【矩形工具】按钮不动，将会弹出工具箱菜单，选择【蒙版羽化工具】即可。

使用【蒙版羽化工具】创建的锚点可以在蒙版路径中任意移动，但是该锚点只能向外扩展设置羽化效果。当创建多个羽化锚点时，则能够为蒙版创建出不规则的羽化效果。

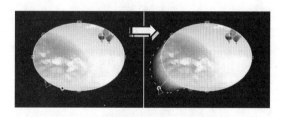

3．设置蒙版不透明度

默认情况下，一个图层创建一个蒙版后，只能定义蒙版中的图形实现 100%显示；蒙版外的图像实现 0%显示。当用户需要调整蒙版中的图形为半透明效果时，则可以单击【蒙版不透明度】选项右侧的参数值，直接输入相应数值，即可进行不透明度的设置。

当要进行蒙版缩放时，将鼠标指针放置到控制柄的角点上，拖动鼠标可以缩放当前蒙版。其中，当缩放蒙版时，可以通过按 Shift 键，约束蒙版的缩放比例为原始比例。

4．扩展蒙版

可以通过【蒙版扩展】选项调整蒙版尺寸范围。当数值为正值时，将对蒙版进行扩展；当数值为负值时，将对蒙版进行收缩。

而当要移动蒙版时，将鼠标指针放置到蒙版中，拖动鼠标可以移动当前蒙版。

5．自由变形蒙版

当需要对蒙版进行变形时，则可以执行【图层】|【蒙版和形状路径】|【自由变换点】命令。此时，蒙版周边将出现一个变形框。

当要进行蒙版旋转时，可以将鼠标指针放置到控制柄的外侧，单击并拖动鼠标可以旋转当前蒙版。其中，在旋转蒙版时，可以通过按 Shift 键，约束旋转的角度为 45°的倍值。

5.4.3 设置显示范围

在默认情况下，蒙版中的图像被显示出来，而蒙版外侧的图像则被隐藏起来。但是，这种情况并不是一成不变的，通过在【时间轴】面板中设置相应的蒙版选项，即可以调整该蒙版的显示范围。

在【时间轴】面板中，单击【蒙版 1】选项组右侧的下拉按钮，在其下拉列表中选择相应的选项，即可调整蒙版的显示范围。

其中，下拉列表中的每种选项的具体含义如下：

- **无**　选中该选项时，该模式的蒙版路径将不起到任何蒙版的作用，只是将此路径作为一些动画辅助功能的依据。

- **相加**　选中该选项时，蒙版中的图像将显示出来，蒙版外的区域将被隐藏，该模式也是默认选项。当一个图层拥有两个以上的蒙版时，蒙版的区域将进行相加处理，多个蒙版中的图像将同时进行显示。如果蒙版的不透明度不是100%，蒙版之间重叠的部分的不透明度也将进行相加。

- **相减**　选中该选项时，蒙版中的图像将被隐藏，蒙版外的区域将被显示出来。当一个图层中拥有两个以上的蒙版时，蒙版的区域将进行相减处理。如果蒙版之间有重叠，蒙版之间的透明度也将进行相减处理。

- **交集**　选中该选项时，如果一个图层中只有一个蒙版，此属性的效果和【相加】属性相同。但是当图层中拥有多个蒙版时，则只显示蒙版之间重叠的部分，其他部分将被隐藏。

- **变亮**　选中该选项时，对于可视区域范围，此属性同【相加】属性的效果一样。

但是对于蒙版重叠处的不透明度则采用不透明度较高的那个值。

- **变暗**　选中该选项时，对于可视区域范围，该属性同【交集】属性效果一样。但是对于蒙版重叠处的不透明度则采用不透明度值较小的那个值。

- **差值**　选中该选项时，对于可视范围采取的是并集减交集的方式。也就是说，先将当前蒙版与上面所有蒙版组合的结果进行并集运算，然后再将当前蒙版与上面所有蒙版组合的结果的相交部分进行减去处理。关于不透明度，与上面蒙版结果未相交的部分采用当前蒙版的不透明度设置，相交部分采用两者之间的差值。

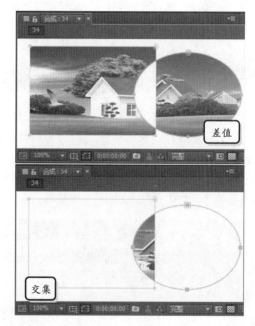

5.5　制作蒙版动画

当需要为动画创建蒙版时，可以通过使用自动描绘蒙版功能，对各个图像帧绘制蒙版，并且为每一帧进行蒙版关键帧的定义。除此之外，还可以手动进行蒙版动画的处理。

5.5.1　手绘蒙版动画

首先，在【时间轴】面板中选中要创建蒙版的图层。然后，使用绘图工具，为图层绘制一个蒙版。

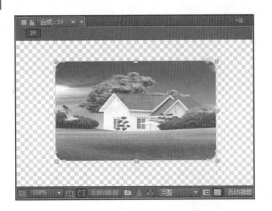

然后，在添加的【蒙版1】选项中，单击【蒙版路径】属性的【时间变化秒表】图标 ⏱，创建该属性的第一个关键帧。

接着，将【当前时间指示器】调整到其他位置上。执行【图层】|【蒙版和形状路线】|【自由变换点】命令，在【合成】窗口中移动蒙版，使蒙版处于不同的位置。此时，在【时间轴】中系统将随着蒙版位置的变化，自动添加一个关键帧。

同样，用户也可以将【当前时间指示器】调整到其他位置上，使用【蒙版羽化工具】添加新的关键帧。依次类推，直至完成所有蒙版动画效果的制作。

提示

用户也可以先创建两个关键帧，然后在【合成】窗口中进行蒙版调整，在中间画面中自动添加过渡帧的蒙版，从而形成最终的蒙版动画。

5.5.2 使用蒙版插值法

在 AE 中，除了手动创建蒙版动画之外，用户还可以使用蒙版插值法来创建蒙版路径关键帧和逼真的动画。

在使用蒙版插值法之前，用户需要为蒙版创建两个以上的关键帧，而蒙版插值法则会基于所设置的参数创建中间关键帧。

首先，在【时间轴】面板中选择两个关键帧，执行【窗口】|【蒙版插值法】命令，打开【蒙版插值】面板。

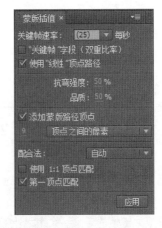

在该面板中，主要包括下列几种选项：

❑ **关键帧速率**　　用于指定蒙版插值每秒在

选定关键帧之间创建的关键帧数。选择【自动】选项，表示将关键帧率设置为合成帧率。创建较多关键帧可实现更平滑的动画；创建较少关键帧可减少渲染时间。

- ❑ **"关键帧"字段** 启用该复选框，可以使关键帧率加倍。选择此选项，并且关键帧率设为合成帧率后，将在每个视频字段中添加关键帧。
- ❑ **使用"线性"顶点路径** 启用该复选框，可以指定第一个关键帧中的顶点沿着直线路径移动到第二个关键帧中的相应顶点。禁用该复选框，蒙版插值将为蒙版创建自然路径。
- ❑ **抗弯强度** 该选项用于指定插入的蒙版路径对弯曲（而非拉伸）的灵敏度。当值为 0% 时，表示在蒙版路径进行动画制作时，弯曲程度超过拉伸；而当值为 100% 时，表示指定蒙版路径拉伸程度超过弯曲程度。
- ❑ **品质** 该选项用于指定蒙版插值从一个关键帧到另一个关键帧匹配顶点的严格程度。当值为 0% 时，表示第一个关键帧中的顶点仅与第二个关键帧中编号相同的顶点匹配。当值为 100% 时，表示第一个关键帧中的顶点可能与第二个关键帧中的任意顶点匹配。通常值越高产生的插值越好；但值越高，处理时间越长。
- ❑ **添加蒙版路径顶点** 启用该复选框，可以指定蒙版插值添加顶点数量。其中，【顶点之间的像素】选项，用于指定细分之后更大的外围蒙版路径上的顶点之间的距

离（以像素为单位）；【总顶点数】选项，用于指定插值蒙版路径上的顶点数；【轮廓的百分比】选项，用于指定以蒙版路径轮廓长度的各个指示的百分比添加顶点。

- ❑ **配合法** 该选项用于指定智能蒙版插值用于将一个蒙版路径上的顶点与另一个路径上的顶点相匹配的算法。如果两个选定关键帧中的任何一个具有曲线段，则会自动将匹配的算法应用于曲线；否则会应用折线算法。而【曲线】表示将应用具有曲线段的蒙版路径的算法，【折线】表示将应用只有直线段的蒙版路径的算法。
- ❑ **使用 1:1 顶点匹配** 启用该复选框，可以指定蒙版插值在一个蒙版路径上创建顶点，并且该顶点匹配其他蒙版路径上编号相同的顶点。
- ❑ **第一顶点匹配** 启用该复选框，可以指定蒙版插值匹配两个蒙版路径关键帧中的第一顶点。禁用该选项，表示蒙版插值将在两个输入蒙版路径之间搜索最佳的第一顶点匹配。

在【蒙版插值】面板中，设置相应的选项，单击【应用】按钮后，在【时间轴】面板中将显示所添加的蒙版插值。

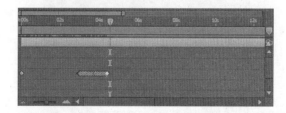

5.6 视频闪白转场效果

多个视频之间的转场除了可以是直接切换之外，还可以通过为视频添加闪白转场效果，使视频画面达到自然衔接的境界。在本练习中，将通过 AE 中的蒙版等功能，来制作一个视频闪白转场效果。

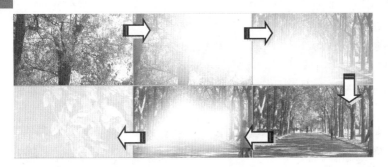

练习要点

- 基于素材创建合成
- 创建纯色图层
- 绘制蒙版形状
- 编辑形状顶点
- 设置蒙版属性
- 应用效果

操作步骤 ▶▶▶▶

STEP|01 创建合成。将所有素材导入到项目中，同时拖动所有的素材到【时间轴】面板中。

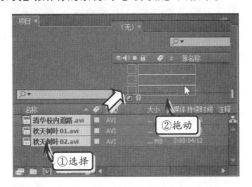

STEP|02 在弹出的【基于所选项新建合成】对话框中，选中【单个合成】选项，并启用【序列图层】复选框，单击【确定】按钮。

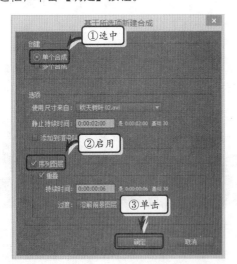

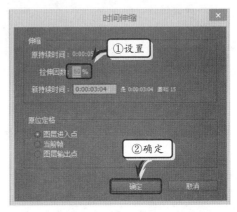

STEP|04 调整图层序列。将图层 2 的图层移动到 0:00:00:00 位置处，同时将图层 1 移动到图层 2 的出点处，并将图层 3 移动到图层 1 的出点处。

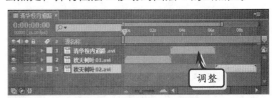

STEP|05 应用效果。选择图层 2，执行【效果】|【颜色校正】|【曲线】命令，应用该效果并调整曲线弧度，增加画面的对比度。

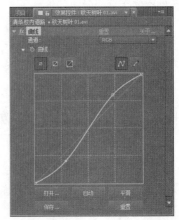

STEP|03 设置伸缩时间。选择图层 2 中的图层条，右击执行【时间】|【伸缩时间】命令，在弹出的对话框中，将【拉伸因数】选项设置为 60%。同样方法，设置图层 3 的图层条。

STEP|06 选择图层 1，执行【效果】|【颜色校正】|【照片滤镜】命令，应用该效果并将【密度】参数设置为 41%。

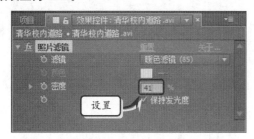

STEP|07 选择图层 3，执行【效果】|【颜色校正】|【色相/饱和度】命令，应用该效果并将【主亮度】参数设置为 51。

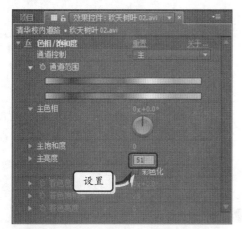

STEP|08 创建纯色图层 1。选择【时间轴】面板，执行【图层】|【新建】|【纯色】命令，在弹出的对话框中保持默认设置，单击【确定】按钮。

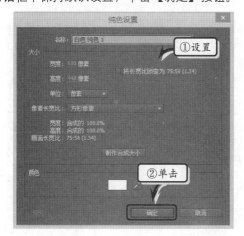

STEP|09 调整新建图层的持续时间，并将新建纯色图层设置在图层 1 和图层 2 的衔接处。

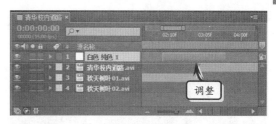

STEP|10 创建椭圆形蒙版。选择"白色纯色 1"图层，单击工具栏中的【椭圆工具】按钮，在【合成】窗口外部的右上角绘制一个椭圆形。

STEP|11 在【时间轴】面板中，展开【蒙版 1】属性组，单击【蒙版路径】左侧的【时间变化秒表】按钮，创建关键帧。

STEP|12 将【时间指示器】移至 0:00:03:03 位置处，按住 Ctrl+T 快捷键，拖动椭圆形中的对角控制点，放大椭圆形至整个【合成】窗口。

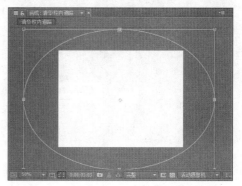

STEP|13 将【时间指示器】移至 0:00:03:06 位置处，按住 Ctrl+T 快捷键，拖动椭圆形中的对角控制点，缩小椭圆形至整个【合成】窗口外部的左下角。

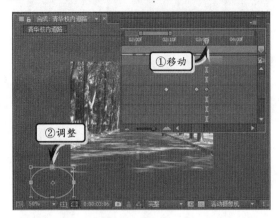

STEP|14 在【蒙版 1】属性组，将【蒙版羽化】参数值设置为 245。

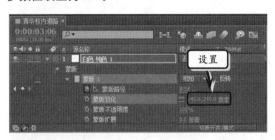

STEP|15 创建纯色图层 2。选择【时间轴】面板，执行【图层】|【新建】|【纯色】命令，在弹出的对话框中保持默认设置，单击【确定】按钮。

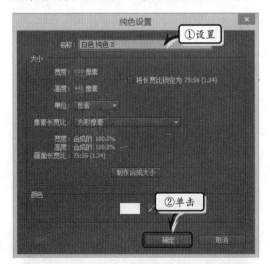

STEP|16 调整新建图层的持续时间，并将新建纯

色图层设置在图层 1 和图层 3 的衔接处。

STEP|17 创建椭圆形蒙版。选择"白色纯色 2"图层，将【时间指示器】移至 0:00:06:01 位置处，单击工具栏中的【钢笔工具】按钮，在【合成】窗口中绘制一个任意封闭形状。

STEP|18 然后，单击工具栏中【钢笔工具】按钮中的下拉按钮，选择【转换"顶点"工具】选项。在【合成】窗口中，调整任意封闭形状的边缘弧度。

STEP|19 在【时间轴】面板中，展开【蒙版 1】属性组，将【蒙版羽化】参数值设置为 99，并单

击【蒙版扩展】左侧的【时间变化秒表】按钮，同时将该参数值设置为-120。

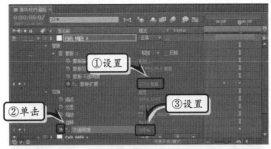

STEP|20 将【时间指示器】移至 0:00:06:07 位置处，将【蒙版扩展】参数值设置为 227，并单击【不透明度】属性左侧的【时间变化秒表】按钮。

STEP|21 将【时间指示器】移至 0:00:06:12 位置处，将【不透明度】参数值设置为 0%，形成闪白消失的过渡动画。

5.7　图片镜头转场效果

　　镜头转场效果是为了将不同的素材文件进行无缝衔接，使其观看起来更像一个整体。AE 中的图片镜头转场效果则是运用蒙版及图层属性等功能，对图片素材进行拼接，从而形成绚丽的转场效果。在本练习中，将通过制作图片素材的镜头转场效果，来详细介绍蒙版、效果和图层属性的使用方法。

练习要点
- 设置图层属性
- 新建合成
- 应用【定向模糊】效果
- 应用【卡片擦除】效果

操作步骤 ▶▶▶▶

STEP|01 新建合成。将图片素材导入到项目中，　执行【合成】|【新建合成】命令，在弹出的对话

框中设置合成参数，并单击【确定】按钮。

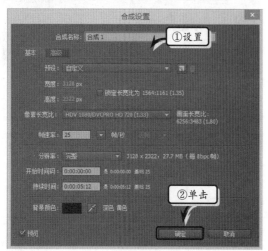

STEP|02 制作上下模糊镜头。将"水 1"、"水 2"和"水 3"素材添加到新建合成中，选择"水 3"图层，单击工具栏中的【矩形工具】按钮，在【合成】窗口中绘制一个矩形形状。

STEP|03 调整矩形形状的大小和位置，同样方法在"水 2"图层中创建一个形状蒙版，并调整其位置。

STEP|04 选择"水 2"图层，执行【效果】|【模糊和锐化】|【定向模糊】命令。单击【模糊长度】左侧的【时间变化秒表】按钮，并将参数值设置为300。

STEP|05 将【时间指示器】移至 0:00:00:05 处，并将【模糊长度】参数值设置为 0。同样方法，为"水 3"图层应用该效果。

STEP|06 选择"水 2"图层，将【时间指示器】移至 0:00:00:00 处，单击【不透明度】左侧的【时间变化秒表】按钮，并将参数值设置为 0%。

STEP|07 将【时间指示器】移至 0:00:00:02 处，将【不透明度】参数值设置为 100%。使用同样方法，设置"水 3"图层的不透明属性。

STEP|08 同时选择"水 2"和"水 3"图层，将【时间指示器】移至 0:00:00:10 处，按下 Alt+】键设置图层的出点。

STEP|09 制作四图模糊镜头。将"草 1"～"草 4"素材添加到合成中，同时选择该 4 个图层，保持【时间指示器】原位置，按下 Alt+【键设置图层的入点。

STEP|10 选择"草 4"图层，将【缩放】属性参数设置为 50%，并在【合成】窗口中调整其显示位置。使用同样方法，调整其他的属性和位置图层。

STEP|11 选择"草 4"图层，执行【效果】|【模糊和锐化】|【定向模糊】命令，单击【模糊长度】左侧的【时间变化秒表】按钮，并将参数值设置为 300。

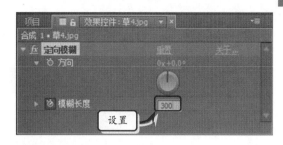

STEP|12 将【时间指示器】移至 0:00:00:16 处，并将【模糊长度】参数值设置为 0。使用同样方法，为其他图层应用该效果。

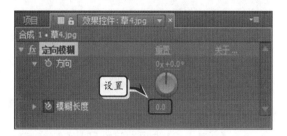

STEP|13 同时选择"草 1"～"草 4"图层，将【时间指示器】移至 0:00:00:23 处，按下 Alt+】键设置图层的出点。

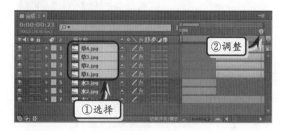

STEP|14 制作擦除镜头。将"油菜花"素材添加合成中，将【时间指示器】移至 0:00:00:18 处，按下 Alt+【键设置图层的入点。

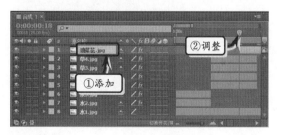

STEP|15 同时，单击【不透明度】左侧的【时间变化秒表】按钮，并将该参数值设置为 0%。

STEP|16 将【时间指示器】移至 0:00:00:23 处，将【不透明度】参数值设置为 100%。

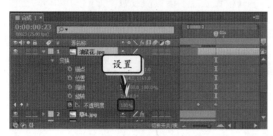

STEP|17 执行【效果】|【过渡】|【卡片擦除】命令，单击【过渡完成】选项左侧的【时间变化秒表】按钮，并将参数值设置为 0%。

STEP|18 将【时间指示器】移至 0:00:01:20 处，并将【过渡完成】参数值设置为 100%。

STEP|19 同时选择"油菜花"和"水 1"图层。将【时间指示器】移至 0:00:01:20 处，按下 Alt+】键设置图层的出点。

第 6 章

应用文本动画

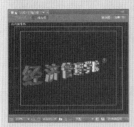   

　　视频动画中的文字动画一般都是通过后期软件来制作的，虽然后期软件并不能使字体具有很强的独立感，但是它却可以使文字的运动产生更加绚丽的效果。在 AE 中，用户可以使用【文本】工具来制作各种类型的文字，并通过设置文本属性来增加文本的特效，从而达到丰富视频画面以及清晰地表达视频主题内容的目的。在本章中，将详细介绍创建与编辑文本、创建文本动画、文本动画控制器等文本动画的基础知识和操作技巧。

6.1 创建与编辑文本

　　AE 软件中包含了比较完整的文字功能，运用该功能可以帮助用户对视频中的文字进行较为专业的处理。AE 中的文本类似于 Word 中的文本功能，除了可以表达视频中心内容之外，还可以通过【字符】和【段落】面板对其进行编辑和美化。

6.1.1 创建文本

　　在 AE 中创建文本之后，系统会自动将文本设置为一个图层。文本图层是合成图层，属于矢量图形，不会因为缩放图层或改变文字大小而影响其清晰度。

1. 文本类型

　　AE 中的文本可分为"点文本"和"段落文本"两种类型，其中"点文本"适用于输入单个词或一行字符，它的每行文本都是独立的，行的长度会随之增加或减少，但不会换到下一行；"段落文本"适用于将文本输入一个或多个段落，它的文本基于定界框的尺寸换行，可以通过调整定界框大小来调整文本的段落数量。

　　用户可通过 AE 内置的转换功能，根据需要互转"点文本"和"段落文本"的文本类型。

2. 输入点文本

　　执行【图层】|【新建】|【文本】命令，新建一个文本图层。此时，横排文字工具的插入点将出现在【合成】窗口的中心。而在【时间轴】面板中，也将出现一个新的文本图层。

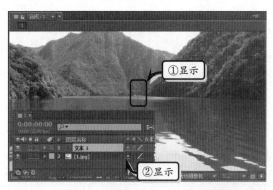

　　在横排文字工具的插入点处，输入文本内容。用户可以按下 Enter 键，开始新的一行。输入后的文本边缘，将显示文本定界框。而此时【时间轴】面板中的文字图层的名称，也会随着输入文本内容而改变。

　　在 AE 中，除了新建文本图层来创建文本之外，还可以使用下列方法，来创建文本。

- ❑ **工具法** 在工具栏中选择【横排文字工具】或【直排文字工具】，然后单击【合成】窗口，直接输入文本即可。
- ❑ **双击法** 在工具栏中，双击任意一个文本工具，即可创建新的文本图层。此时，在【合成】窗口中输入文本即可。
- ❑ **时间轴法** 在【时间轴】面板中，右击空白区域，执行【新建】|【文本】命令，即可创建一个文本图层，并可以在【合成】窗口中输入文本。

3. 输入段落文本

　　段落文本的输入方法有别于点文本的输入方法。首先，在工具栏中选择文本工具。然后，在【合成】窗口中，拖动鼠标绘制一个文本定界框。最后，在定界框中输入文本即可。

除此之外，在工具栏中选择文本工具之后，在【合成】窗口中按住 Alt 键，拖动鼠标即可以围绕中心点定义一个文本定界框。

6.1.2　编辑文本

创建文本之后，可以根据视频的整体布局和设计风格，来调整文本的位置、增减文本量、更改文本方向等编辑操作。

1. 移动文本

移动文本其实就是移动文本图层，在【时间轴】中选择文本所在的图层，在【合成】窗口中使用【选取工具】拖动文本，即可移动文本至任意位置。

另外，用户也可以在激活文本工具的状态下，来移动文本。即在激活文本工具下，将文字工具从文本中移开，当指针变成 ▶ 时，拖动鼠标即可移动文本。

技巧

在激活文本工具状态下，在文本上拖动鼠标即可选择文本，而双击鼠标即可选择一个单词。

2. 调整文本定界框大小

调整文本定界框的大小，需要在"段落文本"类型下进行。而默认情况下，文本定界框的大小是根据初始输入文本的数量来决定的。

首先，激活文本工具，单击定界框中的文本，激活文本的编辑状态。然后，将鼠标移至定界框四周的控制点上，当鼠标变成双向箭头时，拖动鼠标即可调整定界框的大小。

技巧

在调整文本定界框大小时，可以通过按住 Shift 键，按比例缩放定界框；也可以通过按住 Ctrl 键，从中心进行缩放。

3. 更改文本方向

默认情况下，文本方向是根据初始输入文本时所选取的文本工具来决定的。例如，当选择【横排文本工具】输入文本时，则文本为横排显示，其文本会从左到右进行排列；而当选择【直排文本工具】输入文本时，则文本则为竖排显示，其直排文本从上到下进行排列，多行直排文本从右到左进行排列。

如需更改文本的方向，则需要激活文本工具，右击文本执行【水平】或【垂直】命令，即可更改文本的方向。

4．转换文本类型

当用户将"段落文本"转换为"点文本"时，所有位于定界框之外的字符都会被删除；因此，在转换文本之前，还需要先调整定界框的大小，使所有文本都处于定界框之内。

首先，在【时间轴】面板中选择文本图层。然后，在工具栏中选择文本工具，并在【合成】窗口中右击文本，执行【转换为点文本】命令，即可转换文本类型。

6.2 设置文本格式

在 AE 中创建文本之后，还需要通过设置文本的字体、行间距、填充和描边等字符格式，来达到美化文本的目的；同时，还需要通过设置对齐方式、缩进和段间距等段落格式，来增加文本层次分明与重点突出的效果。

6.2.1 设置字符格式

为视频添加文本之后，可以通过设置字体样式、填充颜色、描边样式、文本效果等字符格式，来消除文本的呆板和了无生气的现象。

1．设置字体

字体是具有相同粗细、宽度和样式的一整套字符（字母、数字和符号）。

在 AE 中创建文本之后，系统会自动打开【字符】面板。单击面板中的【设置字体系列】下拉按钮，在其下拉列表中选择一种选项即可。

设置字体系列之后，单击其下方的【设置字体样式】下拉按钮，在其下拉列表中选择一种样式，即可设置字体系列样式。

设置字体样式之后，为了突出视频中的字体，用户还需要单击【设置字体大小】后面的数值，直接输入新的字体大小值，即可自定义字体大小。

2. 设置字符和行间距

在【字符】面板中，单击【设置行距】选项右侧的下拉按钮，在其下拉列表中选择一种选项，即可设置字符行距。除此之外，用户也可以直接输入行距数值，自定义字符行距。

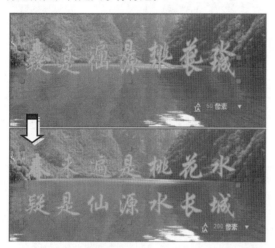

在【字符】面板中，单击【设置所选字符的字符间距】选项右侧的数值，输入间距值，即可调整字符之间的距离。

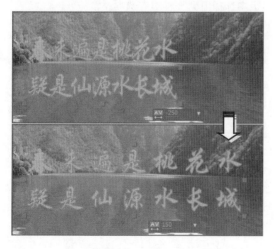

另外，用户还可以通过【设置两个字符间的字偶间距】选项，使用度量标准字偶间距或视觉字偶

间距来自动微调文字的间距。系统默认情况下，会选择使用度量标准字偶间距，以方便用户在输入文本时，可以自动微调文本间距。

3. 设置文本填充和描边

在【字符】面板中，单击【设置描边宽度】选项右侧的下拉按钮，在其下拉列表中选择描边宽度。然后，在其右侧设置描边方式。最后，单击【描边颜色】按钮，在弹出的对话框中设置描边颜色。

4. 设置文本缩放和基线偏移

在【字符】面板中，还可以设置文本的垂直缩放、水平缩放，以及设置基线偏移和设置所选字符的比例间距等文本格式。

- ❏ **垂直缩放** 该选项用来设置文字的垂直方向的比例。
- ❏ **水平缩放** 该选项用来设置文字的水平方向的比例。
- ❏ **设置所选字符的比例间距** 该选项用来进行文字挤压，通过该选项将对文字前后同时进行挤压。此功能对于一些狭小空间放置大量文字时非常有用。
- ❏ **设置基线偏移** 该选项是用来设置文字与中心点之间的位置关系。当参数为负数时文字在中心点下方，当参数为正数时文字在中心点上方。

例如，在设置文本的基线偏移时，用户需要先选择单个字符。然后，单击【设置基线偏移】选项值，输入新的偏移值即可。

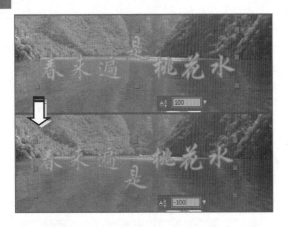

5. 设置文本效果

在【字符】面板中，还可以设置文本的字体效果，用来增加文本的特殊效果，包括仿粗体、仿斜体、全部大写字母、小型大写字母、上标和下标。

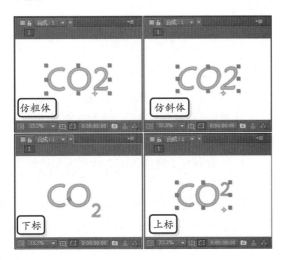

6.2.2 设置段落格式

当用户为视频创建多段落文本之后，可以通过【段落】面板来设置文本的对齐、缩进和段间距等格式，以使文本更加紧疏有秩。

1. 设置对齐格式

在 AE 中，可以将文本与段的一边对齐，或者使文本与段落的两端对齐。对齐方式选项既可用于点文本，也可用于段落文本；但两端对齐选项，只适用于段落文本。

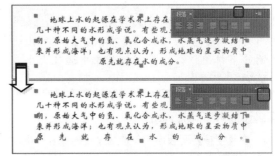

当用户需要对齐横排文本时，需要在【段落】面板中选择下列一种对齐选项。

图标	选项	含义
	左对齐文本	将文本左对齐，使段落右侧参差不齐
	居中对齐文本	将文本左对齐，使段落两端参差不齐
	右对齐文本	将文本右对齐，使段落左侧参差不齐
	最后一行左对齐	将段落中的最后一行文本左对齐
	最后一行居中对齐	将段落中的最后一行文本居中对齐
	最后一行右对齐	将段落中的最后一行文本右对齐
	两端对齐	将段落中的最后一行文本两端分散对齐

当用户需要对齐竖排文本时，需要在【段落】面板中选择下列一种对齐选项。

图标	选项	含义
	顶端对齐文本	将文本顶对齐，使段落底部参差不齐
	居中对齐文本	将文本居中对齐，使段落顶端和底端参差不齐
	底端对齐文本	将文本底端对齐，使段落顶部参差不齐
	最后一行顶对齐	将段落中的最后一行文本顶端对齐
	最后一行居中对齐	将段落中的最后一行文本居中对齐
	最后一行底对齐	将段落中的最后一行文本底端对齐
	两端对齐	将段落中的最后一行文本两端分散对齐

2. 设置缩进和段间距

缩进和段间距用于指定文字与定界框之间或与包含该文字的行之间的间距量。由于缩进只影响选定的一个或多个段落；因此，用户可以轻松地为各个段落设置不同的缩进。

当用户需要设置横排文本段落的缩进和段间距时，需要在【段落】面板中设置下列相关选项。

图标	选 项	含 义
	缩进左边距	从段落的左侧开始缩进文本
	段前添加空格	用于设置段落前面的间距值

续表

图标	选 项	含 义
	首行缩进	用于缩进段落中的首行文本
	缩进右边距	从段落的右侧开始缩进文本
	段后添加空格	用于设置段落后面的间距值

竖排文本段落的缩进和段间距设置选项，类似于横排文本的段间距和缩进选项，唯一不同的是缩进的位置更改为顶部和底端。

6.3　设置文本属性

AE 中的文字属于一个单独的图层，除了特有的面板选项之外，与其他形状图层一样具有一些基本属性，包括【变换】和【文本】属性。通过设置这些基本属性，不仅可以增加文本的实用性和美观性，而且还可以为文本创建最基础的动画效果。

6.3.1　设置基本属性

在【时间轴】面板中，展开文本图层中的【文本】选项组，通过该选项组中的【源文本】、【路径选项】和【更多选项】子属性选项，可以更改该图层中文本的基本属性。

1. 设置【源文本】属性

该属性选项主要用来设置文字在不同时间段内的显示效果。单击该属性左侧的【时间秒表变化】图标，创建一个关键帧。然后，调整【当前时间

指示器】的位置，在不同时间点创建第二个关键帧。同时，在【合成】窗口中，改变文本的格式，例如字体、字体大小等，即可实现文字切换效果。

2. 设置【更多选项】属性

在【更多选项】属性中，主要包含了 4 种用于设置字符样式的选项。

❑ **锚点分组**　该属性主要用于设置字符锚点的分组类型，包括【字符】、【词】、【行】、【全部】4 种类型。

❑ **分组对齐**　该属性主要用于设置分组的对齐效果。其中，降低【分组对齐】值时，

每个锚点将向上和向左移动；提高【分组对齐】值时，每个锚点将向下和向右移动。

- **填充和描边** 在该属性中，当为文字同时设置填充色和描边颜色时，将【填充和描边】属性设置为【字符版】，那么文字会按照【字符】面板中的当前设置进行显示；而将【填充和描边】属性设置为【在所有填充之上描边】，那么【合成】窗口中的文字描边效果发生变化，并且【字符】面板中的【边宽】列表同样发生选项变化。

- **字符间混合** 该属性用于设置字符间各部分的混合模式，其功能类似于图层之间的混合模式。

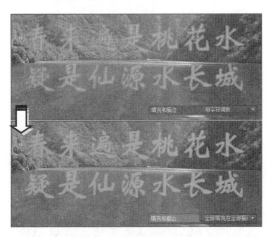

6.3.2 设置路径属性

文本图层中的【路径选项】属性组，是沿路径对文本进行动画制作的一种简单方式。它不仅可以指定文本的路径，而且还可以改变各个字符在路径上的显示方式。例如，垂直于路径、左对齐或右对齐、反转等。

当文字图层中只有文字对象时，其【路径选项】属性中的【路径】选项下拉列表中只有【无】选项。

为了显示其他属性选项，还需要为文本图层创

建一个蒙版，并将蒙版指定给文字。即选择文本图层，执行【图层】|【蒙版】|【新建蒙版】命令，为文本创建蒙版。此时，单击【路径】下拉按钮，将出现一个【蒙版1】选项。选择该选项，将在【路径】选项下方显示出路径文字动画属性选项。

运用【蒙版1】下的属性选项，可以设置文本动画。每种属性选项的具体含义，如下所述。

- **反转路径** 该选项用于设置路径上文字的反转效果。默认为关闭状态，单击右侧的参数，将启用反转路径文字的效果。

- **垂直于路径** 该选项可以旋转每个字符，以垂直于路径。默认为开启状态，若需关闭，可以单击其右侧的参数。

- **强制对齐** 该选项可以将第一个字符定位在路径的开始处（或在指定的【首字边距】位置），将最后一个字符定位在路径的结尾处（或在指定的【末字边距】位置），并在第一字符和最后一个字符之间均匀分配剩余字符。

- **首字边距** 相对于路径的开始，以像素为单位指定第一个字符的位置。当文本为右对齐，并且【强制对齐】为【关】时，将忽略【首字边距】选项。

- **末字边距** 相对于路径的结束，以像素为单位指定最后一个字符的位置。当文本为左对齐，并且【强制对齐】为【关】时，将忽略【首字边距】选项。

6.4 文本动画控制器

AE 中的文本图层与其他图层一样，可以通过内置的文本动画控制器，对整个文本图层制作动画效果。而文本动画效果的用途比较广泛，主要用于制作动画标题、滚动字幕和动态排版等。

6.4.1 动画控制器

在 AE 中，可以通过动画控制器，为文本制作一些基础动画。用户可以通过执行【动画】|【动画文本】命令，以及在【时间轴】面板中单击【动画】按钮等方法，通过动画控制器为文本添加动画效果。

当为文本添加动画效果后，其每个动画效果都会生成一个新的属性组。

根据动画控制器中各选项的具体作用，可将属性分为变换类、颜色类、文本类、字符类等类型。

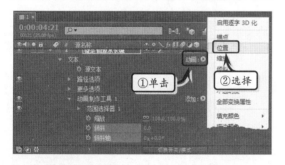

1. 变换类控制器

该类控制器可以控制文本动画的变形，例如倾斜、位移、缩放等。它和层的【变换】属性有些类似，但是后者是针对整个文本图层中的对象，前者则是针对每个字符对象。

在变换类控制器中，主要包含下列一些选项：

- ❏ **锚点** 该选项主要用于设置字符的锚点。
- ❏ **位置** 该选项主要用于设置字符的显示位置。
- ❏ **缩放** 该选项用于设置文本的缩放尺寸，数值越大，文本越大。缩放的中心是每个字符的中心。启用参数前面的【链接】按钮，可使 X、Y 轴同时缩放，可防止字体变形。
- ❏ **倾斜** 该选项用于设置文本的倾斜度，数值越大倾斜程度越明显。当数值为正时，文本向右倾斜；数值为负时，文本向左倾斜。
- ❏ **倾斜轴** 该选项用于定义文本的倾斜坐标，控制倾斜度的轴向。它有两个属性参数，前面的参数是用来控制倾斜的圈数，后面的参数是控制倾斜的角度。
- ❏ **旋转** 该选项主要用于设置文本的旋转圈数和角度，前面参数控制旋转圈数，后面参数控制旋转角度。
- ❏ **不透明度** 该选项主要用来设置文本的透明性。

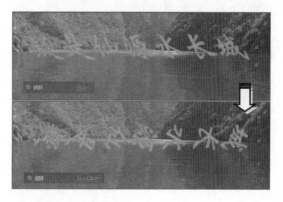

2. 颜色类控制器

颜色类控制器主要是控制文本动画的颜色，如色相、亮度和饱和度等。

在颜色类控制器中，主要分为【填充颜色】、【描边颜色】和【描边宽度】。其中，填充颜色主要用于设置文本的基本颜色的色相、色调、亮度、不透明度等参数。描边颜色主要用于设置文本描边颜色的色相、色调、亮度、不透明度等参数。而描边宽度，则主要用于设置文本描边颜色的宽度，用户可单击其后的数值参数，输入新的宽度值即可。

3. 文本类控制器

文本类控制器主要是控制文本字符的行间距和空间位置，可从整体上控制文本动画效果。

在文本类控制器中，主要包含下列一些选项：

❏ **行锚点** 该选项可以设置每行文本中跟踪的对齐方式。值为 0% 时，文本左对齐；值为 50% 时，文本中心对齐；值为 100% 时，文本右对齐。设置该选项之前，必须设置【跟踪数量】选项，否则无法查看效果。

❏ **字符间距类型** 该选项用于设置前后跟踪的类型，以控制跟踪数量变化的前后范围。在该下拉列表包含【之前】、【之后】、【之前和之后】3 种类型。

❏ **字符间距大小** 该选项用于设置跟踪的数量。数值越大越向左分散，数值越小越向右分散。

❏ **行距** 该选项用于设置文本中列的空间变化。该选项前面的参数控制列的左右偏移，后面参数控制列的上下偏移。

4. 字符类控制器

字符类控制器主要是控制字符属性的变化效果，其属性选项均可在【字符】面板中找到。

在字符类控制器中，主要包含下列一些选项：

❏ **字符对齐方式** 该选项用于设置字符对齐的方式，包括【左侧或顶部】、【中心】、【右侧或底部】、【调整字偶间距】4 种类型。

❏ **字符范围** 该选项用于设置字符范围类型，包括【保留大小写及数位】和【全部Unicode】两种方式。

❏ **字符值** 该选项用于设置新的字符，调整参数，可使整个字符变为新的字符。

❏ **字符位移** 该选项主要用于设置字符的偏移量，改变其参数值可以使字母产生偏移，从而变成其他字母。

5. 其他类控制器

其他控制器主要是启用逐字 3D 化控制器和模糊控制器，这些控制器参数简单操作简洁，是非常实用的控制器。

启用【启用逐字 3D 化】控制器，将在【合成】窗口弹出 3D 坐标轴。调整 3D 坐标轴，可改变文本三维空间的位置。

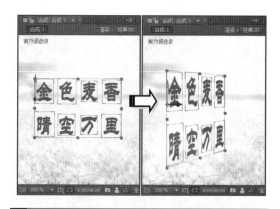

通过【启用逐字 3D 化】命令转换成的三维图层与普通三维图层所有图标，前者是针对每一个字符对象，后者则是针对整个文本图层对象。具体操作会在后面章节中介绍。

而启用【模糊】控制器，则可分别设置在平行和垂直方向上模糊文本的参数，控制文本的模糊效果。

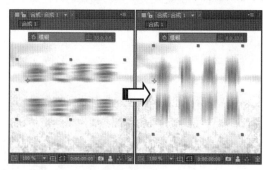

6.4.2　范围控制器

当用户为文本图层添加动画效果后，单击其属性右侧的【添加】按钮，在级联菜单中选择【选择器】|【范围】选项，即可显示【范围选择器 1】属性组。该选项在特效基础上，可以制作出各种各样的运动效果，是重要的文本动画制作工具。

在【范围选择器 1】属性组中，根据属性的具体功能，可以将选项划分为基础选项和高级选项。

1．基础选项

基础选项主要包括范围控制器的【起始】、【结束】和【偏移】3 种选项。其中，【开始】和【结束】选项用于设置该控制器的有效起始范围，例如下图中设置的是【开始】选项由 0%到 100%之间的缩放效果。

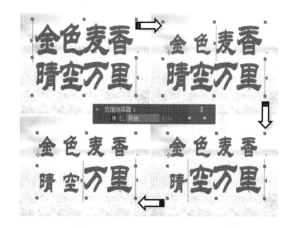

而【偏移】选项，主要用于设置有效范围的偏移量。使用该选项，可以创建一个随着时间变化而变化的区域。

2．高级选项

在【范围选择器 1】属性组中，展开【高级】子属性，将显示高级选项。该类型的选项主要用于设置文本【单位】、【模式】、【形状】、【随机排序】等动画效果。

❑ **单位和依据**　用于设置起始、结束和偏移的单位，可以使用百分比或索引单位；也可以基于字符进行选择，字符包括空格、词或行。

- **模式** 该选项用于设置有效范围与原文本之间的交互模式。
- **数量** 该选项用于设置属性控制文本的程度，默认数值为 100%，值越大影响的程度就越强。

- **形状** 该选项用于控制有效范围内字母排列的形状模式，分别包括【正方形】、【矩形】、【上倾斜】、【下倾斜】、【三角形】、【圆形】与【平滑】。
- **平滑度** 该选项用于设置产生平滑过渡的效果。
- **缓和高与缓和低** 用于选择值从完全包括（高）更改到完全排除（低）时的更改速度。
- **随机排序** 该选项用于设置有效范围添加在其他区域的随机性。随着随机数值的变大缩小，有效范围在其他区域的效果不断变化。

> **注意**
>
> 【高级】选项组中的选项设置，必须在有效范围内才能实现动画效果。也就是说需要设置【起始】或【结束】动画，才能够实现。

6.4.3 摆动控制器

摆动控制器可以控制文本的抖动，配合关键帧动画制作出更加复杂的动画效果。单击【添加】按钮，在级联菜单中选择【选择器】|【摆动】选项，即可显示【摆动选择器 1】属性组。

在【摆动选择器 1】属性组中，除了与【范围选择器 1】选项组中相同的选项之外，还包括下列选项：

- **最大量和最小量** 设置随机范围的最大、最小值。当这两个参数均为–100%时，即可实现由小变大、由无到有动画。
- **摇摆/秒** 设置每秒中随机变化的频率，该数值越大，变化频率就越大。
- **关联** 设置文本字符间相互关联变化的程度，数值越大，字符关联的程度越大。
- **时间相位** 设置文本动画在时间范围内随机量的变化。
- **空间相位** 设置文本动画在空间范围内随机量的变化。
- **锁定维度** 设置随机相对范围的锁定。
- **随机植入** 设置随机变化的程度。

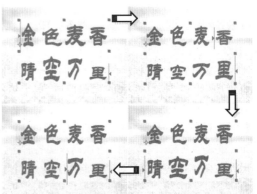

6.5 灯光跟随碎片文字效果

在影视后期制作中，经常会出现灯光跟随文字一起运动的一种文本特效。在本练习中，将运用 AE 中的镜头光晕和碎片效果，制作一个灯光跟随文本一起运动并粉碎的效果，从而突出文本的动态性和多样性。

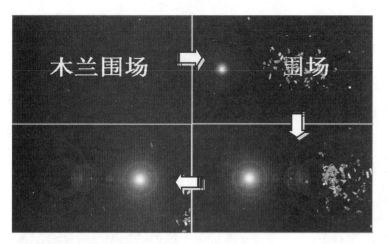

练习要点
- 新建合成
- 新建图层
- 应用碎片效果
- 应用镜头光晕效果
- 输入文本
- 设置文本格式

操作步骤 ▶▶▶▶

STEP|01 新建合成。执行【合成】|【新建合成】命令，在弹出的【合成设置】对话框中，设置合成选项，单击【确定】按钮。

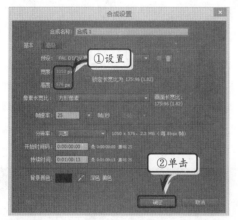

STEP|02 新建图层。执行【图层】|【新建】|【纯色】命令，在弹出的【纯色设置】对话框中，设置图层选项，并单击【确定】按钮。

STEP|03 输入文本。单击工具栏中的【横排文字工具】按钮，在【合成】窗口中输入文本。

STEP|04 设置文本格式。执行【窗口】|【字符】命令，在【字符】面板中设置文本的字体大小和字符间距，并选择【仿粗体】选项。

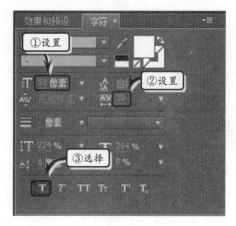

STEP|05 应用碎片效果。执行【效果】|【模拟】

|【碎片】命令，将【视图】设置为【已渲染】，将【图案】设置为【玻璃】，并将【重复】设置为 50。

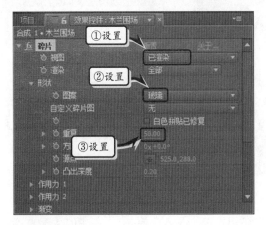

STEP|06 将【时间指示器】移至 0:00:00:07 位置处，展开【作用力 1】属性，单击【位置】子选项左侧的【时间变化秒表】按钮，并将参数值设置为 61.1 和 288。

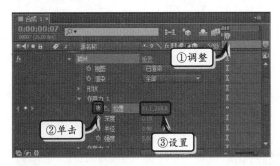

STEP|07 将【时间指示器】移至 0:00:03:00 位置处，将【位置】子选项的参数值设置为 897 和 288。

STEP|08 将【时间指示器】移至 0:00:00:04 位置处，展开【物理学】属性，单击【重力】子选项左侧的【时间变化秒表】按钮，并将该参数设置为 0。

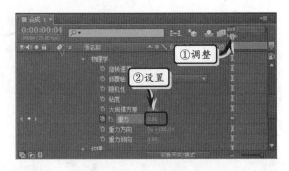

STEP|09 将【时间指示器】移至 0:00:03:02 位置处，将【重力】参数值设置为 5。

STEP|10 应用镜头光晕效果。选择图层 2，执行【效果】|【生成】|【镜头光晕】命令，将【时间指示器】移至 0:00:00:00 位置处，单击【光晕亮度】左侧的【时间变化秒表】按钮，并将参数设置为 0%。

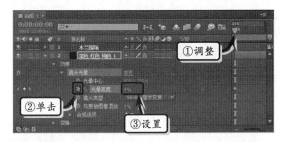

STEP|11 将【镜头类型】设置为【105 毫米定焦】，同时将【时间指示器】移至 0:00:00:22 位置处，将【光晕亮度】设置为 100%。

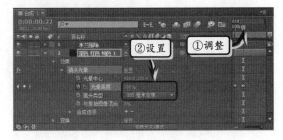

STEP|12 在同一位置，单击【光晕中心】左侧的【时间变化秒表】按钮，并在【合成】窗口中调整光晕的开始位置。

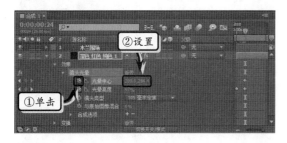

STEP|13 将【时间指示器】移至 0:00:03:00 位置处，在【合成】窗口中调整光晕的结束位置。

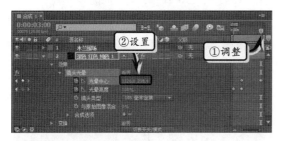

STEP|14 将【时间指示器】移至 0:00:03:17 位置处，将【光晕亮度】设置为 0%。

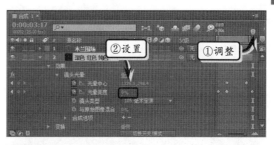

STEP|15 将【时间指示器】移至 0:00:03:00 位置处，将【光晕亮度】设置为 100%。

STEP|16 调整所有图层的出点和工作区域时间即可。

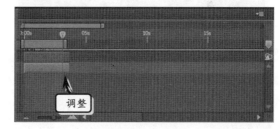

6.6 爆炸文字效果

　　爆炸文本是影视或动画中经常出现的一个场景，它类似于军事中的爆破技术，使文本从静态中瞬间转变为四处飞舞的急速运动状态。在本练习中，将通过制作爆炸文字效果，来详细介绍文本的创建、格式设置，以及碎片、斜面 Alpha 等特效的运用技巧和操作方法。

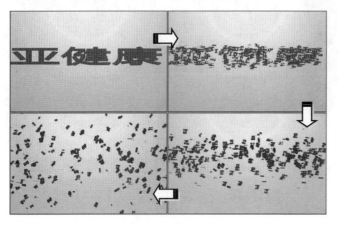

练习要点

- 新建合成
- 应用 CC Light Rays 效果
- 应用碎片效果
- 应用斜面 Alpha 效果
- 创建文本图层
- 设置文本格式
- 自定义填充颜色

操作步骤 ▶▶▶▶

STEP|01 制作背景层。执行【合成】|【新建合成】命令，在弹出的【合成设置】对话框中，设置合成大小和持续时间，并单击【确定】按钮。

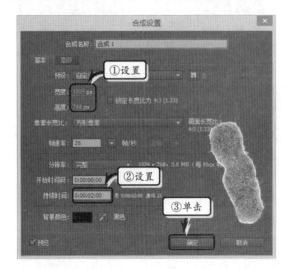

STEP|02 选择【时间轴】面板，执行【图层】|【新建】|【纯色】命令，在弹出的【纯色设置】对话框中，将【名称】设置为"背景"，单击【颜色】方框。

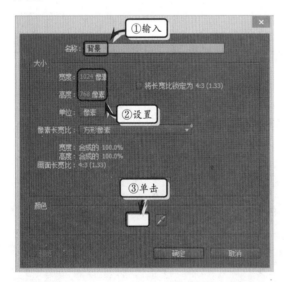

STEP|03 在弹出的【纯色】对话框中，将 R、G 和 B 值分别设置为 183、155、79，自定义背景颜色。

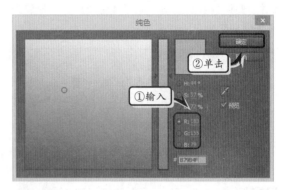

STEP|04 选择"背景"图层，执行【效果】|【生成】|CC Light Rays 命令，将 Intensity 设置为 80，将 Center 设置为 505.6,2.7，将 Radius 设置为 725。

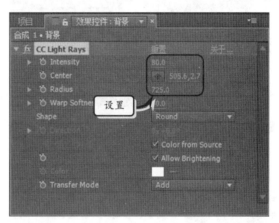

STEP|05 此时，在【合成】窗口中，将显示"背景"图层的最终效果。

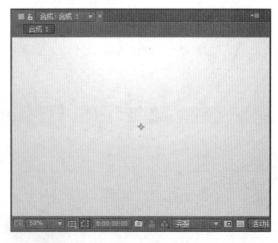

STEP|06 制作文本层。执行【图层】|【新建】|

【文本】命令，单击工具栏中的【横排文字工具】按钮，在【合成】窗口中输入文本。

STEP|07 在【字符】面板中，将【字体大小】设置为 120，将【字符间距】设置为 13，将【垂直缩放】设置为 95%，并选择【仿粗体】选项。

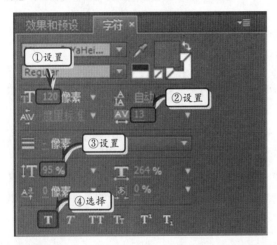

STEP|08 单击【填充颜色】按钮，在弹出的【文本颜色】对话框中，将 R、G、B 分别设置为 224、9、17。

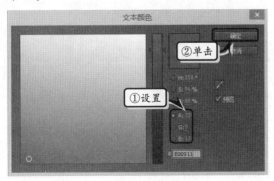

STEP|09 执行【效果】|【透视】|【斜面 Alpha】命令，将【边缘厚度】设置为 1，将【灯光强度】设置为 1。

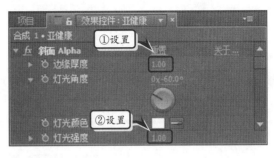

STEP|10 执行【效果】|【模拟】|【碎片】命令，将【视图】设置为【已渲染】，将【图案】设置为 js，将【重复】设置为 40。

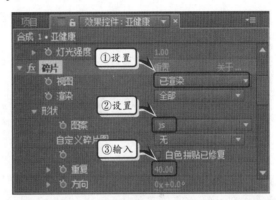

STEP|11 展开【作用力 1】选项组，将【位置】设置为 445.2,384，将【半径】设置为 0.6。同时，将【物理学】选项组下的【随机性】设置为 0.7。

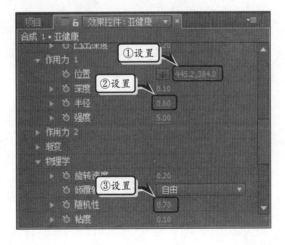

第 7 章

应用三维空间动画

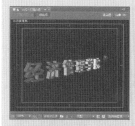

　　随着视频技术的不断繁殖，普通的二维视频效果已经无法满足用户的观看和制作需求了。此时，用户可以使用 AE 软件中的三维图层，按照 X 轴、Y 轴和 Z 轴的关系，制作出多种透视效果和空间效果。除此之外，AE 在三维空间中还包含了摄像机、灯光处理和光线追踪 3D 等功能，从而可以使 AE 的操作环境转换到一个标准的三维编辑空间中。在本章中，将详细介绍制作三维空间动画的基础知识和操作方法。

7.1　创建 3D 图层

创建 3D 图层，其实就是将二维图层转换为三维图层。AE 中的三维图层并不能独立创建，而是通过普通图层进行转换。除了音频图层之外，任何图层都可以转换为三维图层。

7.1.1　转换 3D 图层

在 AE 中，要将一个普通的图层转换为三维图层，只需在【时间轴】面板中，选中该图层。然后，执行【图层】|【3D 图层】命令，或者在【时间轴】面板中单击图层对应【3D 图层】图标下的选择框即可。此时，除了在该图层的属性中将添加 Z 轴的概念外，还会添加【材质选项】属性。

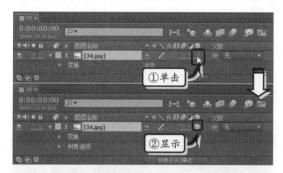

> **提示**
>
> 如果在【时间轴】面板中，没有显示【三维】图标。那么按下 F4 快捷键，将会显示【三维】图标。

7.1.2　启用逐字 3D 化

AE 中的启用逐字 3D 化，是针对 AE 中的文本图层而设置的。AE 中的文本图层，既可以通过单击【3D 图层】图标下的选择框，将所有文字作为一个三维对象进行转换；又可以将图层中的每个文字分别转换为单独的三维对象

当用户想启用逐字 3D 化时，则需要在【时间轴】面板中，单击【文字】属性组右侧的【动画】按钮，在展开的级联菜单中选择【启用逐字 3D 化】

选项，即可将文本转换为三维图层。这时，【三维】图标显示的是两个重叠的图表，与普通三维图层图标有所区分。

7.1.3　应用三维视图

当用户将图层转换为三维图层后，由于在【合成】窗口使用的是标准窗口方式，因此窗口中的效果并没有发生实质性的变化。此时，可以通过 AE 内置的三维视图功能，从各个角度来查看三维图层。

1．视图选项

在【合成】窗口中，单击底部的【3D 视图弹出式菜单】下拉按钮，在其下拉列表中选择相应的选项，便可以定义该窗口的观察角度。

在【3D 视图弹出式菜单】下拉列表中，主要为用户提供了【活动摄像机】、【正面】、【侧面】、【顶部】、【背面】、【右侧】、【底部】、【自定义视图 1】等观察角度。其中，将选中【自定义视图 1、2、3】选项时，系统会按照默认的三个不同角度进行显示。

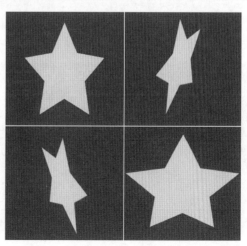

2. 多视图编辑

当用户在三维环境执行编辑操作时，通过多个视图角度查看效果是非常重要的。此时，可以单击【合成】窗口底部的【选择视图布局】下拉按钮，在其下拉列表中选择视图方法，使用多个视图组合查看。

在进行三维环境编辑时，查看多个视图角度是非常重要的。所以在【合成】窗口底部的【多视图】下拉列表中包含了 8 个选项，选择不同的选项，进行相应的视图组合查看。

在默认情况下，多视图中每一个视图的角度方向都是默认的。当需要对其中一个视图进行角度调整时，需要先选中该视图。然后，单击【合成】窗口底部的【选择视图布局】下拉按钮，在其下拉列

表中选中相应的选项即可。除此之外，用户也可以使用相应的摄像机工具进行调整。

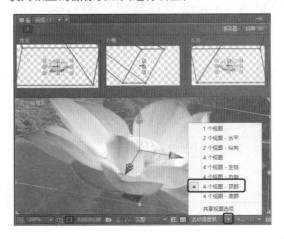

7.2 设置 3D 图层基本属性

当普通图层转换为三维图层后，除了会增加【材质选项】属性外，还会在【变换】属性中，为【锚点】、【位置】、【缩放】和【方向】属性添加 Z 轴参数，并且添加 X、Y、Z 轴的旋转属性。

7.2.1 设置位置与缩放

在【时间轴】面板中，展开【变换】属性组。此时，会发现【位置】与【缩放】属性均可以在 X、Y、Z 轴方向进行移动与缩放。在【合成】窗口中，绿色箭头是 Y 轴、红色箭头是 X 轴、蓝色箭头是 Z 轴。

在【时间轴】面板中，更改【位置】选项中的 Z 轴参数，即可改变三维对象在 Z 轴的位置。

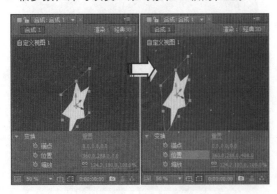

同理，当改变【缩放】属性中的 Z 轴参数时，同样能够缩放【合成】窗口中的三维对象。

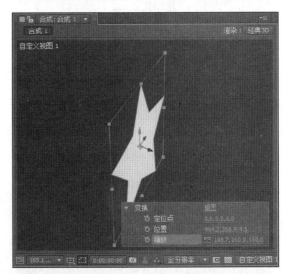

注意

在【缩放】属性中，X、Y、Z 轴方向的参数既可以同时设置，也可以分别设置。方法是单击参数左侧的【约束比例】图标，从而进行各方向的缩放操作。

7.2.2 设置锚点

【锚点】属性是用来设置三维图层中 3D 轴控件的, 除了能够使用【锚点】属性来设置 3D 轴控件的位置, 还可以使用工具箱中的【向后平移(锚点)工具】 ![icon] 。

当普通图层转换为三维图层后, 设置【变换】属性组中的【锚点】属性值, 即可在【合成】窗口中调整 3D 轴控件。

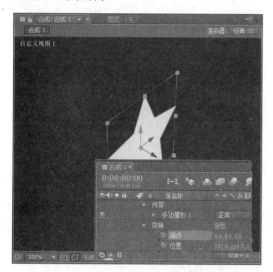

此时, 选择工具箱中的【向后平移(锚点)工具】 ![icon] , 将光标放置在【合成】窗口内的 3D 轴控件上。拖动 3D 轴控件中的 X 轴、Y 轴、Z 轴或者整个 3D 轴控件, 均可改变 3D 轴控件的位置, 而 3D 对象却不会发生变化。

7.2.3 设置方向与旋转

【变换】属性组中的【方向】属性只能够分别在 X、Y、Z 轴方向进行旋转, 而【旋转】属性不仅能够分别在 X、Y、Z 轴方向进行旋转, 还能够设置旋转的圈数。

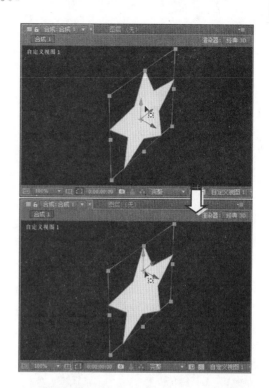

无论是设置【方向】属性中的参数, 还是设置【旋转】属性中的参数, 都可以对三维对象进行不同方向的旋转。

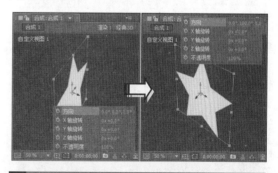

提示

对于【旋转】属性中的圈数参数, 只有在关键帧动画中才能够显示出来, 静态效果中无法进行查看。

7.3 摄像机和光

当用户在 AE 中三维空间时, 还需要通过摄像机、灯光和光线追踪 3D 等功能, 来增加三维空间的自然真实性。

7.3.1 光线追踪 3D

在 AE 中，3D 图层的对象不仅能够进行三维空间的旋转、移动与缩放等景深的透视变化，还能够为三维对象增加厚度。

如若使用光线追踪 3D 功能，则需要设置图层的【合成设置】。执行【合成】|【新建合成】命令，在弹出的【合成设置】对话框中，激活【高级】选项卡，并将【渲染器】选项设置为【光线追踪 3D】。

在 AE 中的三维对象分为外部文件与自创对象，当合成中的【渲染器】选项设置为【光线追踪3D】后，两者的属性会有所不同。

1. 二维转换为 3D 对象

AE 中自带的对象如文字与矢量形状，转换为 3D 图层后，其【几何选项】属性中的选项则包含【斜面样式】、【斜面深度】、【洞斜面深度】与【凸出深度】等属性选项。

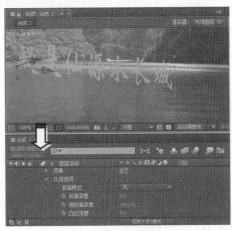

其中，每种属性选项的具体含义如下所述：

□ **斜面样式** 该属性选项主要用来设置 3D 对象正面的显示风格，包括【无】、【尖角】、【凹面】、【凸面】4 种子选项。

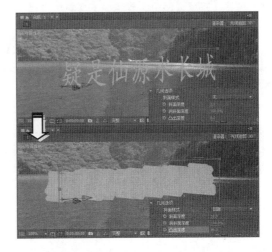

□ **斜面深度** 该属性选项需要在【斜面样式】选项的基础上进行设置。当用户将【斜面样式】选项设置为【无】以外的其他子样式后，设置【斜面深度】选项便可加深倒角风格的显示程度。

□ **洞斜面深度** 该属性选项同样是在【斜面样式】选项的基础上进行设置的，当为 3D 对象设置【斜面样式】选项后，文字之间的空隙就会缩小。其参数值介于0%~100%之间，参数值越小文字之间的空隙越大。

□ **凸出深度** 该属性选项主要用于设置 3D 对象的厚度。其中，最小参数值为 0，而当该参数值为大于 0 的正数时，便可得到不同程度的厚度效果。

2. 外部素材转换为 3D 对象

AE 的外部文件，既可以是位图，也可以是矢量图形，或者是视频素材。当将这些素材导入【时间轴】面板，并且转换为 3D 图层后，其属性组将会新增加一个【几何选项】属性组。

【时间轴】面板中 3D 图层的【几何选项】属性包括两个选项:【弯度】与【段】。【弯度】选项用来设置对象的弯曲度,参数范围在 -100% ~ 100% 之间。

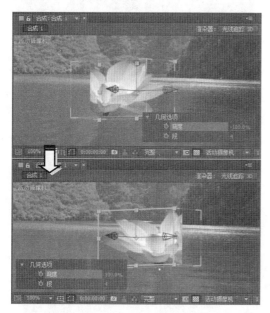

而【段】选项是用来设置对象弯曲后的平滑度,参数范围在 2~256 之间。其中,参数值越大,弯曲后的平滑度越高。

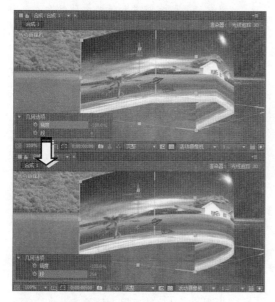

7.3.2　摄像机

AE 中的摄像机模拟了真实摄像机的各种光学

特性,用户可以通过一个或多个摄像机来查看整个合成空间。

1．新建摄像机

当用户需要在项目中使用摄像机功能时,可以执行【图层】|【新建】|【摄像机】命令,弹出【摄像机设置】对话框。

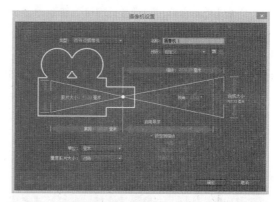

技巧

用户可以在【时间轴】面板中,右击空白区域,执行【新建】|【摄像机】命令,来打开【摄像机设置】对话框。

在【摄像机设置】对话框中,主要包括下列一些选项。

- ❏ **类型**　用于设置摄像机为单节点摄像机或双节点摄像机。单节点摄像机围绕自身定向,而双节点摄像机具有目标点并围绕该点定向。
- ❏ **名称**　用于设置摄像机的名称。默认情况下的名称为"摄像机 1",其所有后续创建的摄像机名称按升序顺序编号。
- ❏ **预设**　用于根据焦距命名预设摄像机,可以直接进行选择使用。
- ❏ **缩放**　用于设置从镜头到图像平面的距离。
- ❏ **视角**　用于设置摄像机视角的大小,角度越大视野越宽,等于广角镜头的效果,反之视野变窄,变成长焦的效果。
- ❏ **胶片大小**　通过调整该选项的参数,可以定义胶片的尺寸,这里指的是通过胶片看到的图像的实际尺寸。数值越大视野越大，反之效果相反。

❑ **焦距** 通过调整该选项中的参数，可以定义焦点的距离，确定从摄像机开始，到图像最清晰位置的距离。

❑ **模糊层次** 用于设置图像中景深模糊的程度。其中，当设置为 100% 将创建摄像机设置指示的自然模糊，而降低值可减少模糊。

❑ **光圈** 用于设置镜头孔径的大小。【光圈】设置也影响景深，增加光圈会增加景深模糊度。

❑ **光圈大小** 用于设置焦距与光圈的比例。

❑ **锁定到缩放** 启用该复选框，可以使【焦点距离】值与【变焦】值匹配。

❑ **启用景深** 启用该复选框，可以对【光圈大小】、【光圈】和【模糊层次】设置应用自定义变量，从而通过操作景深来创建更逼真的摄像机聚焦效果。

❑ **单位** 用于设置摄像机值所采用的测量单位。

❑ **量度胶片大小** 用于描绘胶片大小的尺寸。

在该对话框中，对相应的摄像机属性进行调整，例如【类型】、【单位】、【胶片大小】、【启动景深】、等选项，单击【确定】按钮，即可创建"摄像机 1"图层。

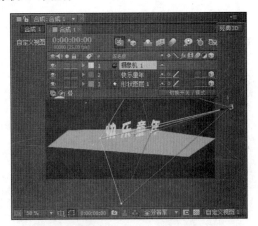

2．设置摄像机属性

当创建摄像机图层后，在【时间轴】面板中将

新增加一个【摄像机选项】属性组。通过设置属性组中的各选项，可以改变摄像机的位置、焦距、景深等效果。

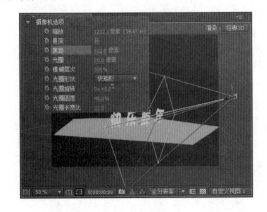

在【摄像机选项】属性组中，主要包括下列一些选项：

❑ **缩放** 通过调整该选项中的参数，可以设置摄像机到图像的距离。该数值越大，通过摄像机显示的图层尺寸就越大，视野也就相应地变小。

❑ **景深** 景深是图像在其中聚焦的距离范围，单击该选项，可以启动或关闭景深功能。

❑ **焦距** 通过调整该选项中的参数，可以定义焦距，指定胶片和镜头之间的距离。数值很小就成为广角的效果，反之成为长焦的效果。

❑ **光圈** 通过调整该选项中的参数，可以定义光圈，不过在 AE 中光圈和曝光没有关系，仅仅影响景深。

❑ **模糊层次** 通过调整该选项中的参数，可以控制景深的模糊程度。数值越大，效果越模糊。

❑ **光圈形状** 该选项用于设置光圈的显示形状，包括【三角形】、【正方形】、【五边形】等 9 种形状。

❑ **光圈旋转** 该选项用于设置光圈的旋转圈数和角度。

❑ **光圈圆度** 该选项用于设置光圈的圆度值。

❑ **光圈长宽比** 该选项用于设置光圈的长宽比例。

3. 自定义三维视图

在 AE 中，除了通过使用预设的视图角度进行查看三维图层之外，还可以通过使用工具栏中的摄像机工具进行角度调整。

在工具栏中，单击【统一摄像机工具】按钮，在展开的级联菜单中选择【轨道摄像机工具】。然后，在【合成】窗口中，拖动鼠标调整视图的角度。其中，水平拖动可以在 Y 轴方向上旋转，垂直拖动可以在 X 轴上旋转。

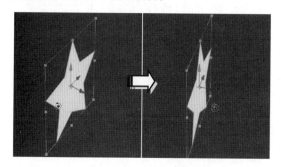

而在工具栏中，单击【统一摄像机工具】按钮，在展开的级联菜单中选择【跟踪 XY 摄像机工具】。然后，在【合成】窗口中，拖动鼠标即可调整视图的位置。

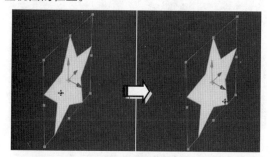

另外，在工具栏中，单击【统一摄像机工具】按钮，在展开的级联菜单中选择【跟踪 Z 摄像机工具】。然后，在【合成】窗口中，拖动鼠标可对视图进行推拉的调整。

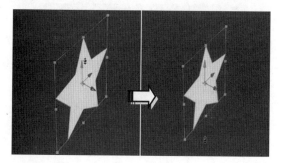

除了上述 3 种视图调整的方法之外，用户还可以直接使用工具栏中的【统一摄像机工具】，可以对视图进行以上三种不同的编辑。

7.3.3　灯光

创建三维图层后，用户会发现所有的对象都默认为自发光状态，并非自然发光效果。此时，用户可通过为三维图层添加灯光效果，来创建自然的三维环境。

1. 创建灯光

当用户需要为三维图层添加灯光效果时，可执行【图层】|【新建】|【灯光】命令，在弹出的【灯光设置】对话框中，设置相应的选项。

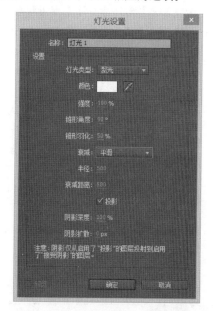

在【灯光设置】对话框中，主要包括下列一些选项：

❑ **名称**　用于设置灯光的名称，默认名称为"灯光1"。

❑ **灯光类型**　用于设置灯光的类型，包括【平行】、【聚光】、【点】、【环境】4 种类型。其中，【平行】选项表示从无限远的光源处发出无约束的定向光，接近来自太阳等光源的光照；【聚光】选项表示从受锥形物约束的光源发出光（例如剧场中使用的闪光灯或聚光灯）；【点】选项表示发出无约束的全向光（例如来自裸露的白炽灯的光线）；【环境】选项表示创建没有光源，但有助于提高场景的总体亮度且不投影的光照。

- ❑ **颜色** 用于设置光照的颜色。
- ❑ **强度** 用于设置光照的亮度。负值创建无光效果，而无光照时将从图层中减去颜色。
- ❑ **锥形角度** 用于设置光源周围锥形的角度，从而确定远处光束的宽度。该选项只有将【灯光类型】选项设置为【聚光】时，才会处于可用状态。
- ❑ **锥形羽化** 用于设置聚光光照的边缘柔化。该选项只有将【灯光类型】选项设置为【聚光】时，才会处于可用状态。
- ❑ **衰减** 用于设置平行、聚光或点光照的衰减类型，包括【无】、【平滑】、【反向平方限制】3种选项。其中，【无】选项表示在图层和光照之间的距离增加时，灯光强度不减弱；【平滑】选项表示从"衰减开始"半径开始并扩展由【衰减距离】表示指定的长度的平滑线性衰减；【反向平方限制】选项表示从"衰减开始"半径开始并按比例减少到距离的反向平方的物理上准确的衰减。
- ❑ **半径** 用于设置光照衰减的半径。在指定的距离内，光照是不变的；而在指定距离外，光照会衰减。

- ❑ **衰减距离** 用于设置光照衰减的距离。
- ❑ **投影** 用于设置光源导致图层的投影效果。启用该选项，图层才能接受阴影。
- ❑ **阴影深度** 该选项用于设置阴影的深度。只有启用【投影】复选框后，该选项才变为可用状态。
- ❑ **阴影扩散** 该选项可以根据阴影与阴影图层之间的视距，设置阴影的柔和度。只有启用【投影】复选框后，该选项才变为可用状态。

2．灯光属性

创建灯光效果之后，在【时间轴】面板中将新增加一个【灯光选项】属性组。其中，【灯光选项】属性组和【灯光设置】对话框中的选项大体一致。用户可通过设置属性组中的各选项，来改变灯光的强度、颜色、衰减等效果。

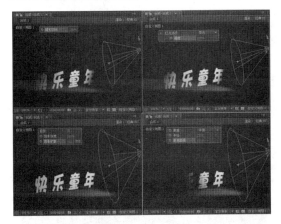

7.4   3D 对象的材质属性

当一个图层转换为三维图层后，不但添加了 Z 轴信息，还包含了材质的属性。通过该属性中的各个选项参数，可设置三维图层中相应的灯光照射系统。

7.4.1   灯光与投影

在【材质选项】属性组中，阴影效果包括【投影】和【接受阴影】两个属性选项。其中，【投影】属性包括【开】、【仅】与【关】三个选项，通过单击在选项之间切换，能够实现显示阴影、只显示阴

影以及隐藏阴影的不同阴影效果。

而【接受阴影】属性选项则是定义该图层上是否承接其他图层的阴影，该属性同样包括【开】、【关】与【仅】三个选项。

灯光效果包括【透光率】与【接受灯光】两个属性选项，其中，【透光率】属性可以通过设置该选项的参数来决定对象透光的程度，体现半透明物体在灯光下的照射效果，主要的效果体现在相应的投影上。

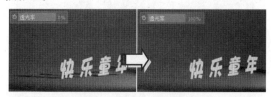

而【接受灯光】属性定义该图层是否接受灯光照射的效果，所以只有【开】与【闭】两个选项。

7.4.2　漫射与镜面强度

【材质选项】属性组中的【漫射】属性，是用来设置图层扩散的程度。当设置为 100%时将反射大量的光线，当设置为 0%将不反射光线。

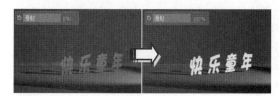

而【材质选项】属性组中的【镜面强度】属性，则可以调整图层镜面反射的程度，其参数范围为 0%～100%。

7.4.3　镜面反光度与金属质感

【材质选项】属性组中的【镜面反光度】属性，可以调整扩散光线的颜色。当设置为 100%时会接近图层的颜色，数值为 0%时接近灯光的颜色。这里将文字颜色设置为红色，灯光颜色设置为黄色，即可查看两者的区别。

而【材质选项】属性组中的【金属质感】属性，可以调整该图层中对象的材质效果。其参数范围为 0%~100%。

7.4.4　光线追踪 3D 属性

无论合成的【渲染器】选项是【经典 3D】，还是【光线追踪 3D】，均能够为其添加摄像机与灯光。而后者中 3D 图层的【材质选项】属性组中，除了能够设置原有的选项外，还可以设置下列一些选项。

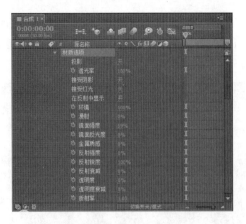

❑ **在反射中显示** 该选项用于设置控制阴影，选项包括【关】、【开】与【仅】三个子选项。

❑ **反射强度** 通过调整该选项中的参数，可以定义灯光的反射程度，数值越大反射效果越强烈。

❑ **反射锐度** 通过调整该选项中的参数，可以定义反射光线在 3D 对象上的清晰度。数值越小杂点越多。

❑ **反射衰减** 通过调整该选项中的参数，可以定义反射效果强弱程度。数值越大反射效果越弱。

❑ **透明度** 通过调整该选项中的参数，可以定义 3D 对象的透明度效果。数值越大透明效果越明显。

❑ **透明度衰减** 在【透明度】属性的基础上，通过调整该选项中的参数，可以定义 3D 对象透明度效果的衰减程度。数值越大透明度效果越不明显。

❑ **折射率** 在【透明度】属性的基础上，通过调整该选项中的参数，可以定义 3D 对象透明度效果的折射程度。数值越大透明度效果越明显。

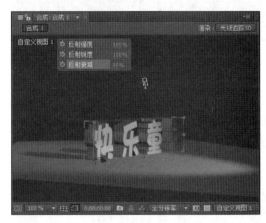

7.5 三维文字旋转效果

AE 为用户提供了二维转换三维图层的功能，运用该功能中的 X 轴、Y 轴和 Z 轴之间的相互关系，可以制作出多种透视效果和三维效果。在本练习中，将通过制作三维文字旋转效果，来详细介绍三维图层中的 X 轴、Y 轴和 Z 轴的运用方法，以及各种效果的设置技巧。

练习要点

● 新建合成
● 导入素材
● 设置变换属性
● 应用线性擦除效果
● 应用 3D 图层
● 应用投影效果

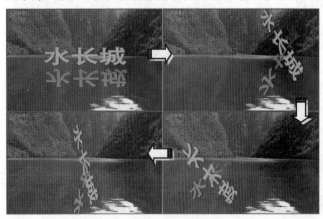

操作步骤 〉〉〉〉

STEP|01 新建合成。执行【合成】|【新建合成】命令，在弹出的对话框中设置合成参数，单击【确定】按钮。

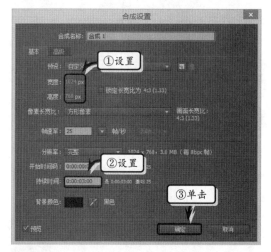

STEP|02 执行【文件】|【导入】|【文件】命令，选择需要导入的素材，单击【导入】按钮，导入素材。

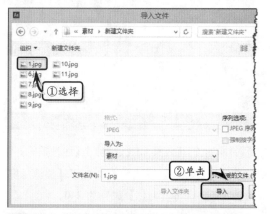

STEP|03 制作文本。将导入的素材添加到新建合成中，单击工具栏中的【横排文字工具】按钮，在【合成】窗口中输入文本。

STEP|04 在【字符】面板中，设置文本的字体大小、字符间距和比例间距等字体格式。

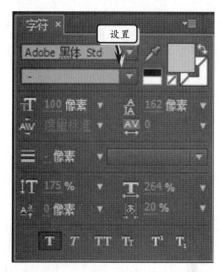

STEP|05 单击【填充颜色】按钮，在弹出的【文本颜色】对话框中，自定义文本填充颜色。

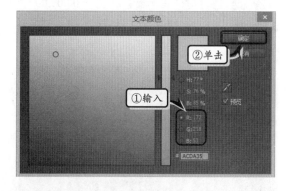

STEP|06 在【时间轴】面板中，单击图层名称对应的【3D 图层】方框，启用 3D 图层功能。

STEP|07 将【时间指示器】移至 0:00:00:00 位置处，展开【变换】属性组，单击【Y 轴旋转】和【Z 轴旋转】左侧的【时间变化秒表】按钮。

STEP|08 将【时间指示器】移至 0:00:00:03 位置处，将【Y 轴旋转】和【Z 轴旋转】参数都设置为-20°。

STEP|09 将【时间指示器】移至 0:00:02:00 位置处，将【Y 轴旋转】和【Z 轴旋转】参数都设置为 340°。

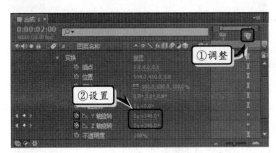

STEP|10 将【时间指示器】移至 0:00:02:11 位置处，将【Y 轴旋转】和【Z 轴旋转】参数都设置为 0°。

STEP|11 制作文本倒影。复制文本图层，右击复制后的图层，执行【重命名】命令，将图层命名为"倒影"。

STEP|12 将【变化】属性组下的【方向】设置为 180°，将【不透明度】设置为 70%，并在【合成】窗口中调整该图层的显示位置。

STEP|13 执行【效果】|【过渡】|【线性擦除】命令，将【过渡完成】设置为 53%，将【擦除角度】设置为 180°，将【羽化】设置为 240。

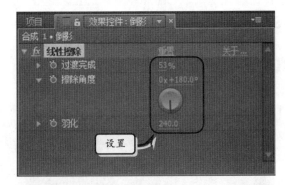

STEP|14 嵌套合成。同时选择"倒影"和"水长城"图层，右击执行【预合成】命令，在弹出的对

话框中输入合成名称，单击【确定】按钮。

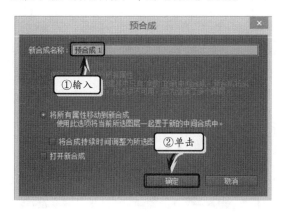

STEP|15 选择"预合成 1"图层，执行【效果】|【透视】|【投影】命令，将【不透明度】设置为 50%，将【方向】设置为 90°，将【柔和度】设置为 20。

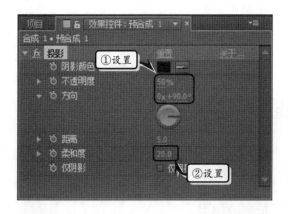

STEP|16 将【时间指示器】移至 0:00:00:00 位置处，单击【变换】属性组中【位置】左侧的【时间变化秒表】按钮。

STEP|17 将【时间指示器】移至 0:00:00:05 位置处，在【合成】窗口中拖动文本至左上角。

STEP|18 将【时间指示器】移至 0:00:00:11 位置处，在【合成】窗口中拖动文本至右上角。

STEP|19 将【时间指示器】移至 0:00:00:20 位置处，在【合成】窗口中拖动文本至底部中间位置处。

STEP|20 将【时间指示器】移至 0:00:01:02 位置处，在【合成】窗口中拖动文本中至部靠左位置处。

①调整

②移动

STEP|21 将【时间指示器】移至 0:00:01:10 位

置处，在【合成】窗口中拖动文本中至窗口中间。

①调整

②移动

7.6 旋转图片效果

旋转图片效果是运用 AE 中的三维图层，通过设置 Y 轴旋转参数，来实现图片的正反旋转效果。本练习中，除了制作图片的旋转效果之外，为了突出旋转过程中的真实性，还为图片添加了倒影羽化效果，以及梦幻星空效果。

练习要点

- 新建合成
- 设置图层属性
- 创建父级
- 应用 CC Star Burst 效果
- 应用色光效果
- 应用高斯模糊效果
- 应用百老汇效果

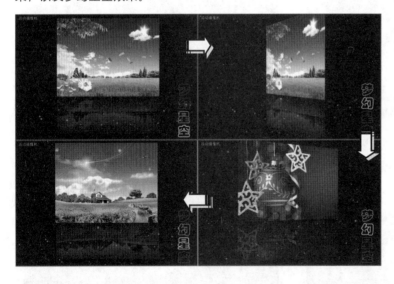

操作步骤 ▶▶▶▶

STEP|01 新建合成。执行【合成】|【新建合成】命令，在【合成设置】对话框中设置相应的选项，并单击【背景颜色】方框。

STEP|02 在弹出的【背景颜色】对话框中，自定

义背景色，并单击【确定】按钮。

STEP|03 制作倒影图片。双击【项目】面板导入所有的素材，并将"6.jpg"素材添加到合成中。

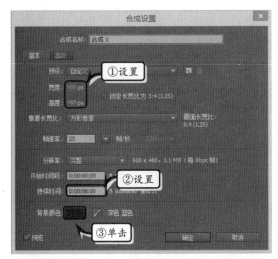

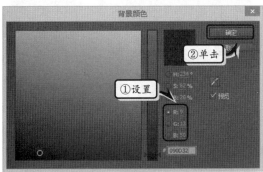

STEP|04 展开【变换】属性组，将【缩放】设置为 50%，同时复制该图层。

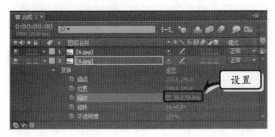

STEP|05 选择复制图层，单击【缩放】属性的【约束比例】按钮，并将 Y 轴的比例参数设置为 -50%。

STEP|06 在【合成】窗口中向下移动复制图层，使其与原图层连接在一起。并在【时间轴】面板中，将【不透明度】设置为 30%。

STEP|07 选择复制图层，单击工具栏中的【矩形工具】按钮，在【合成】窗口中绘制蒙版。

STEP|08 在【时间轴】面板中，展开【蒙版 1】属性组，将【蒙版羽化】设置为 145。

STEP|09 同时选择原图层和复制图层，右击执行【预合成】命令，输入合成名称，单击【确定】按钮。

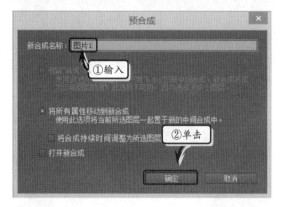

STEP|10 单击图层名称后面的【3D 图层】方框，启用 3D 图层功能。然后，在【合成】窗口中，移动合成图层至合适位置。使用同样方法，制作其他图片。

注意

由于图片大小不同，"照片背面"图片素材的缩放比例应设置为 35%。

STEP|11 创建父级关系。选择"图片 3"图层，单击【父级】下拉按钮，在其下拉列表中选择【2.图片 1】选项，创建父级关系。

STEP|12 制作旋转效果。选择"图片 1"图层，将【时间指示器】移至 0:00:00:01 位置处，单击【Y 轴旋转】左侧的【时间变化秒表】按钮。

STEP|13 将【时间指示器】移至 0:00:03:00 位置处，将【Y 轴旋转】参数值设置为 0×+90°。

STEP|14 将【时间指示器】移至 0:00:04:00 位置处，将【Y 轴旋转】参数值设置为 0×+180°。

STEP|15 将【时间指示器】移至 0:00:05:00 位置处，将【Y 轴旋转】参数值设置为 0×+90°。

STEP|16 将【时间指示器】移至 0:00:07:00 位置处，将【Y 轴旋转】参数值设置为 0×+0°。

STEP|17 将【时间指示器】移至 0:00:03:00 位置处，单击【不透明度】左侧的【时间变化秒表】按钮。

STEP|18 将【时间指示器】移至 0:00:03:01 位置处，将【不透明度】参数值设置为 0%。

STEP|19 选择"图片 3"图层，将【时间指示器】移至 0:00:03:00 位置处，按下 Alt+【键设置该图层的入点。

STEP|20 将【时间指示器】移至 0:00:05:00 位置处，按下 Alt+【键设置该图层的出点。同一位置，设置"图层 2"的入点。

STEP|21 选择"图层 2"，将【时间指示器】移至 0:00:07:00 位置处，单击【Y 轴旋转】左侧的【时间变化秒表】按钮。

STEP|22 将【时间指示器】移动至 0:00:05:00 位置处，将【Y 轴旋转】参数值设置为 0×+90°。

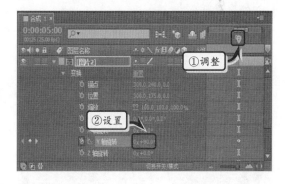

STEP|23 制作星空背景。执行【图层】|【新建】|【纯色】命令，设置背景选项，并单击【颜色】方框。

STEP|24 在弹出的【纯色】对话框中，自定义纯色图层的背景颜色。

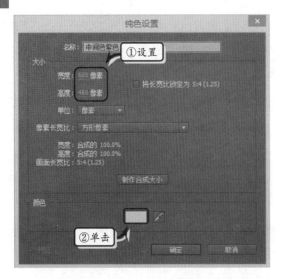

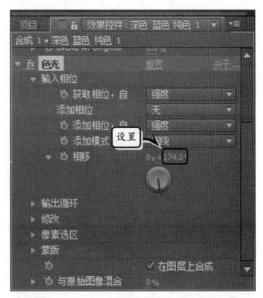

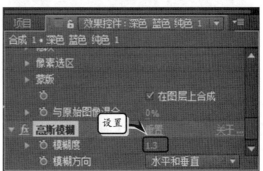

STEP|25 选择纯色图层，将其移动到最底部。然后，执行【效果】|【模拟】|CC Star Burst 命令，将 Size 设置为 28。

STEP|28 制作梦幻文本。单击工具栏中的【直排文字工具】按钮，在【合成】窗口中输入"梦幻星空"文本。

STEP|26 执行【效果】|【颜色校正】|【色光】命令，将【相移】设置为 0×+174°。

STEP|27 执行【效果】|【模糊与锐化】|【高斯模糊】命令，将【模糊量】设置为 1.3。

STEP|29 在【字符】面板中设置文本的字体样式、字体大小、行距等字体格式。

STEP|30 单击【填充颜色】按钮，在弹出的【文本颜色】对话框中，自定义文本的填充颜色。

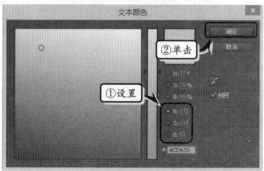

STEP31 在【效果和预设】面板中的【搜索】文本框中，输入"百老汇"文本，然后拖动搜索结果中的"百老汇"特效至【合成】窗口中的文本上。

第 **8** 章

应用特效基础

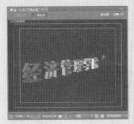

  AE 为用户提供了大量的特效功能，熟练掌握各种特效的使用是学习 AE 的关键，也是提高作品质量最有效的方法。利用 AE 中的特效，不仅可以对平实的素材进行修正并渲染绚丽的动画效果，而且还可以缩短创建周期、降低创建成本。在本章中，将详细介绍添加特效、设置特效参数、编辑特效，以及滤镜特效的基础知识和使用方法，以帮助读者提高对素材的处理水平，从而开阔影视后期特效的设计空间。

8.1 添加特效

添加特效是创建效果的基础。在 AE 中，用户既可以通过执行【效果】命令来添加特效，又可以通过【效果和预设】面板来添加特效。

在【效果和预设】面板中，特效被分类地放置。当用户使用某特效时，单击其分类名称前的三角按钮▶，即可展开该类型的特效明细。

提示

【效果和预设】面板的【动画预设】特效组中的特效，添加至合成后能够直接查看效果，无须进行设置。

查找需要的特效后，可选择素材层进行添加。添加特效的方法有很多，较为常用的是在【时间轴】面板选择素材层，在【效果和预设】面板特效所在区域双击，将在【效果控件】面板出现该特效属性。

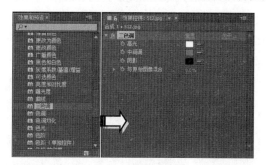

另外，也可通过将【效果和预设】面板中的某个特效，拖至【合成】窗口素材所在区域内。

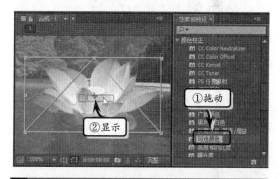

提示

在 AE 中，可以为同一个图层添加多个特效。如果要为多个层添加同一个特效时，则需要先选择多个层，然后直接添加特效即可。

8.2 设置特效参数

当用户为图层添加特效之后，可通过设置特效参数，来调整所添加的特效，从而展现 AE 丰富的渲染效果。AE 中的特效参数主要分为带有下划线、带坐标、带角度控制器和带颜色拾取器等参数类型。

8.2.1 设置带有下划线的参数

带有下划线属性参数设置是 AE 中常见的一种设置方法，一般情况下可以通过鼠标调整和数值调整两种方法来进行设置。

1. 鼠标调整

　　鼠标调整，是通过左右移动鼠标来调整参数值。例如，当为图层添加【三色调】特效后，在【效果控制】面板中，将鼠标移动到带有下划线参数的数值上。当鼠标变成【手形】光标时，按住鼠标左键左右移动【手形】光标。此时，鼠标即可转换为←→形状，其参数将跟随鼠标移动的方向发生变化，向左移动其参数将变小，向右移动其参数将变大。

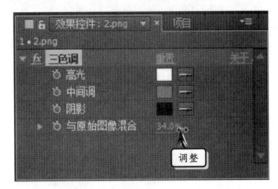

2. 数值调整

　　数值调整方法一般适用于输入参数的情况下。在【效果控制】面板中，将鼠标移至带有下划线的参数数值上，单击鼠标左键，数值将变为可编辑状态。此时，在数值框中输入新的数值，在空白区域单击即可。

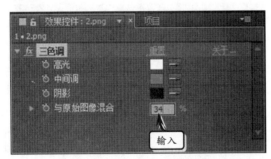

8.2.2　设置带坐标的参数

　　带坐标的参数是包含坐标轴数值的参数。例如，当为图层添加【镜头光晕】特效后，在【效果控制】面板中，将鼠标移至坐标参数数值上，单击鼠标左键，数值将变为可编辑状态。此时，在数值框中输入新的数值，在空白区域单击即可。

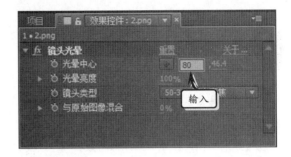

　　除此之外，用户还可以在【效果控件】面板中，单击【坐标】按钮。然后，在【合成】窗口单击即可调整坐标轴参数。

8.2.3　设置带角度控制器的参数

　　带有角度控制器的参数是 AE 中特有的一种参数，其调整方法除了直接输入参数值之外，还可以通过使用直接调整【角度控制器】来设置。

　　例如，当为图层添加【纹理化】特效后，在【效果控件】面板中，直接单击并拖动【角度控制器】按钮即可。此时，角度值将会随着鼠标的移动而变换。

8.2.4　设置带颜色拾取器的参数

带颜色拾取器的参数是一种可以更改效果颜色的参数。例如，为图层添加【三色调】特效后，在【效果控件】面板中，单击【中间调】选项对应的【颜色块】按钮，则可以在弹出的【拾色器】对话框中设置颜色。

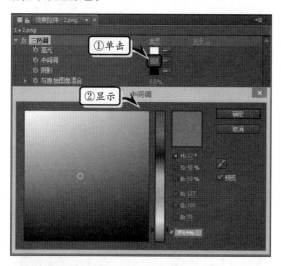

另外，用户还可以单击参数右侧的吸管按钮，在屏幕上的任意位置单击鼠标，以吸取屏幕中的颜色。

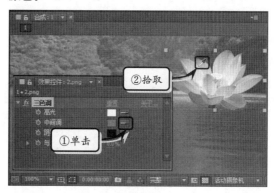

8.3　编辑特效

在 AE 中，除了通过设置参数来调整特效之外，还可以通过对特效的重复利用、特效排序，以及添加特效动画等编辑操作，在调整特效的同时为视频添加丰富的视觉效果。

8.3.1　复制特效

当需要将某个图层中的效果应用到其他图层中时，可以通过复制特效的方法来实现，从而可以有效地避免重复调整特效参数。

在【时间轴】面板中选择要复制的一个或者多个特效，执行【编辑】|【复制】命令，复制特效。然后，选择需要粘贴的一个或者多个层，执行【编辑】|【粘贴】命令即可。

技巧

当在同一层对调整好的特效复制多个副本，可以直接按 Ctrl+D 快捷键进行直接复制。

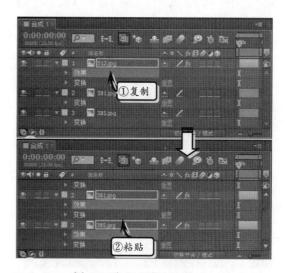

8.3.2　禁用和删除特效

当在层上添加了一种或多种特效后，出于某些原因可能需要取消某个特效的应用。此时，可以使用 AE 中的"禁用"和"删除"功能，对此进行禁用或删除操作。

当需要禁用某个特效时，需要在【效果控件】面板中单击特效左侧的【特效】按钮 fx。当禁用该特效时，其【特效】按钮表现为 ▣；而启用该特效后，其【特效】按钮将恢复为 fx。

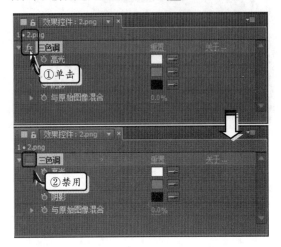

相对于禁用特效而言，删除特效是将特效直接从素材层上面清除。一般情况下，可在【效果控件】面板中选择特效名称，按键盘中的 Delete 键，或者执行【编辑】|【清除】命令即可。如果需要一次删除素材层中的全部特效，则可以在【效果控件】面板中选择所有特效，然后执行【编辑】|【清除】命令即可。

技巧

在【效果控件】面板中，选择一个特效，右击后执行【全部移除】命令，即可删除所有的特效。

8.3.3 设置特效顺序和动画

AE 中的特效与图层类似，既可以调整其顺序位置，又可以为其添加动画效果，以达到最优视觉效果。

1. 调整特效顺序

在 AE 中通常会对同一个图层添加多个特效，而不同特效的层序关系可能会得到不同的效果。当需要对一个特效进行顺序调整时，可以在【效果控件】面板中选择该特效，直接拖动到相应位置上即可。

2. 添加特效动画

创建关键帧动画可在【时间轴】面板或【效果控件】面板中，通过单击【时间秒表变化】按钮 ○ 进行添加。但是，在【效果控件】面板中并没有包含相应的时间控件，所以要调整关键帧时间时，还需要在【时间轴】面板中进行处理。

注意

在【时间轴】面板中，按住 Alt 键单击【时间秒表变化】按钮 ○，通过在【时间轴】面板输入表达式语法的方法，来为特效添加动画。

8.4 应用基础特效

通过使用 AE 中的一些基础特效，可以使枯燥的作品变得生动起来。例如，在动画中应用通道特效、文本特效等，都可以使视频的变化看起来更加丰富多彩。

8.4.1 文本特效

文本特效主要是运用于时间码和数字，专门针对文字输入和控制的特效。AE 中的文本特效，包括【时间码】特效和【编号】特效。

1. 时间码

时间码特效主要是在原素材中添加时间和帧数，但无法修改外部导入的时间源文件，在运用中有一定的局限性。在【效果和预设】面板中，双击【时间码】特效，将该特效添加到图层中。此时，在【效果控件】面板中，将显示该特效的参数属性。

其中，【时间码】特效的参数具体含义，如下所述。

- ❑ **显示格式** 用于调整显示时间与帧的方式，包括【SMPTE 时:分:秒:帧】、【帧编号】、【英尺+帧（35 毫米）】、【英尺+帧（16 毫米）】4 种显示方式。

- ❑ **时间源** 用于设置时间的显示类型，包括【自定义】、【合成】、【图层源】3 种选项。

- ❑ **时间单位** 用于设置单位时间的帧数。

- ❑ **丢帧** 启用该选项，计算丢帧情况。

- ❑ **开始帧** 用于设置素材开始计算的帧的图像。默认数值范围为-30~30，可调数值范围为-100000~10000000。

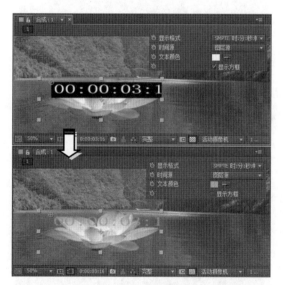

- ❑ **文本位置** 用于定义输入时间码的位置坐标。

- ❑ **文字大小** 用于设置时间和帧数显示的大小。

- ❑ **文本颜色** 用于设置时间码的颜色。

- ❑ **显示方框** 启用该复选框，将在时间码底层显示背景方框。

❏ **方框颜色** 用于设置背景方框的显示
颜色。

❏ **不透明度** 用于设置背景方框的透明度。

❏ **在原始图像上合成** 启用该复选框，表示
将在原始图像上显示时间码；禁用该复选
框，则隐藏原始图像，只显示时间码。

2. 编号

编号特效主要功能是对随机产生的数字，进行
排列编辑。它可随时间的延续来改变数字，并能通
过编辑时间码和当前日期等方式来输入数字。

在【效果和预设】面板中，双击【编号】特效，
将该特效添加到图层中。此时，将自动弹出【编号】
对话框，用来设置编号的【字体】、【样式】、【方向】
和【对齐方式】。

在【编号】对话框中，单击【确定】按钮之后。
系统将会在【效果控件】面板中显示该特效的参数
属性。

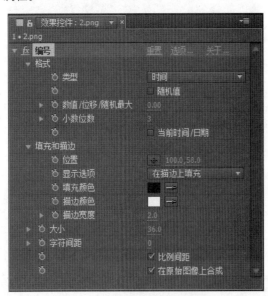

> **提示**
>
> 在【效果控件】面板中，单击【选项】按钮，
> 也可弹出【编号】对话框。

其中，【编号】特效的参数具体含义，如下
所述。

❏ **类型** 用于设置数字显示类型，包括【数
目】、【时间】、【数字日期】、【短日期】、【长
日期】等 10 种模式。

❏ **随机值** 启用该选项，数字将随机变化。
随机产生数字限制在【数值/位移/随机最
大】选项的数值范围以内，若该项数值为
0，则不受限制。

❏ **数值/位移/随机最大** 用于设置数字随
机离散范围。默认数值范围为-1000~1000，
可调数值范围为-30000~30000。

❏ **小数位数** 用于设置添加编号中小数点
的位数。

❏ **当前时间/日期** 启用该选项，可使用当
前时间。

❏ **填充和描边** 用于设置添加编号数字的
颜色和边缘效果。

❏ **大小** 用于设置显示文本的字符大小。

❏ **字符间距** 用于设置每个数字之间的间
隔。默认数值范围为-20~100，可调数值范
围为-8000~8000。

❏ **比例间距** 启用该选项，可以使数字均匀
间隔显示。

❑ **在原始图形上合成** 启用该选项,可合成数字层与原图像层。禁用该选项,其背景将变为黑色。

8.4.2 通道特效

通道特效比较特殊,它可以通过通道来控制、抽取、插入或转换一个图像色彩的通道,从而使素材图层产生效果。在 AE 中,通道包含各自的颜色分量(用 RGB 表示)、计算颜色值(用 HSV 表示)以及透明度值(用 Alpha 表示)。

通道特效的最大优势是和其他特效配合使用创造出美妙的效果。AE 中的通道特效,包括【反转】、【复合运算】、【混合】、【算术】、【转换通道】等特效。

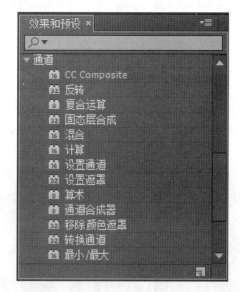

1.【反转】

【时间码】特效可以反转图像的颜色信息。在【效果和预设】面板中,双击【反转】特效,将该特效添加到图层中。此时,在【效果控件】面板中,将显示该特效的参数属性。

该特效下的【与原始图像混合】选项,用于设置效果图像的透明度。此值设置得越高,此效果对图层的影响越小。例如,当该值为 100% 时,此效果在图层上不会产生明显结果;而当该值为 0% 时,则不会显出原始图像。

而【通道】选项,则用于设置需要反转的一个或多个通道,包括 RGB/红色/绿色/蓝色、HLS 色相/亮度/饱和度、Alpha、YIQ/明亮度/相内彩色度/求积彩色度 4 组 13 种选项。由于每个项目组均在特定颜色空间中运行,因此可以反转该颜色空间中的整个图像,也可以仅反转单个通道。其中:

❑ **RGB/红色/绿色/蓝色** RGB 用于反转所有三个附加的颜色通道,而【红色】、【绿色】和【蓝色】各自用于反转单个颜色通道。

❑ **HLS 色相/亮度/饱和度** HLS 用于反转所有三个计算的颜色通道,而【色相】、【亮度】和【饱和度】各自用于反转单个颜色通道。

❑ **YIQ/明亮度/相内彩色度/求积彩色度** YIQ 用于反转所有三个 NTSC 明亮度和彩色度通道,而【明亮度】、【相内彩色度】和【求积彩色度】各自用于反转单个通道。

❑ **Alpha** 反转图像的 Alpha 通道。Alpha 通道不是颜色通道,它只用于指定透明度。

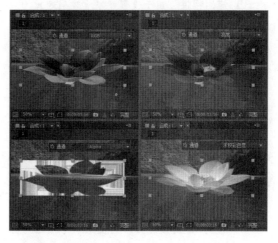

2.【复合运算】

【复合运算】特效通过算术运算的方式融合两

个层的图像。该特效兼容早期版本中的特效，效果
与【混合】特效基本一样，但该特效的功能更全面
一些。

在【效果和预设】面板中，双击【复合运算】
特效，将该特效添加到图层中。此时，在【效果控
件】面板中，将显示该特效的参数属性。

其中，【复合运算】特效的参数具体含义，如
下所述。

- ❑ **第二个源图层**　表示在给定运算中与当
  前图层一起使用的图层，即第二个图层。
- ❑ **运算符**　表示在两个图层之间执行的运
  算，包括【复制】、【相加】、【相减】等 15
  种选项。
- ❑ **在通道上运算**　表示向其应用效果的通
  道，包括 RGB、RGBA、Alpha 选项。
- ❑ **溢出特性**　用于设置效果重映射超出 0～
  255 灰度范围值的方式。其中，【剪切】方
  式表示将高于 255 的值映射至 255，并将
  低于 0 的值映射至 0；【回绕】方式表示将
  高于 255 和低于 0 的值回绕至 0～255 范
  围内；【缩放】方式表示将最大值和最小
  值重映射至 255 和 0，将中间值伸展或压
  缩以适合此范围。
- ❑ **伸缩第二个源以适合**　表示缩放第二个
  图层以匹配当前图层的大小（宽度和高
  度）。禁用该选项，则使第二个图层与源
  图层的左上角对齐，并根据源图层的当前
  大小放置第二个图层。

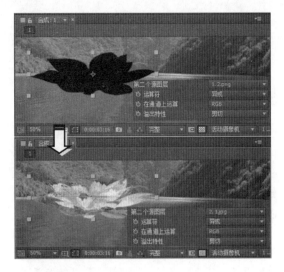

3.【混合】

【混合】特效是通过融合各个色彩通道信息将
不同的层合成出新效果。一般情况下，可以利用 5
种方式将两个图层融合。此外，最引人注目的是它
的这些参数还可以被设置为动画，从而调整出动态
的混合特效。

在【效果和预设】面板中，双击【混合】特效，
将该特效添加到图层中。此时，在【效果控件】面
板中，将显示该特效的参数属性。

该特效下的【模式】选项，用于设置图层的混
合模式，包括【交叉淡化】、【仅颜色】、【仅色调】
等 5 种模式。每种模式的具体说明，如下所述。

- ❑ **交叉淡化**　在辅助图像淡入时使原始图
  像淡出。
- ❑ **仅颜色**　根据辅助图像中各像素的颜色，
  对原始图像中的各相应像素进行着色。
- ❑ **仅色调**　它与【仅颜色】相似，但仅当原
  始图像中的像素已经着色时，才能对其使
  用色调。

□ **仅变暗** 用于使原始图像中比辅助图像的相应像素亮的每个像素变暗。

□ **仅变亮** 用于使原始图像中比辅助图像的相应像素暗的每个像素变亮。

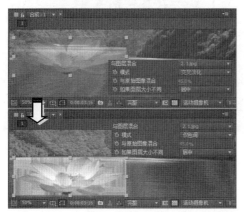

另外，该特效下的【与图层混合】选项，用于选择混合层，如果没有导入其他图片，则可以选择原图作为混合层，但该方法在色彩混合模式下没有效果。

而【如果图层大小不同】选项，当图层大小不同时，指定层与层之间的显示位置。【居中】选项，表示会根据原图的中心位置对齐混合层；而【伸缩以适合】选项，将按照原图像的比例来调整混合层的尺寸。

4.【计算】

【计算】效果是通过融合两个素材的通道信息来获得新的效果，它能够模拟出多个特效混合使用的复杂效果，而且可以加快渲染的速度，并且设置方法将会更加便捷。

在【效果和预设】面板中，双击【计算】特效，将该特效添加到图层中。此时，在【效果控件】面板中，将显示该特效的参数属性。

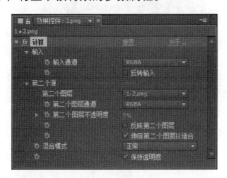

其中，【计算】特效的参数具体含义，如下所述。

□ **输入通道** 表示需要提取的通道，可用作混合运算的输入通道。其中，RGBA 通常会显示所有通道，【灰色】通道用于将像素的所有颜色通道值转换为原始像素的明亮度值，【红色】、【绿色】或【蓝色】通道用于将像素的所有颜色通道值转换为原始像素的所选颜色通道的值，而 Alpha 通道用于将所有通道转换为原始像素 Alpha 通道的值。

□ **反转输入** 启用该选项，可在效果提取指定通道信息之前反转图层（从 1.0 中减去每个通道值）。

□ **第二个图层** 表示计算效果是原始图层将与之混合的控件图层。

□ **第二个图层通道** 表示与输入通道混合的通道。

□ **第二个图层不透明度** 表示第二个图层的不透明度。当该值为 0% 时，则对输出图层没有任何影响。

□ **反转第二个图层** 在效果提取指定通道信息之前反转第二个图层（从 1.0 中减去每个通道值）。

□ **伸缩第二个图层以适合** 表示在混合前将第二个图层伸缩到原始图层的尺寸。禁用该选项，则会将第二个图层居中放置在原始图层上。

□ **混合模式** 用于设置两个图层的混合模式，包括三十多种混合模式。

□ **保持透明度** 用于确保未修改原始图层的 Alpha 通道。

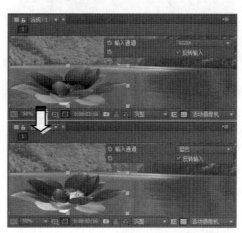

5.【设置通道】

【设置通道】特效是将其他层的通道信息复制到原图形的颜色通道和 Alpha 通道中,这样可营造出多重幻影的效果。

在【效果和预设】面板中,双击【设置通道】特效,将该特效添加到图层中。此时,在【效果控件】面板中,将显示该特效的参数属性。

【设置通道】特效的参数中包含了 4 个源图层,用户可通过设置各个源图层的通道,来获取各个通道的图像,并将所获取的图像叠加到原素材图形中。

> **提示**
>
> 当所有信息都来自于同一个图片时,其最终效果将被这张图片取代。

6.【设置遮罩】

【设置遮罩】特效可将某图层的 Alpha 通道(遮罩)替换为该图层上面的另一图层的通道,以此创建移动遮罩效果。

在【效果和预设】面板中,双击【设置遮罩】特效,将该特效添加到图层中。此时,在【效果控件】面板中,将显示该特效的参数属性。

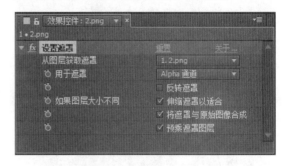

其中,【设置遮罩】特效的参数具体含义,如下所述。

- ❏ **从图层获取遮罩** 设置用作替换遮罩的图层。
- ❏ **用于遮罩** 设置用于遮罩的通道。
- ❏ **反转遮罩** 启用该选项,可以反转遮罩的透明度值。
- ❏ **伸缩遮罩以适合** 启用该选项,可以缩放所选图层以匹配当前图层的大小。如果禁用该选项,则将指定为遮罩的图层居中放置在第一个图层中。
- ❏ **将遮罩与原始图像合成** 启用该选项,可将新遮罩与当前图层合成,而不用替换它。
- ❏ **预乘遮罩图层** 启用该选项,可将新遮罩图层预乘当前图层。

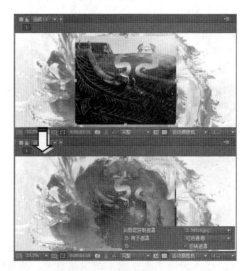

7.【算术】

【算术】特效是针对 RGB 通道进行专门的通道运算，可在图像的红色、绿色和蓝色通道上执行各种简单的数学运算。通过对不同色彩通道进行信息控制，能制作出不同的曝光效果，增加图像的视觉感染力和冲击力。

在【效果和预设】面板中，双击【算术】特效，将该特效添加到图层中。此时，在【效果控件】面板中，将显示该特效的参数属性。

该特效中的【红色值】、【绿色值】和【蓝色值】选项，用于指定在红、绿、蓝 3 色通道中的参数值。当 3 个参数值都为 0 时，将不会对原图产生任何影响；而当 3 个参数值都为 255 时，则会产生反色效果。

特效中的【剪切结果值】选项，可以防止设置的颜色值超出所有功能函数的限定范围；禁止该选项，则某些颜色值可能会环绕。

而【运算符】选项，则用于指定图像中每个像素的每个通道和该通道现有值之间所执行的运算方式。它一共包含 13 种运算方式，其每种运算方式的含义，如下所述。

- **与、或、异或**　表示应用位逻辑运算。
- **相加、相减、相乘、差值**　表示应用基本数学函数。
- **最大值**　表示将像素的通道值设置为像素指定值和原值这二者中较大的值。
- **最小值**　表示将像素的通道值设置为像素指定值和原值这二者中较小的值。
- **上界**　如果像素的原值大于指定值，则将像素的通道值设置为零；否则，保留原值。
- **下界**　如果像素的原值小于指定值，则将像素的通道值设置为零；否则，保留原值。
- **切片**　如果像素的原值高于指定值，则将像素的通道值设置为 1.0；否则，将该值

设置为零。在这两种情况下，均将其他颜色通道的值设置为 1.0。

- **滤色**　表示乘以通道值的补色，然后获取结果的补色。结果颜色绝不会比任一输入颜色深。

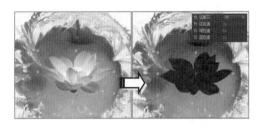

8.【通道合成器】

【通道合成器】特效是通过调整素材各个色彩通道的信息，模拟出各种符合人视觉习惯的光影效果。

在【效果和预设】面板中，双击【通道合成器】特效，将该特效添加到图层中。此时，在【效果控件】面板中，将显示该特效的参数属性。

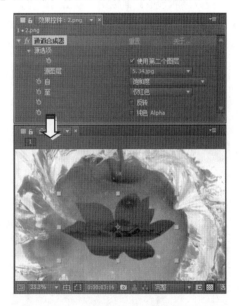

其中，【通道合成器】特效的参数具体含义，如下所述。

- **使用第二个图层**　表示从源图层检索值，源图层可以是合成中的任何图层。
- **源图层**　用于选择使用第二个图层的源图层。
- **自**　表示需要用作输入的值，菜单中的前几项是多通道组合的输入和输出选项，因此不需要设置【至】值。

□ **至** 表示向其应用值的通道。【仅红色】、【仅绿色】和【仅蓝色】选项，表示仅将值应用到一个通道，并将其他颜色通道设置为零；【仅 Alpha】选项，表示将值应用到 Alpha 通道，并将颜色通道设置为 1.0。【仅色相】选项，表示应用的色相值会与 50%亮度和 100%饱和度组合；【仅亮度】选项，表示应用的亮度值会与 0%饱和度组合，随后不会影响色相；【仅饱和度】选项，表示应用的饱和度值会与 0%色相和 50%亮度组合。

□ **反转** 反转（从 1.0 中减去）输出通道值。

□ **纯色 Alpha** 使整个图层的 Alpha 通道值为 1.0（完全不透明）。

9.【转换通道】

【转换通道】特效可将图像中的红色、绿色、蓝色和 Alpha 通道替换为其他通道的值。

在【效果和预设】面板中，双击【转换通道】特效，将该特效添加到图层中。此时，在【效果控件】面板中，从各个通道获取源中选择相应的通道即可。

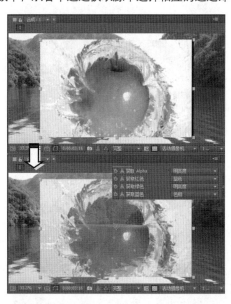

10.【最小/最大】

【最小/最大】特效是对制定的色彩通道进行最大值或最小值的填充，显示出马赛克效果。利用色彩通道设定色彩效果，根据半径数值控制特效 效果。

在【效果和预设】面板中，双击【最小/最大】

特效，将该特效添加到图层中。此时，在【效果控件】面板中，将显示该特效的参数属性。

其中，【最小/最大】特效的参数具体含义，如下所述。

□ **操作** 用于设置特效的调整方式，其中，【最小值】选项表示将以最小值像素来替换源图像中的其他像素，【最大值】选项表示将以最大值像素替换源图像中的其他像素，【先最小值再最大值】选项表示先执行最小值操作，然后执行最大值操作，【先最大值再最小值】与其相反。

□ **半径** 用于设置最大和最小操作中的像素数量，其值介于 0~127 之间。

□ **通道** 用于设置最大和最小操作中的通道，其【颜色】选项表示只对颜色通道进行操作，【Alpha 和颜色】选项表示操作将影响所有的操作，【红】、【绿】、【蓝】和 Alpha 选项表示操作只影响单独的色彩和亮度。

□ **方向** 用于设置色彩数值的扫描方向，包括【水平和垂直】、【水平】、【垂直】3 种方向。

□ **不要收缩边缘** 启用该复选框，表示在操作图层时不减缩图像素材的边缘。

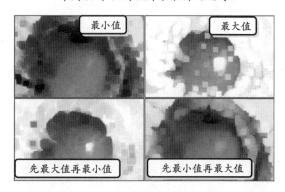

8.5　空间粒子运动效果

在 AE 中，除了可以制作一些图片旋转、文字旋转，以及为视频添加动态文本之外；还可以运用生成、模拟和风格化等特效，来制作空间粒子旋转和急速爆炸等动画特效，从而体现了 AE 动画制作的强大功能。

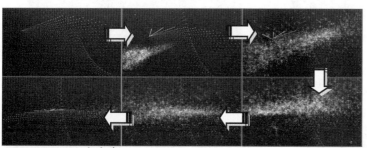

操作步骤 >>>>

STEP|01 新建合成。执行【合成】|【新建合成】命令，在弹出的【合成设置】对话框中，设置各项参数，并单击【确定】按钮。

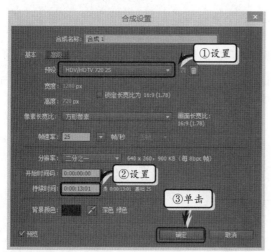

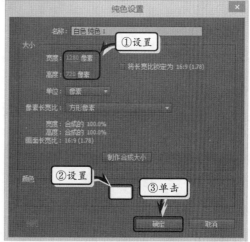

STEP|02 制作白色粒子层。选择【时间轴】面板，执行【图层】|【新建】|【纯色】命令，在弹出的对话框中，将颜色设置为白色，单击【确定】按钮。

STEP|03 执行【效果】|【模拟】|CC Ball Action 命令，在【效果控件】面板中设置相应的参数值。

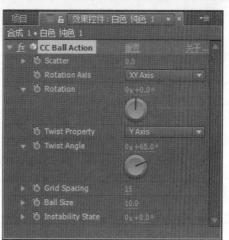

STEP|04 按住 Alt 键的同时单击 Rotation 左侧的【时间变化秒表】按钮，并在【时间轴】面板中输入"time*12"表达式。

STEP|05 制作洋红色粒子层。执行【图层】|【新建】|【纯色】命令，在弹出的对话框中，设置各项参数，并单击【颜色】方框。

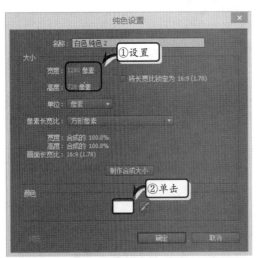

STEP|06 在弹出的【纯色】对话框中，自定义图层的背景色，并单击【确定】按钮。

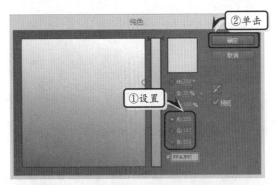

STEP|07 执行【效果】|【模拟】|CC Ball Action 命令，在【效果控件】面板中设置相应的参数值。

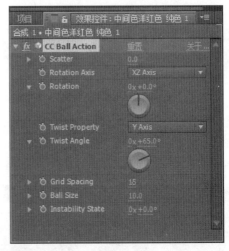

STEP|08 按住 Alt 键的同时单击 Rotation 左侧的【时间变化秒表】按钮，并在【时间轴】面板中输入"time*12"表达式。

STEP|09 制作背景图层。执行【图层】|【新建】|【纯色】命令，在弹出的对话框中，设置各项参数，并单击【颜色】方框。

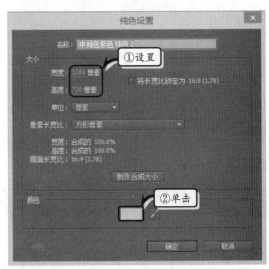

STEP|10 在弹出的【纯色】对话框中，自定义图

层的背景色，并单击【确定】按钮。

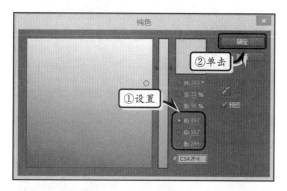

STEP|11 执行【效果】|【生成】|【梯度渐变】命令，在【效果控件】面板中设置【渐变起点】参数，并单击【起始颜色】方框。

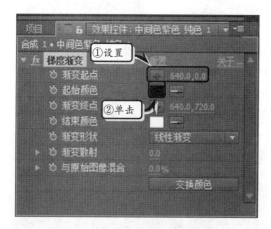

STEP|12 在弹出的【起始颜色】对话框中，自定义渐变的起始颜色，并单击【确定】按钮。

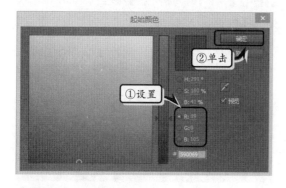

STEP|13 单击【结束颜色】方框。在弹出的【结束颜色】对话框中，自定义渐变的起始颜色，并单击【确定】按钮。

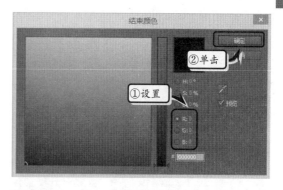

STEP|14 制作粒子爆破层。将渐变图层放置于最底层，执行【图层】|【新建】|【纯色】命令，设置背景色为黑色，并单击【确定】按钮。

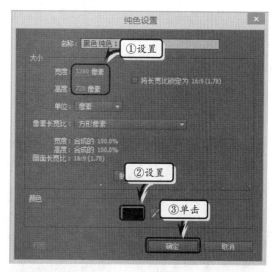

STEP|15 执行【效果】|【模拟】|CC Particle World 命令，在【效果控件】面板中设置 Longevity(sec) 参数为 2.18。

STEP|16 展开 Physics 选项组，设置该组下的所有参数值。

STEP|17 展开 Particle 选项组，设置相应的参数值，并将 Birth Color 和 Death Color 分别设置为白色和黑色。

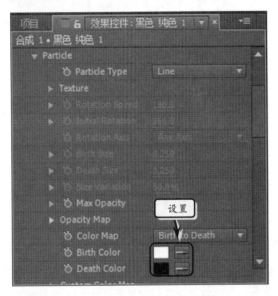

STEP|18 在【时间轴】面板中，将【时间指示器】移至 0:00:00:16 位置处，单击 CC Particle World 属性组中 Birth Rate 左侧的【时间变化秒表】按钮，并将参数值设置为 2.1。

STEP|19 将【时间指示器】移至 0:00:01:20 位置处，将 Birth Rate 参数值设置为 4.5。

STEP|20 将【时间指示器】移至 0:00:02:12 位置处，将 Birth Rate 参数值设置为 2.9。

STEP|21 将【时间指示器】移至 0:00:00:18 位置处，单击 Producer 下 Position X、Position Y 和 Position Z 左侧的【时间变化秒表】按钮，并设置相应的参数值。

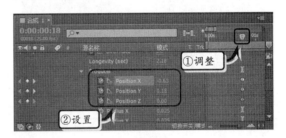

STEP|22 将【时间指示器】移至 0:00:01:08 位置处，将 Position X 和 Position Y 的参数值分别设置为 0.38 和-0.12。

STEP|23 将【时间指示器】移至 0:00:01:21 位置处，将 Position X 和 Position Y 的参数值分别设置为-0.69 和 0。

STEP|24 将【时间指示器】移至 0:00:02:24 位置处，将 Position X 的参数值设置为 2.14。

STEP|25 将【时间指示器】移至 0:00:03:05 位置处，将 Position X 的参数值设置为 17.70。

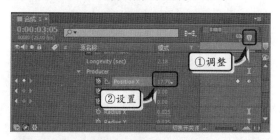

STEP|26 将【时间指示器】移至 0:00:01:20 位置处，单击 Radius Z 左侧的【时间变化秒表】按钮，并将参数值设置为 1.435。

STEP|27 将【时间指示器】移至 0:00:02:02 位置处，将 Radius Z 参数值设置为 4.755。

STEP|28 执行【效果】|【生成】|CC Light Rays 命令，在【效果控件】面板中，设置 Radius 和 Warp Softness 选项参数。

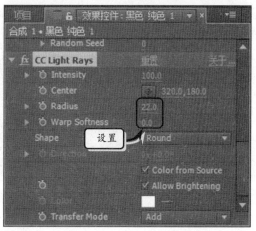

STEP|29 将【时间指示器】移至 0:00:01:22 位置处，单击 Intensity 和 Center 左侧的【时间变化秒表】按钮，并设置相应的参数值。

STEP|30 将【时间指示器】移至 0:00:02:00 位置处，将 Intensity 参数值设置为 158。

STEP|31 将【时间指示器】移至 0:00:02:15 位置处，将 Intensity 参数值设置为 0。

STEP|32 将【时间指示器】移至 0:00:02:12 位置处，将 Intensity 参数值设置为 158。

STEP|33 将【时间指示器】移至 0:00:02:20 位置处，将 Center 参数值设置为 2208.2,540。

STEP|34 执行【效果】|【风格化】|【发光】命令，在【效果控件】中设置选项参数。

STEP|35 单击【颜色 A】右侧的颜色方框，在弹出的【颜色 A】对话框中自定义颜色值。

STEP|36 单击【颜色 B】右侧的颜色方框，在弹出的【颜色 B】对话框中自定义颜色值。

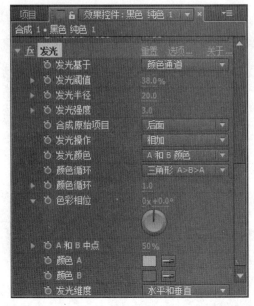

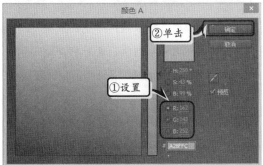

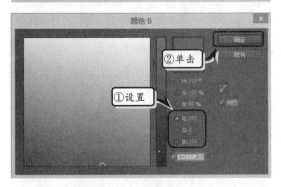

8.6 古色西塘宣传片

　　古色西塘宣传片主要是对古城底蕴的一些宣传制作，其主旨是通过宣传片充分体现西塘的悠久韵味。在本练习中，将通过 AE 中的镜头模糊和颜色校正，以及蒙版等功能，来制作对古色西塘的渲染效果。

练习要点

- 应用反转效果
- 应用摄像机镜头模糊效果
- 应用梯度渐变效果
- 应用斜面 Alpha 效果
- 应用 CC Light Wipe 效果
- 应用反转效果
- 应用色调效果

操作步骤 ▶▶▶▶

STEP|01 新建合成。执行【合成】|【新建合成】命令，在弹出的【合成设置】对话框中，设置合成选项，单击【确定】按钮。

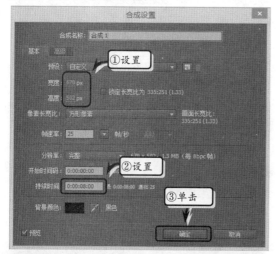

STEP|02 制作背景层。导入素材到项目中，并将"背景.JPG"素材添加到合成中。双击工具栏中的【矩形工具】按钮，为图层添加蒙版。

STEP|03 在【时间轴】面板中，展开【蒙版 1】属性组，将【蒙版羽化】设置为 252,252，将【蒙版扩展】设置为-185。

STEP|04 单击工具栏中的【钢笔工具】按钮，在【合成】窗口中绘制一个任意形状，为图层创建第 2 个蒙版。

STEP|05 在【时间轴】面板中，展开【蒙版 2】属性组，将【蒙版羽化】设置为 159,159。

STEP|06 制作文本层。单击工具栏中的【直排文字工具】按钮，在【合成】窗口中输入"古色西塘"文本。

STEP|07 在【字符】面板中，设置文本的字体样式、字体大小和描边宽度等字体格式。

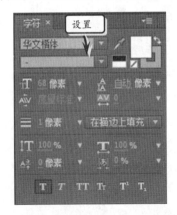

STEP|08 选择文本图层，执行【效果】|【生成】|【梯度渐变】命令，在【效果控件】面板中，根据字符位置设置【渐变起点】和【渐变终点】选项。

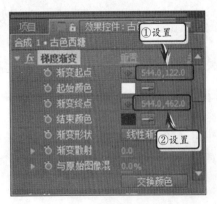

STEP|09 单击【起始颜色】方框，在弹出的【起始颜色】对话框中，自定义渐变起始颜色。

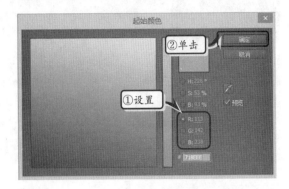

STEP|10 单击【结束颜色】方框，在弹出的【结束颜色】对话框中，自定义渐变结束颜色。

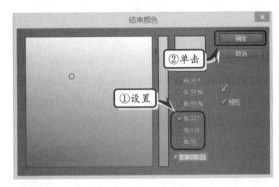

STEP|11 执行【效果】|【透视】|【斜面 Alpha】命令，在【效果控件】面板中设置各个选项参数即可。

STEP|12 执行【效果】|【过渡】|CC Light Wipe 命令，在【效果控件】面板中，单击 Center 按钮，根据字符位置设置中心坐标点，同时启用 Color form Source 复选框。

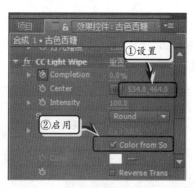

STEP|13 在【时间轴】面板中,展开 CC Light Wipe 属性组,单击 Completion 左侧的【时间变化秒表】按钮,并将参数值设置为 45%。

STEP|14 将【时间指示器】移至 0:00:01:00 位置处,将 Completion 参数值设置为 0%。

STEP|15 制作背景颜色层。执行【图层】|【新建】|【纯色】命令,在弹出的对话框中,单击【颜色】方框。

STEP|16 在弹出的【纯色】对话框中,自定义图层背景色,并单击【确定】按钮。

STEP|17 将纯色图层放置最底部,同时选择所有的图层,右击执行【预合成】命令,设置合成名称,单击【确定】按钮。

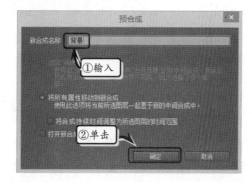

STEP|18 制作图片层。将所有的素材图片添加到【时间轴】面板中,同时选择 3 个图片图层,将【时间指示器】移至 0:00:02:00 处,按下 Alt+】键设置其出点。

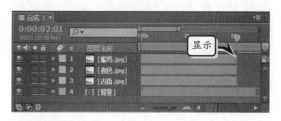

STEP|19 按照每个图片的播放顺序排列图层调,使其首尾相互衔接。

STEP|20 选择"古街.jpg"图层，执行【效果】|【模糊和锐化】|【摄像机镜头模糊】命令，将【时间指示器】移至 0:00:04:03 位置处，单击【模糊半径】左侧的【时间变化秒表】按钮，并将参数值设置为 0。

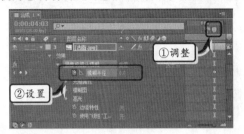

STEP|21 将【时间指示器】移至 0:00:05:18 位置处，将【模糊半径】的参数值设置为 10。

STEP|22 展开【变换】属性组，将【时间指示器】移至 0:00:04:04 位置处，单击【位置】和【缩放】左侧的【时间变化秒表】按钮。

STEP|23 将【时间指示器】移至 0:00:05:18 位置处，将【位置】参数值设置为 81,337，将【缩放】参数设置为 200,200。

STEP|24 选择"夜色.jpg"图层，将【时间指示器】移至 0:00:02:02 位置处，单击【位置】和【缩放】左侧的【时间变化秒表】按钮。

STEP|25 将【时间指示器】移至 0:00:03:22 位置处，将【位置】参数值设置为 634,194，将【缩放】参数值设置为 200,200。

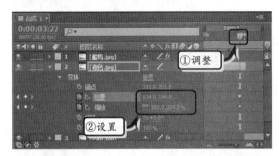

STEP|26 选择"船坞.jpg"图层，执行【效果】|【通道】|【反转】命令，在【效果控件】面板中，将【通道】设置为 Alpha。

STEP|27 将【时间指示器】移至 0:00:00:06 位置处，单击【反转】属性下的【与原图像混合】左侧的【时间变化秒表】按钮，并将参数值设置为 25%。

STEP|28 将【时间指示器】移至 0:00:01:23 位置处，将【与原图像混合】参数值设置为 100%。

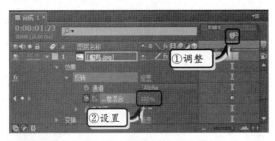

STEP|29 制作调整图层。执行【图层】|【新建】|【调整图层】命令，创建调整图层，并将其放置在最顶部。

STEP|30 执行【效果】|【颜色校正】|【色调】命令，在【效果控件】面板中，单击【将黑色映射到】颜色方框，在弹出的对话框中自定义映射颜色。

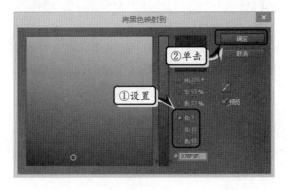

STEP|31 在【效果控件】面板中，单击【将白色映射到】颜色方框，在弹出的对话框中自定义映射颜色。

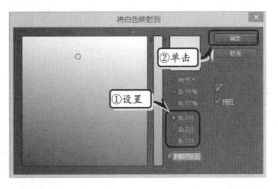

STEP|32 将【时间指示器】移至 0:00:06:00 位置处，单击【变换】属性组下的【不透明度】左侧的【时间变化秒表】按钮。

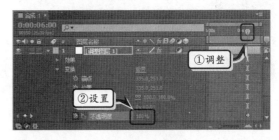

STEP|33 将【时间指示器】移至 0:00:06:01 位置处，将【不透明度】参数值设置为 0%。

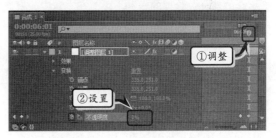

第 **9** 章

应用颜色校正与抠像

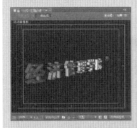   

　　颜色校正和抠像处理是使用 AE 编辑素材画面中最常见的修饰方法。其中，颜色校正在图像的装饰中是非常重要的一项内容，它通过对色调进行细微的调整、改变图像的对比度和色彩等方法，非常快捷地调整整体素材影像，从而获得丰富的画面效果。而抠像特效，则是通过使用一定的特效，将素材画面上多余的部分去除掉的一种手段。在本章中，将详细介绍 AE 中的颜色校正和抠像处理特效的基础知识和使用技巧。

9.1 颜色校正特效

　　AE 中的【颜色校正】特效是所有特效中最重要的一部分，它可以直接影响素材的最终效果，是制作具有独特风格影片所需要掌握的重要工具之一。

　　在【效果和预设】面板中，用户可以发现颜色校正一共包含了 33 个特效，它们集中了以往 AE 中最强大的图像效果修正特效，不仅大大提高了工作效率，而且随着版本的提高，这一特效在很大程度上得到了进一步的完善，为用户快速制作特效提供了优越的技术平台。

效的属性选项。

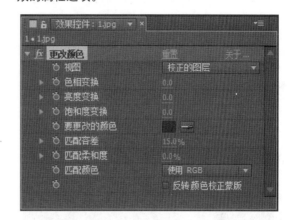

　　其中，【更改颜色】特效中属性选项的具体含义，如下所述。

- ❑ 视图　设置合成窗口预览的效果模式。其中，校正层为颜色校正后的视图效果；颜色校正遮罩为颜色校正遮罩部分的视图效果。
- ❑ 色相变换　用于设置色彩区域的色调的变化。
- ❑ 亮度变换　用于设置色彩区域的亮度的变化。
- ❑ 饱和度变换　用于调整所选择颜色区域的色彩标准，其取值范围介于-1800~1800之间。

9.1.1 更改颜色特效

　　更改颜色特效主要用于修改素材画面的色调、饱和度以及亮度值，甚至还可以利用某一基色或者设置一个相似的颜色值来定义区域，从而使更改颜色作用在该区域。

　　在【效果和预设】面板中，双击【更改颜色】特效。此时，在【效果控件】面板中，将显示该特

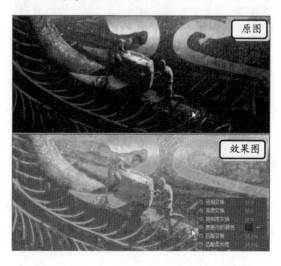

❑ **要更改的颜色** 选择图像中被修正的色彩区域的颜色。

❑ **匹配容差** 设置颜色匹配的相似程度。

❑ **匹配柔和度** 设置修正色的柔化程度。

❑ **匹配颜色** 选择匹配的颜色空间,该选项包含 RGB、【色相】和【色度】三种方式。

❑ **反转颜色校正蒙版** 启用该选项,可对当前颜色调整遮罩的区域进行反转。

9.1.2 色阶(单独控件)特效

色阶(单独控件)特效通过对每一个色彩通道的色阶进行细致的调节,来设置画面的色彩效果。

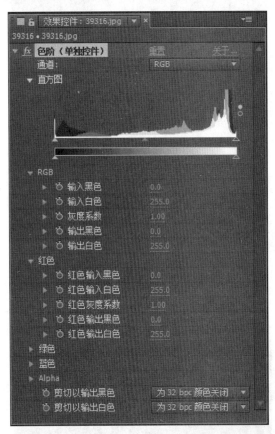

其中,【色阶(单独控件)】特效中属性选项的具体含义,如下所述。

❑ **通道** 用于设置通道模式,在右侧下拉选项中包含了 RGB、【红】、【绿】、【蓝】和 Alpha 模式。

❑ **直方图** 显示当前画面的色阶属性,可通

过滑块进行调整。

❑ **RGB** 用于设置 RGB 通道中的极限值,其中,【输入黑色】表示输入黑色数值的极限值,【输入白色】表示输入白色数值的极限值,【灰度系数】表示设置灰色区域的极限值,【输出黑色】表示输出图像黑色数值的极限值,【输出白色】表示输出图像白色数值的极限值。

❑ **红色** 用于设置红色通道中【红色输入黑色】、【红色输入白色】、【红色灰度系数】、【红色输出黑色】和【红色输出白色】的极限值。

❑ **绿色** 用于设置绿色通道中【绿色输入黑色】、【绿色输入白色】、【绿色灰度系数】、【绿色输出黑色】和【绿色输出白色】的极限值。

❑ **蓝色** 用于设置蓝色通道中【蓝色输入黑色】、【蓝色输入白色】、【蓝色灰度系数】、【蓝色输出黑色】和【蓝色输出白色】的极限值。

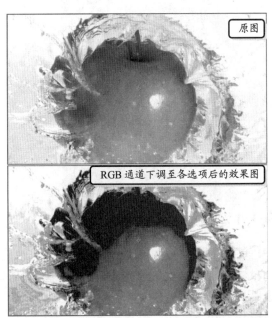

原图

RGB 通道下调至各选项后的效果图

❑ **Alpha** 用于设置 Alpha 通道中【Alpha 输入黑色】、【Alpha 输入白色】、【Alpha

灰度系数)、【Alpha 输出黑色】和【Alpha 输出白色】的极限值。

❑ **剪切以输出黑色**　设置消减输出黑色的方式。

❑ **剪切以输出白色**　设置消减输出白色的方式。

9.1.3　颜色平衡类特效

颜色平衡类特效主要通过各种通道,来调整图像的颜色属性。在 AE 中,颜色平衡类特效包括颜色平衡和颜色平衡(HLS)两种特效。

1. 颜色平衡

颜色平衡特效通过设置原图像中的红、绿、蓝的色彩属性,来调整画面的颜色平衡效果。

其中,【颜色平衡】特效中属性选项的具体含义,如下所述。

❑ **阴影红色/绿色/蓝色平衡**　分别设置阴影区域中红、绿、蓝的颜色平衡程度,其取值范围介于-100~100 之间。

❑ **中间调红色/绿色/蓝色平衡**　分别设置中间灰色区域红、绿、蓝的颜色平衡程度。

❑ **高光红色/绿色/蓝色平衡**　分别设置高光区域中红、绿、蓝的颜色平衡程度。

❑ **保持发光度**　用于在更改颜色时,保持图像的平均亮度,也就是不改变原图像的亮度信息。

2. 颜色平衡(HLS)

颜色平衡(HLS)特效主要是对整个画面的色调进行统一的调节,该特效可与旧版本的 AE 兼容,所以在功能上趋向于动态色彩通道效果。

其中,【颜色平衡(HLS)】特效中属性选项的具体含义,如下所述。

❑ **色相**　用于设置图像的整体色相的色彩效果。

❑ **亮度**　用于调整图像的黑白明度。

❑ **饱和度**　用于设置图像的整体颜色饱和度。

9.1.4　颜色稳定器特效

颜色稳定器特效是根据周围的环境改变素材

的颜色，通过设置采样的颜色，来改变调整画面色彩效果。

调、饱和度以及亮度进行色彩效果的调整。

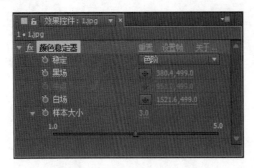

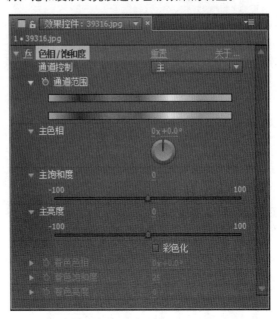

其中，【颜色稳定器】特效中属性选项的具体含义，如下所述。

- ❑ **稳定** 设置稳定的类型，该选项包含3种形式。【亮度】通过黑位控制帧之间的亮度平衡；【色阶】通过黑位和白位控制帧之间的色阶平衡；【曲线】通过黑位、中间斑和白位来控制帧的平衡。
- ❑ **黑场** 用于设置图像中黑色点的位置。
- ❑ **中点** 用于设置图像中中间调的位置。
- ❑ **白场** 用于设置图像中白色点的位置。
- ❑ **样本大小** 用于定义取样的半径，其单位为像素。

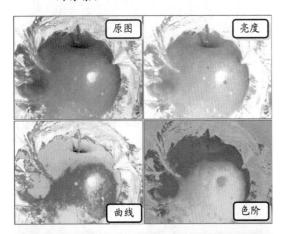

提示

该特效需要通过创建关键帧，才能表现色彩的变化效果。

9.1.5 色相/饱和度特效

色相/饱和度特效可有针对地对图像中的色

其中，【色相/饱和度】特效中属性选项的具体含义，如下所述。

- ❑ **通道控制** 用于定义控制通道。该选项包含了7种模式，当选择【主】时，将对图像的整个画面进行控制。
- ❑ **通道范围** 用于设置色彩的范围，色条显示延伸映射的谱线。上面的色条为调节前的延伸；下面的色条为全饱和度下调整后所对应的颜色。
- ❑ **主色相** 用于调整图像的主色相属性。
- ❑ **主饱和度** 用于调整图像的色彩饱和度属性。
- ❑ **主亮度** 用于调整图像色彩的亮度属性。
- ❑ **彩色化** 启用该选项，图像将被转化为单色调效果。
- ❑ **着色色相** 用于设置彩色化后的色相，必须启用【彩色化】选项才可用。
- ❑ **着色饱和度** 用于设置彩色化的饱和度，必须启用【彩色化】选项才可用。
- ❑ **着色亮度** 用于设置彩色化后的亮度，必须启用【彩色化】选项才可用。

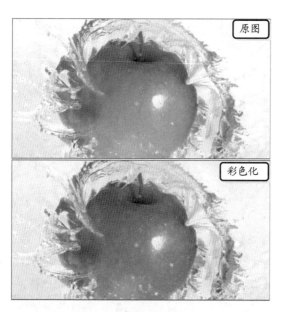

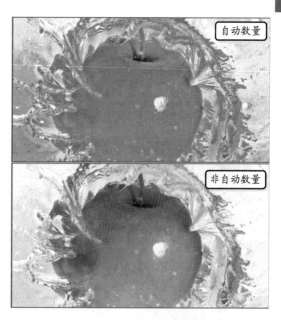

9.1.6 阴影/高光特效

阴影/高光特效主要功能是通过自动曝光补偿方式来修正图像。高光控制的目的是保证高光部分的色泽层次分明，而不涉及阴暗部分；而阴影控制则相反，能保证阴暗部分的曝光是准确的。该特效适用于影像中由于背光太强而造成的图像产生轮廓或照相机闪光灯造成的胶片部分不清楚。

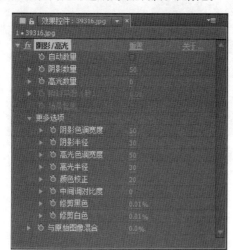

其中，【阴影/高光】特效中属性选项的具体含义，如下所述。

- ❑ **自动数量** 该选项用来解决背光问题。
- ❑ **阴影数量** 用于设置阴影数量值，该选项需在禁用【自动数量】选项后，才会被激活。

- ❑ **高光数量** 用于设置高光数量值，该选项需在禁用【自动数量】选项后，才会被激活。
- ❑ **瞬时平滑** 用于设置颜色的平滑性。
- ❑ **更多选项** 在该选项中，包括8个子选项。这些子选项是用来设置图像的阴影、高光、中间值以及颜色校正等效果。
- ❑ **与原始图像混合** 该选项能够设置效果图与原图像的融合程度。

9.1.7 快速校色特效

颜色校正特效相当于 Adobe Photoshop 软件中的一些校色设置，例如自动对比度、自动颜色、曲线等。在本小节中，将继续介绍3种可快速达到校色目的的特效。

1. 亮度和对比度

亮度和对比度特效是通过调整层的亮度和对比度，来影响素材画面的质量。在默认情况下，可以通过调整亮度或对比度中的参数，来设置画面效果。

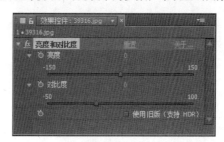

在该特效中，只包含了【亮度】、【对比度】和【使用旧版（支持 HDR）】3 种属性选项。其中，【亮度】和【对比度】选项，主要用于调整素材的亮度和对比度值；而【使用旧版（支持 HDR）】选项则可以显示旧版所支持的 HDR 通道效果。

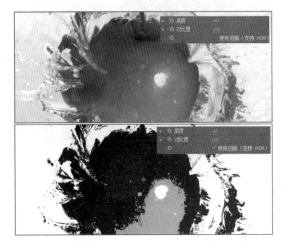

2．广播颜色

广播颜色特效可以改变素材画面上的像素颜色值，从而使像素能够在电视屏幕上精确显示。通常情况下，计算机是使用红、绿、蓝 3 种颜色的不同组合来显示其他颜色，而电视机等显示设备则是使用不同的合成信号来显示颜色。如此一来，便导致了通过计算机处理的视频无法在计算机上正确地进行显示；此时，可以通过【广播颜色】特效将计算机所产生的颜色转换成电视剧可以完全显示的颜色。

其中，【广播颜色】特效中属性选项的具体含义，如下所述。

- ❑ **广播区域设置** 用于选择所需要的广播标准制式。NTSC 是正交平衡调幅制，播放速率为每秒 29.97 帧；PAL 是逐行倒像正交平衡调幅制，播放速率为每秒 25 帧。

而亚洲通常采用的制式是 PAL 制式。

- ❑ **确保颜色安全的方式** 用于选择减小信号幅度的方式。其中，【降低明亮度】选项可以使素材减少亮度；【降低色饱和度】选项可以使素材减少色彩饱和度；【非安全切断】选项可以使不安全的像素透明；【安全切断】选项可以使安全的像素透明。
- ❑ **最大信号振幅（IRE）** 用于设置信号幅度的最大值，默认的数值为 120，其取值范围介于 90~120 之间。

3．曝光度

曝光度特效通过设置不同通道，来模拟照相机抓拍图像时对曝光率设置的修改原理获得效果。

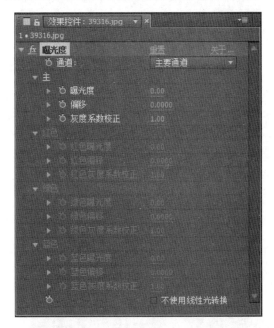

其中，【广播颜色】特效中属性选项的具体含义，如下所述。

- ❑ **通道** 用于设置通道类型，其中【主要通道】表示可以同时调整所有通道。而【单个通道】表示对 RGB 通道中各个通道做单独调整。
- ❑ **曝光度** 模拟捕获图像的摄像机的曝光设置，将所有光照强度值增加一个常量。
- ❑ **偏移** 通过对高光所做的最小更改使阴影和中间调变暗或变亮。

- 灰度系数校正　用于为图像添加更多功率曲线调整的灰度系数校正量。值越高，图像越亮；值越低，图像越暗。
- 红色/绿色/蓝色　设置每个 RGB 色彩通道的曝光度、红色偏移和灰度系数校正选项。
- 不使用线性光转换　启用该选项，曝光设置将根据线性光转化，也就是可以将曝光度效果应用到原始像素值。

4．曲线

曲线特效通过调整窗口的曲线，来改变图像的色调，从而调节图像的暗部到亮部的颜色平衡，功能类似于 Adobe Photoshop 软件中的曲线工具。

该特效中的【通道】选项，用于设置色彩的通道类型，包括 RGB、红、绿、蓝和 Alpha。

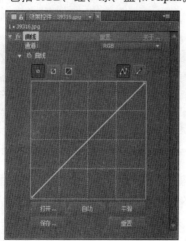

提示

曲线特效与色阶特效功能十分类似，但是曲线特效的控制能力更强大。

而该特效中的【曲线】选项，则通过调整方格中的线段形状，来决定高光、中间调或者阴影区域的数值。调整完之后，还可以通过单击【平滑】按钮，来调整曲线的平滑度。除此之外，用户还可以通过单击【保存】按钮，保存曲线调整效果。

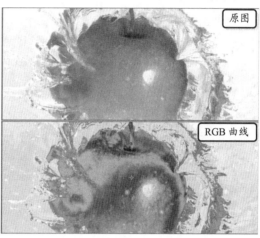

5．PS 任意映射

PS 任意映射特效可调整图像色调的亮度级别，通过 Photoshop 图像文件来调节层的亮度值，或重新映射一个专门的亮度区域来调节明暗色调。

该特效中的【相位】选项，主要用于设置图像颜色的相位值。增加相位值会将任意映射转移到右侧，减少相位值会将映射转移到左侧。

而当用户启用【应用相位映射到 Alpha】复选框，则可以将指定的映射和相位应用到图层中的 Alpha 通道中。当指定的映射不包含 Alpha 通道时，则 AE 将对 Alpha 通道使用通常设置。

6．照片滤镜

照片滤镜特效主要为图像添加滤镜效果，也能纠正色彩偏差，可精确调整图层中轻微的颜色偏差。

其中，【照片滤镜】特效中属性选项的具体含义，如下所述。

- ❑ 滤镜　用于设置需要为图像添加的颜色，包括【暖色滤镜（85））、【暖色滤镜(LBB)】、【红】、【绿】、【青】、【品红】、【深黄】等 19 种色彩滤镜选项。

- ❑ 颜色　用于设置滤镜颜色，当【滤镜】选项设置为【自定义】时，该选项才变为可用状态。

- ❑ 密度　用于设置着色的强度，数值越大重新着色的强度就越大。

- ❑ 保持发光度　启用该选项，将对图像中的亮度进行保护，可在添加颜色的同时维持原图像的明暗关系。

冷色滤镜（82）

7．自然饱和度

自然饱和度特效主要是通过对图像中颜色饱和度进行调整，来达到校正画面颜色饱和度的效果。

该特效中的【自然饱和度】选项，主要用于设置颜色的饱和度轻微变化效果。其数值越大，饱和度越高，反之越低。而【饱和度】选项，则主要用于设置颜色浓烈的饱和度差异效果。其数值越大，饱和度越高，反之越低。

原图　效果图

8．色调均化

色调均化特效主要是降低图像中色彩的反差，使得画面达到亮度与颜色均匀化的效果。

该特效中的【色调均化】选项，主要用于设置色调均化的方式，包括 RGB、【亮度】、【Photoshop 样式】3 种模式。其中，RGB 方式主要针对红、绿、蓝三种颜色进行均化；【亮度】方式主要针对图像中像素的明暗关系进行均化；而【Photoshop 样式】方式主要是对图像中像素的亮度进行重新均化，更好地表现整体的色彩效果。

而特效中的【色调均化量】选项，主要用于设置均化后的亮度。其数值越大，画面越明亮。

9.1.8 自动特效

自动特效类的特效包括自动对比度、自动色阶、自动颜色等，它们具有相同的参数控制和操作方法。而自动特效和 Adobe Photoshop 中的自动对比度、自动色阶和自动颜色的功能是相同的，均是自动分析图像中的颜色信息，并自动进行设置。

1. 自动对比度

自动对比度特效会自动分析当前素材层中所有的对比度和混合的颜色，并将最亮和最暗的像素点映射到画面中的白色或者黑色中，从而使高光部分变得更亮，阴影部分更暗。

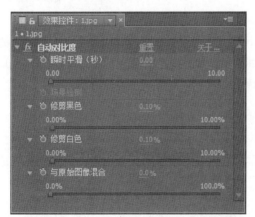

其中，【自动对比度】特效中属性选项的具体含义，如下所述。

❑ **瞬时平滑** 为确定每个帧相对于其周围帧所需的校正量而分析的邻近帧的范围，

它以秒为单位，可使校正随时间的推移看起来更平滑。当该值为 0 时，可不顾周围的帧而独立分析每个帧。

❑ **场景检测** 启用该复选框，设置时间平滑忽略不同场景中的帧。只有对【时间线定向平滑】选项进行设置，才可激活【场景检测】选项。

❑ **修剪黑色** 用于设置黑色像素的消弱程度。

❑ **修剪白色** 用于设置白色像素的消弱程度。

❑ **与原始图像混合** 用于设置原图像和调整后的图像画面的融合程度。

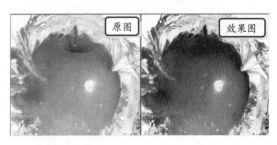

2. 自动色阶

自动色阶特效与自动对比度特效属性面板参数类似，主要是自动设置高光和阴影的效果。它通过在每个存储白色和黑色的色彩通道中定义最亮和最暗的像素，再按照比例分布中间像素值。

该特效控件属性中的选项与【自动对比度】特效中的一样，其具体含义和使用方法也大体相同。用户只需要设置各项选项值即可。

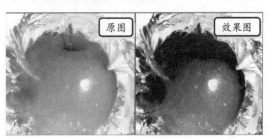

3．自动颜色

自动颜色特效可以通过分析素材图像上的高光、中间颜色和阴影颜色来调整原图像的对比度和色彩。在默认环境下，【自动颜色】特效使用 RGB（128、128、128）来调整中间色的色彩范围，并且降低阴影和高光的像素值。

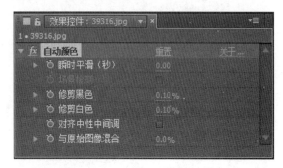

【自动颜色】特效比其他自动特效属性面板增加了【对齐中性中间调】选项，启用该复选框，可以确定一个接近中性色彩的平均值，并分析亮度数值使整体色彩适中。

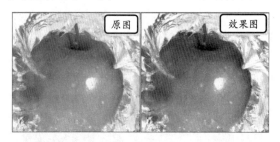

9.1.9　其他特效

其他特效主要是通过设置图像中指定颜色的参数，来进行颜色校正的一些特效。其中，灰色系数/基值/增益特效和通道混合器特效主要是通过 RGB 通道颜色来进行颜色校正。而黑白特效和特定颜色选择特效中颜色属性划分更为详细，可更为具体地针对某种颜色进行颜色校正。

1．灰色系数/基值/增益

灰色系数/基值/增益特效用来调整每个 RGB 独立通道对应的曲线值，可以分别对每种颜色进行输出曲线控制。对于控制图像自身和图像与图像间的颜色平衡起到很好的作用。

其中，【灰色系数/基值/增益】特效中属性选项的具体含义，如下所述。

- ❑ 黑色伸缩　用于设置黑色（最暗）强度。
- ❑ 红色/绿色/蓝色灰度系数　分别设置红色、绿色、蓝色通道的 Gamma 曲线值。数值范围不超过 0~32000.0。
- ❑ 红色/绿色/蓝色基值　分别设置红色、绿色、蓝色通道的最低输出值。
- ❑ 红色/绿色/蓝色增益　分别设置红色、绿色、蓝色通道的最大输出值。

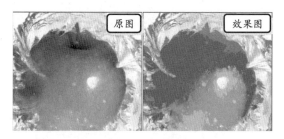

2．通道混合器

通道混合器特效是指通过提取各个通道内的数据，重新融合后产生新的图像效果。常用于胶片的颜色校正和特殊要求色调的调整。

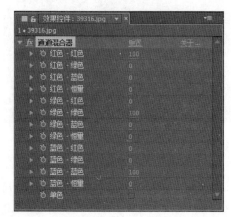

该特效中的 X-X 组合选项能够调整图片色彩，其中左右 X 代表来自 RGB 通道色彩信息，数值的调整范围为-200~200。

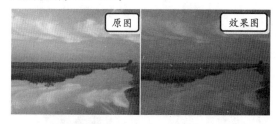

而当启用【单色】选项时，图像将更改为灰色图像，也就是单色图像。这时，再次调整通道色彩信息，就会改变单色图像的明暗关系。

3. 黑色和白色

黑色和白色特效主要是通过设置原图像中相对应的色系参数，将图像颜色转化为黑色和白色或单色的画面效果。

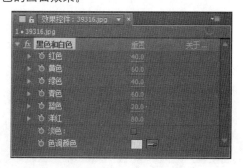

其中，【黑色和白色】特效中属性选项的具体含义，如下所述。

- ❏ **红色/黄色/绿色/青色/蓝色/洋红**　用于设置原图像中的颜色明暗程度。数值越大，画面亮部区域越多。
- ❏ **淡色**　启用该选项，可为黑白图像添加单色效果。
- ❏ **色调颜色**　用于设置图像着色的色彩信息，该选项需要配合【淡色】选项一起使用，才会显示所设置的特效。

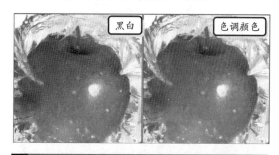

> **提示**
>
> 黑色和白色特效中的红色、黄色、绿色、氰基色、青色、品色系属性，只针对于原图像中的该色系进行调整，若原图像中不具有某色系，参数设置将无效。

9.2　实用工具特效

实用特效主要用来调整素材颜色的输入和输出、色彩空间的转换以及对 HDR 和 LUT 颜色图像的处理等。该特效共包含了 Cineon 转换器、HDR 压缩扩展器、HDR 高光压缩、应用颜色 LUT 特效和范围扩散等特效。

9.2.1　Cineon 转换器特效

Cineon 转换器特效是对 Cineon 文件帧的色彩转换的高级控制特效。当在默认状态下导入 Cineon 文件，AE 会基于设置将 Cineon 文件的色彩浓缩到 8-bpc 或扩展到 16-bpc。

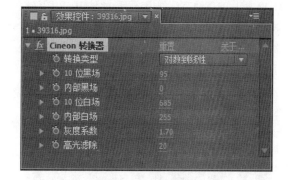

其中，【Cineon 转换器】特效中属性选项的具体含义，如下所述。

- ❏ **转换类型**　用于设置对 Cineon 文件进行

修改的类型。【线性到对数】类型为将 8-bit 对数非 Cineon 文件转换后，渲染成 Cineon 序列模式；【对数到线性】类型将包含了 8-bpc 线形代理的 Cineon 的层转换成 8-bpc 对数文件；【对数到对数】类型是将原图像渲染成 8-bpc 对数代理。

❏ **10 位黑场** 用于设置转换成 10-bpc 对数 Cineon 的最小密度数值，随着数值的增大，图像暗部的黑点逐渐增多。

❏ **内部黑场** 用于设置层中使用的黑点数值，数值越大黑点越少。

❏ **10 位白场** 用于设置转换成 10-bpc 对数 Cineon 的最大密度值。

❏ **内部白场** 用于设置层中使用的白点数值。

❏ **灰度系数** 用于设置层中间色数值。

❏ **高光滤除** 用于设置层高光部分的数值。

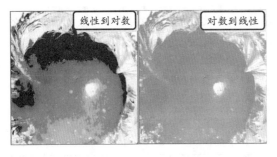

9.2.2 HDR 压缩扩展器特效

HDR 压缩扩展器特效主要是在不需要牺牲 HDR 胶片的高动态范围情况下，能使 HDR 图像有效地被不支持 HDR 的特效工具修改。HDR 特效首先压缩高光部分的数据到 8-bpc 到 6-bpc 之间，处理完成再还原为 32-bpc。

其中，【HDR 压缩扩展器】特效中属性选项的具体含义，如下所述。

❏ **模式** 用于设置数据范围模式，包括【压缩范围】和【扩展范围】两种模式。

❏ **增益** 用于设置最大输出和输入值。默认数值范围是 0.00~20.00，最大值不能超过 100.00。

❏ **灰度系数** 用于设置输入的最大对比度。默认数值范围是 0.00~10.00。

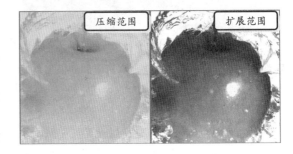

9.2.3 HDR 高光压缩特效

HDR 高光压缩特效通过分析用户设置的数值，将 HDR 影像的高动态范围内的高光数据压缩成低动态范围内的图像。

在该特效中，只包含了一个【数量】选项，可通过调整数值参数，来设置高光部分的压缩效果。

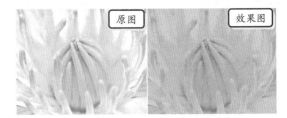

9.2.4 颜色配置文件转换器特效

颜色配置文件转换器特效通过详细列出输入、输出方案中的色彩特征描述，将层从一种色彩空间转换成另一种色彩空间。可使用特效内置的色彩简表，该表中包含了多种色彩空间预设，也可使用别的色彩特性进行描述。

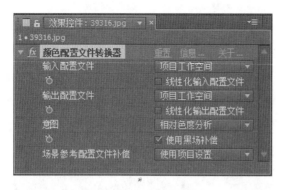

其中,【颜色配置文件转换器】特效中属性选项的具体含义,如下所述。

- ❑ **输入配置文件**　用于选择输入不同色彩特性描述,包括【项目工作空间】和【嵌入】等 46 种预设方案。

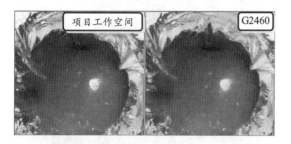

- ❑ **线性化输入配置文件**　启用该选项,将对

层影像进行线性处理输入的色彩特性描述。

- ❑ **输出配置文件**　用于选择输出不同色彩特性描述,具有与输出方案相同的方案。

- ❑ **线性化输出配置文件**　启用该选项,将对层影像进行线性处理输出的色彩特性描述。

- ❑ **意图**　通过调整该选项中的色彩匹配方法,可以设置输出多种效果。

- ❑ **使用黑场补偿**　启用该选项,可对图像进行黑点补偿。

- ❑ **场景参考配置文件补偿**　定义色彩特征描述文件的合成方式,并应用于该特效前后的效果。包含了【使用项目设置】、【开】和【关】三个选项。

　　另外,范围扩散特效是通过扩大像素范围,来解决其他特效渲染中出现的一些问题。通过调整像素参数,达到层中图像正常显示的目的。还有应用颜色 LUT 特效支持了彩色 LUT 文件,它可以和高端的调色软件交换调色的参数,AE 应用后可以获得与高端调色软件一样的效果。这两个特效参数设置都比较简单,在此不再进行详细介绍。

9.3　键控特效

　　键控特效在 AE 中被称为抠像特效,可以将素材的背景去掉,从而保留场景的主体,能够完美地完成背景的效果更换。这是除增强型动态抠图工具外的第二种抠图方式,该特效共包含了 10 种子类型。在本小节中,将详细介绍其中最常用的几种子类型。

9.3.1　差值遮罩特效

　　差值遮罩特效是通过对两张图像进行比较,而对相同区域进行扣除。该特效适于对运动物体的背景进行抠像。

　　其中,【差值遮罩】特效中属性选项的具体含义,如下所述。

- ❑ **视图**　用于设置视图显示方式,包括【最终输出】、【仅限源】和【仅限遮罩】3 种查看方式。

- ❑ **差值图层**　用来定义作为抠像参考的和合成层素材。

- ❑ **如果图层大小不同**　当图层和当前图层

的尺寸不同时，用来调整尺寸变化模式，包括【居中】和【伸缩以适合】两种模式。

❏ **匹配容差** 用于设置抠像间的两个图像可允许的最大差值，超过这个最大差值的部分就会被抠除。

❏ **匹配柔和度** 用于设置抠像像素间的柔和程度。

❏ **差值前模糊** 用于设置差值抠像的内部区域边缘进行模糊处理的大小。

9.3.2 高级溢出抑制器特效

高级溢出抑制器特效并非用于抠像，主要作用是对抠完像的素材，进行边缘部分的颜色压缩。经常用于蓝屏或绿屏抠像后，处理一些细节部分。

在该特效中，如果将【方法】选项设置为【标准】，则只会显示【方法】和【抑制】选项。其中，【抑制】选项主要用于设置抑制效果；其数值越大，抑制效果就越突出。

而当用户将【方法】选项设置为【极致】时，则会激活【极致设置】属性子选项，以方便用户设

置【抠像颜色】、【容差】、【降低饱和度】、【溢出范围】等基础参数。

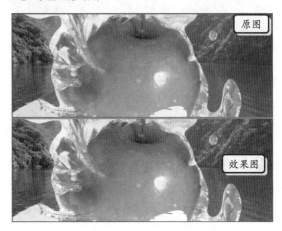

9.3.3 内部/外部键特效

内部/外部键特效是通过绘制遮罩层来对图像进行抠像。在图层面板的遮罩通道上绘制一个遮罩，将其指定给特效的前景或背景属性，来设置抠出区域的效果。

其中，【内部/外部键】特效中属性选项的具体含义，如下所述。

❏ **前景（内部）** 该选项可选择为前景的蒙版层，该层所包含的素材将作为合成中的前景层。

❏ **其他前景** 该选项具有【前景（内部）】选项的功能，可添加 10 个前景层。

❏ **背景（外部）** 其功能与添加前景相似，作为合成中的背景层。

❏ **其他背景** 和【其他前景】选项具有同样多的背景，但作为合成中的背景层。

- ❏ **单个蒙版高光半径** 设置遮罩区域的高光融合程度,数值越大高光效果越明显。
- ❏ **清理前景/背景** 分别设置前景和背景的清除遮罩层,都可添加 8 个清除遮罩层。
- ❏ **薄化边缘** 设置边缘的厚薄程度,数值越大,遮罩边缘就越薄。可作用于所有清除层。
- ❏ **羽化边缘** 设置遮罩边缘的羽化程度,数值越大,羽化效果越突出。同样作用于所有清除层。
- ❏ **边缘阈值** 通过调整该选项中的参数,可以设置所有清除层的蒙版边缘的参数,较大值可以向内缩小蒙版的区域。
- ❏ **反转提取** 启用该选项,可反转蒙版。
- ❏ **与原始图像混合** 设置所有遮罩层与原始图像的混合程度,数值越大,与原始图像融合越紧密,但数值为 100%时,完全显示原始图像。

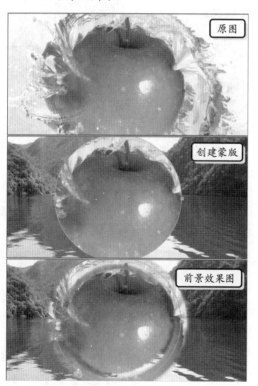

9.3.4 提取特效

提取特效是通过将图像中非常明亮的白色部分或很暗的黑色部分进行抠像。该特效适合于有很

强的曝光度背景或者对比度比较大的图像。

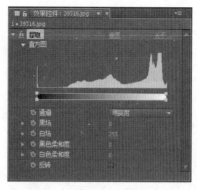

其中,【提取】特效中属性选项的具体含义,如下所述。

- ❏ **直方图** 用于显示抠像参数的色阶。左端为黑色平衡输出色阶,右端为白色平衡输出色阶。调整下面滑块,可进行图表的曲线形状设置。
- ❏ **通道** 用于设置抠像层的色彩通道,包括【明亮度】、【红色】、【绿色】、Alpha、【蓝色】5 种模式。
- ❏ **黑场/白场** 分别设置色阶的黑色、白色平衡最大值。
- ❏ **黑色/白色柔和度** 分别设置图像中的黑色、白色区域的柔和程度。
- ❏ **反转** 启用该选项,将反转蒙版。

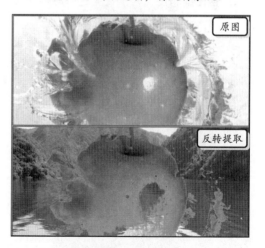

9.3.5 线性颜色键特效

线性颜色键特效采用 RGB、色调和色度的信息来对图像进行抠像处理。该特效不仅能够用于抠

像,还可以用来保护被抠掉或指定区域的图像像素不被破坏,应用比较灵活,是常用的抠像特效。

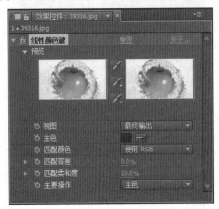

其中,【线性颜色键】特效中属性选项的具体含义,如下所述。

- ❏ **预览** 显示原始素材和查看所选试图的图像。利用该窗口中的吸管,可在合成窗口直接选择抠像颜色。
- ❏ **视图** 用于设置需要抠出图像的颜色。
- ❏ **匹配颜色** 用于设置抠像的色彩空间模式。包含了【使用 RGB】、【使用色调】和【使用色度】三种模式。
- ❏ **匹配容差** 用于设置抠像颜色的容差范围。数值越大,匹配效果越突出。
- ❏ **匹配柔和度** 用于设置透明与不透明像素间的柔和度。
- ❏ **主要操作** 用于设置控制的颜色的操作类型。其中,【主色】设置为抠除的颜色,【保持颜色】为设置保留的颜色。

9.3.6　颜色差值键特效

颜色差值键特效是将指定的颜色划分为 A、B 两个部分,实施抠像操作。在图像 A 中,用吸管指定出需抠除的颜色;在图像 B 中,也同样指定需抠除不同于图像 A 的颜色。若两个黑白图像相加,会得到色彩抠像后的 Alpha 通道。

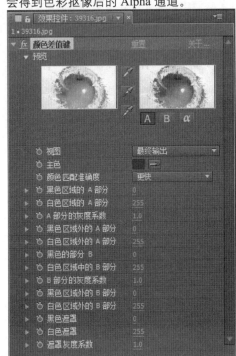

其中,【颜色差值键】特效中属性选项的具体含义,如下所述。

- ❏ **预览** 显示原始素材和查看所选试图的图像。利用该窗口中的吸管,可在合成窗口直接选择抠像颜色。
- ❏ **视图** 定义图像在合成面板中的显示模式,包括 9 种模式。
- ❏ **主色** 用于设置需要抠除的颜色。可用吸管直接在窗口取得,也可通过颜色按钮设置颜色。
- ❏ **颜色匹配准确度** 用于定义色彩匹配精度的方式,包含了【更好】和【更快】两种方式。
- ❏ **黑色区域的 A 部分/B 部分/遮罩** 分别设置 A 部分、B 部分和蒙版的抠除区域的非溢出黑平衡效果。

❑ **白色区域的 A 部分/B 部分/遮罩** 分别设置 A 部分、B 部分和蒙版的抠除区域的非溢出白平衡效果。

❑ **A 部分/B 部分/遮罩的灰度系数** 分别设置 A 部分、B 部分和蒙版的抠除区域的黑白反差值。

❑ **黑色区域外的 A 部分/B 部分** 分别设置 A 部分和 B 部分的蒙版的溢出黑平衡效果。

❑ **白色区域外的 A 部分/B 部分** 分别设置 A 部分和 B 部分的蒙版的溢出白平衡。

9.3.7 颜色范围特效

颜色范围特效通过设置一定范围的色彩变幻区域来对图像进行抠像。一般用于非统一背景颜色的画面抠除。

其中,【颜色范围】特效中属性选项的具体含义,如下所述。

❑ **预览** 用于查看遮罩的抠出效果。黑色区域为抠除部分,白色区域为抠出部分。灰色部分为过渡区域。

❑ **模糊** 用于设置蒙版的模糊程度,数值越

大,模糊效果越突出。

❑ **色彩空间** 用于设置抠像的色彩模式。包含了 Lab、YUV 和 RGB 三种模式。

❑ **最小值 (L, Y, R) / (a, U, G) / (b, V, B)** 分别设置 (L, Y, R)、(a, U, G) 和 (b, V, B) 色彩空间控制的最小差值。

❑ **最大值 (L, Y, R) / (a, U, G) / (b, V, B)** 分别设置 (L, Y, R)、(a, U, G) 和 (b, V, B) 色彩空间控制的最大差值。

9.4 遮罩特效

遮罩特效主要在完成抠像后,对图像边缘出现不够平滑,或在图像内有漏洞,或外部有残留色块等情况进行调整,是一种非常实用的辅助特效工具。

9.4.1 mocha shape 特效

mocha shape 特效主要是为抠像层添加形状或颜色遮罩效果,以便对该遮罩做进一步动画抠像。

其中，mocha shape 特效中属性选项的具体含义，如下所述。

- **Blend mode**（混合模式） 设置抠像层的混合模式。包含了 Add（加）、Subtract（减）和 Multiply（乘）三种方式。
- **Invert**（反转） 启用该选项，将对抠像区域进行反转设置。
- **Render edge width**（渲染边缘宽度） 启用该选项，将对抠像边缘的宽度进行渲染。
- **Render type**（渲染类型） 设置抠像区域的渲染类型。包含了 Shape cutout（形状抠图）、Color composite（色彩合成）和 Color shape cutout（颜色和形状抠图）三种方式。
- **Shape colour**（蒙版颜色） 设置蒙版的颜色。
- **Opacity**（不透明度） 设置抠图区域与背景图像的融合程度。

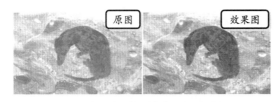

原图　　　　效果图

9.4.2 调整柔和遮罩特效

调整柔和遮罩特效是通过调整其强大属性的参数值，来完美修正因抠像造成的图像漏洞、边缘锯齿，并对图像中遗留杂点进行净化。该特效最大的优势在于，主要针对动态图像进行抠图设置。

其中，【调整柔和遮罩】特效中属性选项的具体含义，如下所述。

- **计算边缘细节** 启用该选项，能够设置与查看遮罩边缘效果。禁用该选项后，该选项下方的两个选项将不可用。
- **其他边缘半径** 用于设置遮罩边缘半径参数。
- **查看边缘区域** 启用该选项，可以查看边缘区域效果。
- **平滑** 用于设置抠像边缘以及漏洞处的润滑效果。对于色调均匀处的漏洞具有完美的润滑效果。默认数值范围为 0~10，可调数值范围为 0~50。
- **羽化** 用于设置抠像蒙版边缘的羽化数值。默认数值范围为 0%~40%，可调数值范围为 0%~100%。
- **对比度** 用于设置抠像蒙版边缘的对比度值，可调数值范围为 0%~100%。
- **移动边缘** 用于设置抠像边缘的扩张或收缩大小。数值增大就会扩张，数值减小便会收缩。默认数值范围为 -50%~50%，可调数值范围为 -100%~100%。
- **震颤减少** 减少在遮罩边缘的抖动类型，其中包括【关闭】、【更详细】与【更平滑（更慢）】。当选择【关闭】以外的选项后，【减少震颤】选项才可用。
- **减少震颤** 减小在遮罩边缘的抖动程度。
- **更多运动模糊** 启用该选项，可使抠像边缘产生动态模糊效果。
- **运动模糊** 用于设置抠像区域的动态模糊效果。其中，【每帧样本】用于设置每帧图像前后采集运动模糊效果的帧数，数值越大动态模糊越强烈，需要渲染的时间也就越长，默认数值范围为 2~24，可调数值范围为 2~80；【快门角度】用于设置快门的角度，默认数值范围为 1~360，可调数值范围为 1~720；启用【较高品质】选项，可让图像在动态模糊状态下保持较高的影像质量。

❑ **净化边缘颜色**　启用该选项，可激活【净化】选项以及下拉选项。

❑ **净化**　通过设置下拉选项参数，可移除抠像边缘杂色。其中，【净化数量】用于设置对图像边缘色的净化程度；启用【扩展平滑的地方】选项，将扩展平滑范围；【增加净化半径】用于设置净化抠像边缘的大小，默认数值范围为0~10，可调数值范围为0~80；而启用【查看净化地图】选项，将在【合成】面板中显示。

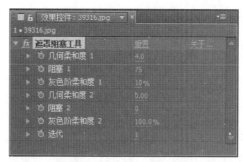

其中，【遮罩阻塞工具】特效中属性选项的具体含义，如下所述。

❑ **几何柔和度 1/2**　用于设置抠像蒙版扩张或缩小的大小，其单位为像素，最大数值为 10。

❑ **阻塞 1/2**　用于设置蒙版的变化趋势。数值增加表现为收缩，数值减小表现为扩张。

❑ **灰色阶柔和度 1/2**　用于设置蒙版边缘的柔和程度，当数值为 100% 时，蒙版边缘包括整个灰度范围。

❑ **迭代**　用于设置作用于抠图蒙版效果的次数，次数越多，调整效果就越突出。

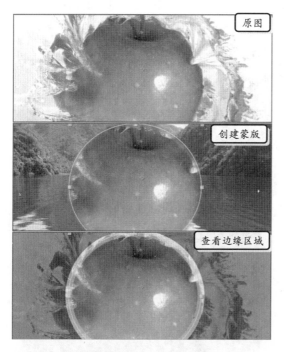

原图

创建蒙版

查看边缘区域

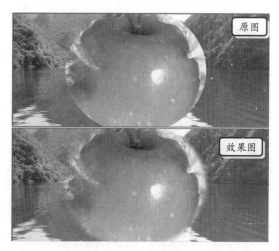

原图

效果图

9.4.3　遮罩阻塞工具特效

遮罩阻塞工具特效与简单抑制特效较为类似，但该特效下增加了多个控制属性，通过修改属性参数，可更好地收缩或扩张像素，弥补抠像后留下的图像漏洞与锯齿。

9.5　色彩变化效果

在影视制作中，由于摄像机拍摄的素材通常是一些真实的场景，因此在影视后期还需要采用多种色彩校正特效，可以使画面产生如欧美怀旧等古韵色调。除此之外，还可以通过一些简单的动画设置，使画面产生流动性的色彩变化效果,以呈现出时光倒流的效果。在本练习中,将通过图片素材详细介绍制作怀旧色调的色彩变化效果的操作方法和实用技巧。

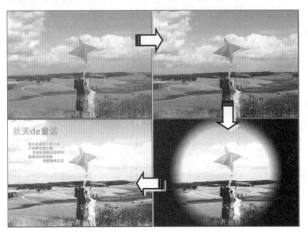

练习要点

- 使用形状图层
- 使用文本图层
- 应用曲线效果
- 应用颜色平衡效果
- 应用色相/饱和度效果
- 应用照片滤镜效果
- 应用可选颜色效果
- 应用梯度渐变效果

操作步骤 ▶▶▶

STEP|01 新建合成。执行【合成】|【新建合成】命令,在弹出的【合成设置】对话框中设置基础参数,并单击【确定】按钮。

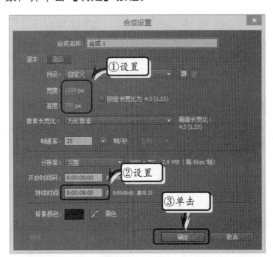

STEP|02 制作背景图片。导入素材并将素材添加到合成中,执行【效果】|【颜色校正】|【曲线】命令。将【时间指示器】移至 0:00:00:00 位置处,并单击【曲线】左侧的【时间变化秒表】按钮。

STEP|03 将【时间指示器】移至 0:00:00:06 位置处,在【效果控件】面板中添加两个曲线节点,调整左下角节点的位置,降低画面色调。

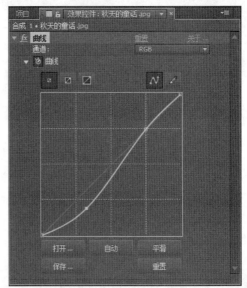

STEP|04 执行【效果】|【颜色校正】|【颜色平衡】命令,将【时间指示器】移至 0:00:00:12 位置处,单击【中间调红色平衡】和【中间调蓝色平衡】左侧的【时间变化秒表】按钮。

STEP|05 将【时间指示器】移至 0:00:00:19 位置处，将【中间调红色平衡】和【中间调蓝色平衡】参数值分别设置为 36.9 和-39.6。

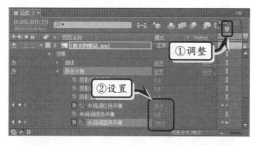

STEP|06 执行【效果】|【颜色校正】|【曲线】命令，将【时间指示器】移至 0:00:01:01 位置处，单击【曲线】左侧的【时间变化秒表】按钮。

STEP|07 将【时间指示器】移至 0:00:01:09 位置处，在【效果控件】面板中添加两个曲线节点，调整右上角节点的位置，增加画面亮度。

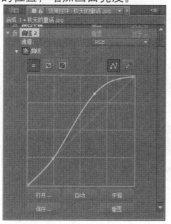

STEP|08 执行【效果】|【颜色校正】|【色相/饱和度】命令，在【效果控件】面板中，将【主饱和度】设置为 10。

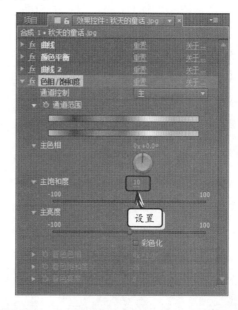

STEP|09 执行【效果】|【颜色校正】|【照片滤镜】命令，在【效果控件】面板中，将【滤镜】设置为【黄】。

STEP|10 将【时间指示器】移至 0:00:01:16 位置处，单击【滤镜】左侧的【时间变化秒表】按钮，创建关键帧。

STEP|11 执行【效果】|【颜色校正】|【可选颜色】命令，在【效果控件】面板中，将【颜色】设置为【青色】。

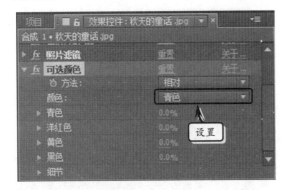

STEP|12 将【时间指示器】移至 0:00:02:07 位置处，单击【青色】下所有选项的【时间变化秒表】按钮。

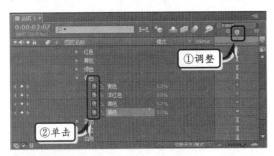

STEP|13 将【时间指示器】移至 0:00:02:16 位置处，将【青色】、【洋红色】、【黄色】和【黑色】参数值分别设置为 100%、-17%、85%和 20%。

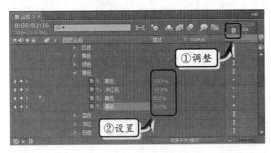

STEP|14 制作形状图层。执行【图层】|【新建】|【形状图层】命令，双击工具栏中的【矩形工具】按钮，绘制与图层同样大小的矩形形状。

STEP|15 单击工具栏中的【填充选项】按钮，在弹出的【填充选项】对话框中，选择【径向渐变】选项，并单击【确定】按钮。

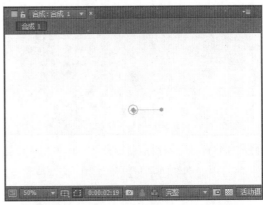

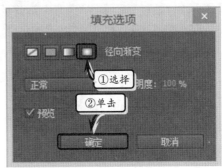

STEP|16 展开【渐变填充 1】属性组，将【时间指示器】移至 0:00:03:00 位置处，单击【结束点】左侧的【时间变化秒表】按钮，并将参数值设置为 0,50。

STEP|17 将【时间指示器】移至 0:00:03:19 位置处，将【结束点】参数值设置为 544,408。

STEP|18 在【渐变填充 1】属性组中，单击【颜色】

右侧的【编辑渐变】链接。

STEP|19 在弹出的对话框中，单击左上角的【不透明色标】按钮，将【不透明度】设置为0%。单击色条上方的中间位置，将【位置】设置为75.7%。

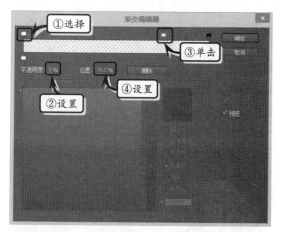

STEP|20 单击右下角的【色标】按钮，将R、G、B参数值分别设置0，并单击【确定】按钮。

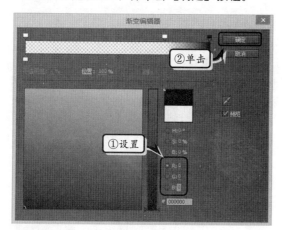

STEP|21 制作文本图层。单击工具栏中的【横排文字工具】按钮，在【合成】窗口中输入标题文本，并在【字符】面板中设置文本的字体格式。

STEP|22 执行【效果】|【生成】|【梯度渐变】命令，在【效果控件】面板中，将【渐变终点】设置为66,100。

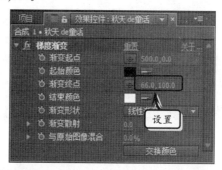

STEP|23 单击【起始颜色】按钮。在弹出的【起始颜色】对话框中，自定义渐变的起始颜色值。

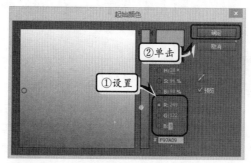

STEP|24 在【效果控件】面板中，单击【结束颜色】按钮，在弹出的【结束颜色】对话框中，自定义渐变的结束颜色值。

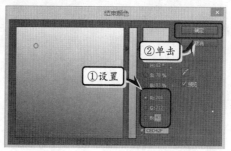

STEP|25 将【时间指示器】移至 0:00:03:22 位置处，单击【渐变起点】左侧的【时间变化秒表】按钮，并将参数值设置为 0,0。

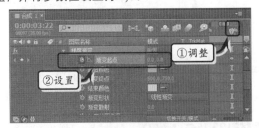

STEP|26 将【时间指示器】移至 0:00:04:03 位置处，将【渐变起点】参数值设置为 280,90。

STEP|27 单击工具栏中的【横排文字工具】按钮，在【合成】窗口中拖动鼠标绘制一个文本框，输入段落文本，并设置文本的字体格式。

STEP|28 将【时间指示器】移至 0:00:04:15 位置处，单击【文本】属性组下【源文本】左侧的【时间变化秒表】按钮，创建关键帧。

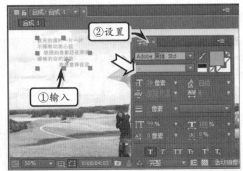

STEP|29 设置图层入点。选择形状图层，将【时间指示器】移至 0:00:03:00 位置处，按下 Alt+【键设置图层的入点。同样方法，在 0:00:03:22 和 0:00:04:15 位置处，设置 2 个文本层的入点。

9.6 雨中闪电效果

　　AE 具有强大的动画制作功能，不仅可以进行最基础的旋转素材、复古视频、色彩变化等动画制作和视频调整，而且还可以运用其内置的特效功能，制作一些模拟的自然天气效果。在本练习中，将运用蒙版和固态层等基础功能，来制作一个模拟雨中闪电效果。

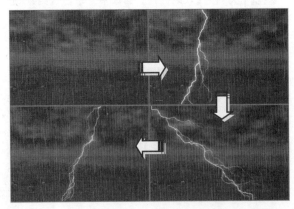

练习要点
● 使用蒙版
● 使用固态层
● 应用三色调效果
● 应用亮度和对比度效果
● 应用快速模糊效果
● 应用分形杂色效果
● 应用高级闪电效果
● 应用边角定位效果

操作步骤 ▶▶▶▶

STEP|01 新建合成。执行【合成】|【新建合成】命令，在弹出的对话框中设置合成选项，单击【确定】按钮。

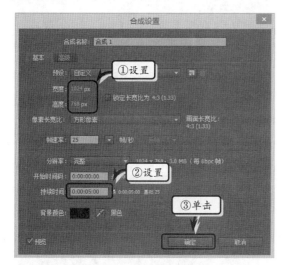

STEP|02 制作背景图层。将素材添加到合成中，展开【变换】属性组，将【缩放】设置为79%。

STEP|03 执行【效果】|【颜色校正】|【三色调】命令，将【与原始图像混合】选项设置为50%，并单击【中间调】颜色方框。

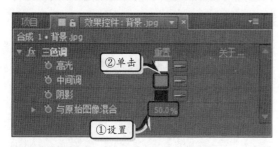

STEP|04 在弹出的【中间调】对话框中，设置R、G、B的色调参数值，并单击【确定】按钮。

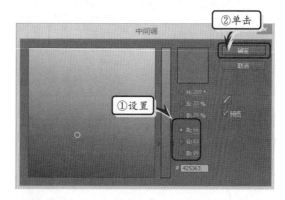

STEP|05 执行【效果】|【颜色校正】|【亮度和对比度】命令，在【效果控件】面板中，将【对比度】设置为10。

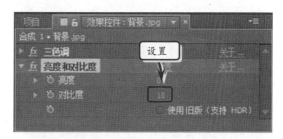

STEP|06 将【时间指示器】移至 0:00:00:24 位置处，单击【亮度和对比度】属性组下【亮度】左侧的【时间变化秒表】按钮，并将参数值设置为0。

STEP|07 将【时间指示器】移至 0:00:01:00 位置处，将【亮度】参数值设置为43。

STEP|08 将【时间指示器】移至 0:00:02:00 位置处，将【亮度】参数值设置为0。

设置为【线性】，将【亮度】设置为-18。

STEP|09 制作云图层。执行【图层】|【新建】|【纯色】命令，在弹出的对话框中设置图层选项，并单击【确定】按钮。

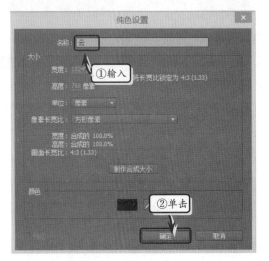

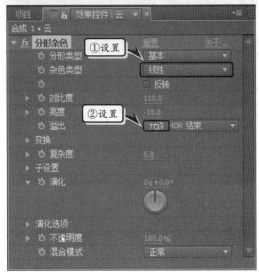

STEP|10 单击工具栏中的【钢笔工具】按钮，根据背景图层中天空的位置，绘制一个蒙版形状。

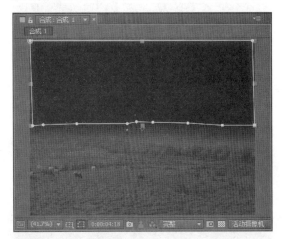

STEP|13 将【时间指示器】移至 0:00:00:00 位置处，单击【演化】左侧的【时间变化秒表】按钮，并将参数值设置为 0×+0.0°。

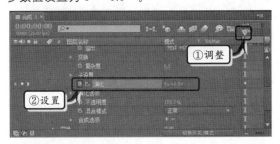

STEP|14 将【时间指示器】移至 0:00:04:24 位置处，将【演化】参数值设置为 2×+0.0°。

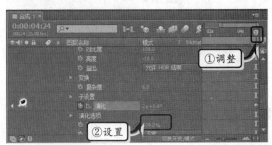

STEP|11 展开【蒙版 1】属性组，将【蒙版羽化】设置为 95，将【蒙版扩展】设置为 60。

STEP|12 执行【效果】|【杂色和颗粒】|【分形杂色】命令，在【效果控件】面板中，将【杂色类型】

STEP|15 执行【效果】|【模糊和锐化】|【快速模糊】命令，在【效果控件】面板中，设置该效果的选项参数。

STEP|16 执行【效果】|【扭曲】|【边角定位】命令，在【效果控件】面板中，分别设置【左上】、【右上】、【左下】、【右下】的参数值。

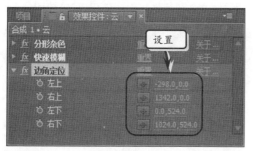

STEP|17 执行【效果】|【颜色校正】|CC Toner 命令，将 Tones 选项设置为 Tritone，同时单击 Midtones 选项右侧的颜色方框。

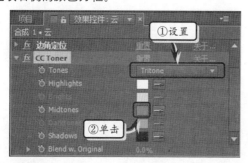

STEP|18 在弹出的 Midtones 对话框中，自定义 G、R、B 色调值，并单击【确定】按钮。

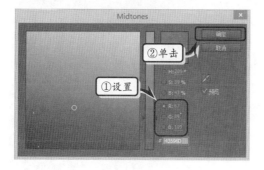

STEP|19 制作雨图层。新建一个纯色图层，执行【效果】|【模拟】|CC Rainfall 命令，在【效果控件】面板中设置相应的参数值即可。

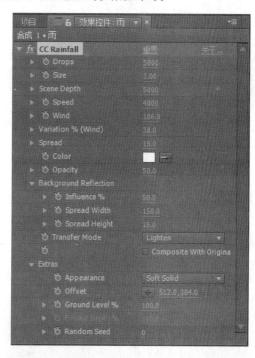

STEP|20 制作闪电图层。新建一个纯色图层，执行【效果】|【生成】|【高级闪电】命令，在【效果控件】面板中设置相应选项的参数值。

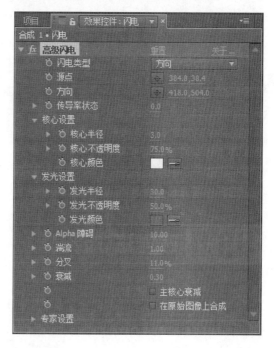

STEP|21 将【时间指示器】移至 0:00:00:15 位置处，单击【方向】、【核心不透明度】和【发光不透明度】左侧的【时间变化秒表】按钮，并将参数值分别设置为"418,504"、75%和50%。

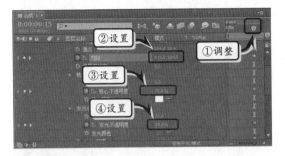

STEP|22 将【时间指示器】移至 0:00:01:15 位置处，将【方向】、【核心不透明度】和【发光不透明度】参数值分别设置为"577,532"、0%和0%。

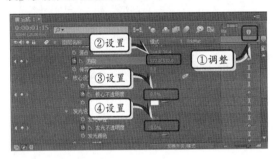

STEP|23 将【时间指示器】移至 0:00:00:15 位置处，按下 Alt+【键设置图层的入点；将【时间指示器】移至 0:00:01:15 位置处，按下 Alt+【键设置图层的出点。

STEP|24 使用同样的方法，制作其他闪电图层，并通过修改个别参数，来更改闪电的方向和分叉数。

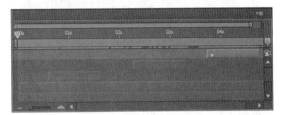

第 10 章

应用变形特效

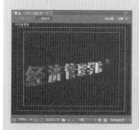

　　变形特效是 AE 各大特效中使用频率比较高的特效之一，主要用于处理图像的变形效果，包括扭曲特效和透视特效。其中，扭曲特效主要用于创建动态效果，例如波浪效果、动态文字、扭曲的画面等，利用它的一些参数设置可以方便地制作出动画效果；而透视类特效是一种可以将二维图像制作出具有三维深度的特殊效果，它包含了基本的三维环境几何变换，可以制作出有深度的图像。在本章中，将详细介绍变形特效的基础知识和操作方法。

10.1 应用扭曲特效

扭曲特效是在不损害图像的质量的前提下对图像进行扭曲、拉伸或者挤压等操作，在改变原始图像中像素排列规则的同时模拟出三维的空间效果，从而给人以真实的立体画面。AE 中的扭曲效果一共包括 37 种，下面将详细介绍使用比较频繁的扭曲特效。

10.1.1 光学补偿特效

光学补偿特效主要用来模拟摄像机透视效果产生扭曲变形。而对于具有透视效果的图像，可通过调整参数，使画面正常化。

在【效果和预设】面板中，双击【光学补偿】特效，将该特效添加到图层中。此时，在【效果控件】面板中，将显示该特效的参数属性。

其中，【光学补偿】特效的属性选项的具体含义，如下所述。

- **视场（FOV）** 设置视图的尺寸，从而控制图像的变形范围大小。数值越大，变形范围就越大，变形效果就越突出。默认数值范围为 0~90，可调数值范围为 0~180。
- **反转镜头扭曲** 启用该选项可反转镜头的扭曲角度。

> **提示**
>
> 当启用【反转镜头扭曲】选项时，才可激活【调整大小】选项进行反转程度设置。

- **FOV 方向** 设置视野区域的方位，该选项

包含了"水平"、"垂直"和"对角"3 种方式。

- **视图中心** 设置视觉中心在 X 轴和 Y 轴上的位置坐标。

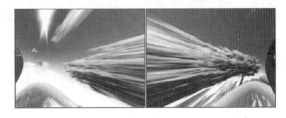

- **最佳像素（反转无效）** 启用该选项，优化产生变形后的图像效果品质，使画面更自然。
- **调整大小** 设置镜头扭曲反转效果的程度，该选项包含了"关闭"、"最大 2X"、"最大 4X"和"无限"4 种方式。

10.1.2 变换特效

变换特效是专门针对二维图像变形的特效，可以很方便地旋转和拉伸图像。和其他特效搭配使用可实现一些简单效果。

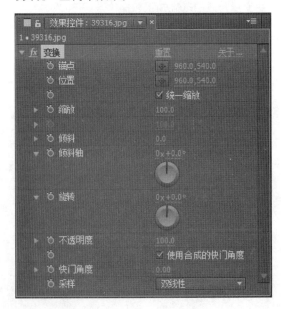

其中，【变换】特效的属性选项的具体含义，如下所述。

比较类似。

- ❏ **锚点**　用于设置图像中心定位点在 X 轴和 Y 轴上的位置。
- ❏ **位置**　用于设置图像变形在 X 轴和 Y 轴上的位置坐标。
- ❏ **统一缩放**　启用该选项，可同时对图像的高度和宽度进行同比例缩放。
- ❏ **缩放**　分别设置图像缩放的高度、宽度的缩放程度，默认数值范围为-200~200，可调数值范围为-30000~30000。
- ❏ **倾斜**　用于设置图像的倾斜程度，数值的绝对值越大，倾斜效果越突出。当数值为 0 时，图像不产生倾斜。
- ❏ **倾斜轴**　用于设置图像倾斜的角度。

- ❏ **旋转**　用于设置图像的旋转角度，正值将在顺时针方向产生旋转，负值将在逆时针方向产生旋转。
- ❏ **不透明度**　用于设置图像的透明程度，数值越大，图像显示越清晰。
- ❏ **使用合成的快门角度**　启用该选项，将使用【合成】窗口中的快门角度，反之，将使用特效中设置的角度作为快门角度。
- ❏ **快门角度**　用于设置图像在运动中的动感模糊效果程度。
- ❏ **采样**　用于设置图形变换的样式，包括【双线性】和【双立方】两种样式。

10.1.3　液化特效

液化特效可以在图像中除遮罩冻结区域以外的任意区域进行旋转、放大、收缩和挤压等操作，整个处理过程和 Photoshop 软件中的【液化】选项

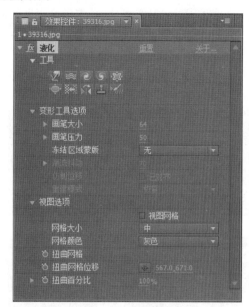

该特效属性选项，主要分为【工具】、【变形工具选项】、【视图选项】3 个选项组。

1. 工具

该选项组主要包含了 10 种液化特效工具，其每种工具的具体功能，如下所述。

- ❏ **弯曲工具** 　主要用于模拟手指涂抹的效果。单击鼠标在相应的图像区域进行拖动，可将像素进行移动。
- ❏ **紊乱工具** 　通过使用该特效工具，使图像的像素产生扰乱效果，一般变形程度不太明显，对于创建火焰、云等效果比较明显。
- ❏ **扭曲工具** 　通过选择顺时针旋转按钮和逆时针旋转按钮 ，在图像中单击鼠标左键不放，可使得图像产生顺时针旋转扭曲或逆时针旋转扭曲的效果。
- ❏ **缩放工具** 　单击图像相应区域，产生像素点将集中向中心聚集的效果。
- ❏ **膨胀工具** 　与【缩放工具】选项功能相反，相应区域像素向四周扩散。
- ❏ **像素移动工具** 　将与单击移动方向相垂直的方位移动像素的位置，产生变化效果。
- ❏ **反射工具** 　向笔刷区域复制周围像素来变形图像。

❏ **图章工具** 首先按住 Alt 键,将图像相应区域定义为复制区域,释放鼠标恢复笔刷状态,此时拖动笔刷,将会复制选择区域内容到笔刷所在区域。

❏ **重建工具** 恢复被变形修改过的区域的像素。

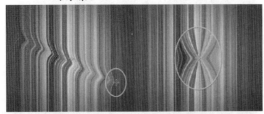

弯曲工具　　　　　　　缩放工具

膨胀工具　　　　　　像素移动工具

反射工具　　　　　　　图章工具

2. 变形工具选项

该选项组中的选项,主要用于设置各个工具的参数属性。其具体功能,如下所述。

❏ **画笔大小** 设置液化工具产生变形的笔刷尺寸。笔刷尺寸越大,在图像中产生变形的面积就越大。默认数值为 1~600。

❏ **画笔压力** 设置笔刷产生变形的程度,数值越大,变形效果就越突出。

❏ **冻结区域蒙版** 设置不产生变形区域的遮罩层。

❏ **湍流抖动** 选择【紊乱工具】按钮可激活该选项,调整参数可设置产生紊乱扭曲的程度,数值越大,效果越明显。

❏ **仿制位移** 选择【图章工具】按钮可激活

该选项,启用该选项可在复制时,对齐相应的位置。

❏ **重建模式** 选择【重建工具】按钮后,可设置图像恢复方式,包括【恢复】、【置换】、【放大扭转】、【仿射】4 种方式。

3. 视图选项

该选项组中的选项,主要通过调整网格属性,来设置查看方式。其各选项的具体功能,如下所述。

❏ **视图网格** 启用该选项,将在【合成】窗口显示变形网格。

❏ **网格大小** 设置单个网格的大小。包含【大】、【中】和【小】3 种显示方式。网格大小依次递减,也依次设置更多变形细节的效果,这时计算时间也会增加。

❏ **网格颜色** 设置网格显示的颜色。包含了8 种颜色,默认颜色为灰色。

❏ **扭曲网格** 通过为网格变形效果创建关键帧,创建图像液化变形动画。

❏ **扭曲网格位移** 设置网格产生变形的偏移坐标。

❏ **扭曲百分比** 调整图像液化变形的程度,数值越大效果越明显。

视图网格　　　　　　　扭曲网格

10.1.4　湍流置换特效

湍流置换特效是利用分形噪声对图像进行扭曲变形。可以模拟出物体表面的纹理图案、流水、波动等效果。

其中,【湍流置换】特效的属性选项的具体含义,如下所述。

❏ **置换** 定义对图像进行扭曲的类型。该选项包含了 9 种方式。

❏ **数量** 用于设置对数量影响的程度。数值越大，图像变形程度越大，效果越明显。默认数值范围为 0~100，可调数值范围为0~10000。

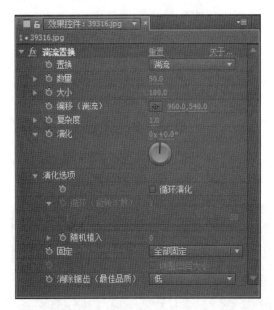

□ **大小**　用于设置对图像变形的范围。默认数值范围为 5~400，可调数值范围为0~1000。

□ **偏移（湍流）**　设置产生紊乱效果的偏移坐标。

□ **复杂度**　用于设置扭曲操作的细节程度。数值越大，图像被扭曲的越强烈，同时，细节也越精确。默认数值范围为 1~5，可调数值范围为 1~10。

□ **演化**　用于设置图像置换扭曲效果，主要是随着时间的变化产生的演进效果。

□ **循环演化**　启用该选项，将对置换扭曲效果进行重复演进。

□ **循环（旋转次数）**　用于设置置换扭曲效果重复演进的次数，默认数值范围为1~30，可调数值范围为 1~88。

□ **随机植入**　用于设置图像置换扭曲的随机变化效果。默认数值范围为 0~1000，可调数值范围为 0~100000。

□ **固定**　用于设置图像中不产生置换扭曲效果的方式。该选项包含了 15 种固定

方式。

□ **调整图层大小**　启用该选项，可对【演化】选项的参数进行渲染。

□ **消除锯齿（最佳品质）**　设置除去图像中产生锯齿的方式，包含了【低】和【高】两种品质。

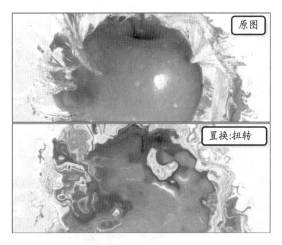

10.1.5　置换图特效

置换图特效通过用另一张图像作为映射层来置换原图像的像素，通过映射的像素颜色值来对原图层进行变形。

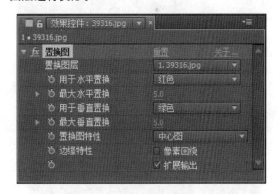

其中，【置换图】特效的属性选项的具体含义，如下所述。

□ **置换图层**　用于设置产生影射效果的图层。默认图层为源图层。

□ **用于水平/垂直置换**　分别设置产生水平和垂直置换效果的方式，该选项包含了 11种置换类型。

❑ **最大水平/垂直置换** 分别设置在水平和垂直方位上产生的最大置换效果程度。数值越大效果就越突出，反之效果就越不明显。默认数值范围为-100~100，可调数值范围为-32000~32000。

❑ **置换图特性** 用于调整被置换图像的映射方式。该选项包含了【中心图】、【伸缩对应图以适合】、【拼贴图】三种映射方式。

❑ **边缘特性** 启用该选项，将锁定边缘的像素，不进行任何的改变。

❑ **扩展输出** 启用该选项，将把效果延伸到原图像边缘的外侧。

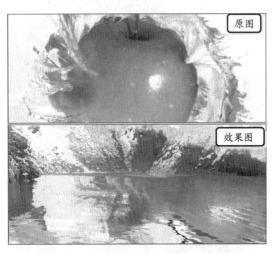

10.1.6 贝塞尔曲线变形特效

贝塞尔曲线变形特效通过调整围绕在图像周围的贝塞尔曲线来改变形状，使原图像产生扭曲效果。

该特效中，按照不同变形点划分，可划分为下面几种选项。

❑ **顶点** 用于设置图像中四个边角顶点的位置坐标。在该特效属性面板中可通过控制上左、下右、右上和左下顶点坐标位置，使图像产生变形效果。

❑ **切点** 用于设置相邻顶点之间的贝塞尔曲线。每个顶点都有两个控制切线的坐标，通过调整坐标位置可设置图像局部的弯曲效果。

❑ **品质** 用于设置图像产生弯曲后的成像质量，数值越大，成像品质越高。

10.1.7 波纹特效

波纹特效主要是在图像中添加模拟波纹的效果，该特效是非常实用的特效，多用于制作影片的开场，或综合其他特效制作出复杂绚丽的场景效果。

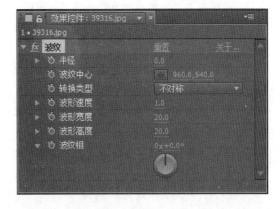

其中，【波纹】特效的属性选项的具体含义，如下所述。

❑ **半径** 用于设置产生波纹效果的半径大小，数值越大波纹效果越清晰。

❑ **波纹中心** 用于设置波纹效果的中心位

置坐标。

❑ **转换类型** 用于设置图像产生波纹的类型，该选项包含了【不对称】和【对称】两种方式。

❑ **波形速度** 用于设置图像中产生波纹效果的运动速度，默认数值范围为-6~6，可调数值范围为-15~15。

❑ **波形宽带** 用于设置产生波纹效果的波峰和波峰之间的宽度。

❑ **波形高度** 用于设置波纹振动的幅度，默认数值范围为 0~100，可调数值范围为0~400。

❑ **波纹相** 用于调整波纹的状态。顺时针旋转，波纹效果向中心汇聚状变化；逆时针旋转，波纹将产生向四周发散状变化。

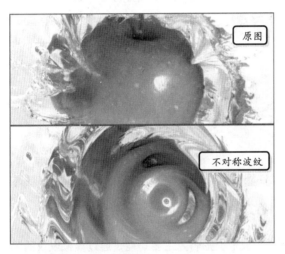

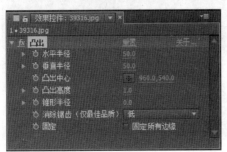

10.1.8 凸出特效

凸出特效主要是通过定义透视中心点位置，设置笔刷变形区域来调整该区域的膨胀或收缩扭曲效果，可模拟透明的凹透镜、气泡或放大镜效果。

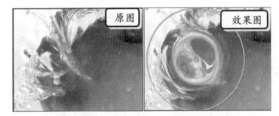

其中，【凸出】特效的属性选项的具体含义，如下所述。

❑ **水平/垂直半径** 分别设置在水平或垂直方向上创建凸出效果的半径大小。默认数值范围为 0~250，可调数值范围为 0~8000。

❑ **凸出中心** 用于设置创建凸出效果的中心点位置的坐标。

❑ **凸出高度** 用于设置创建凸出透视效果的高度。默认数值范围为-1~1，可调数值范围为-4~4。

❑ **锥形半径** 用于设置产生笔刷变形区域的半径。默认数值范围为 0~250，可调数值范围为 0~8000。

❑ **消除锯齿（仅最佳品质）** 用于设置产生变形效果后的品质，该选项包含了【高】和【低】两种品质。

❑ **固定** 用于定义固定笔刷的扭曲效果边缘是否产生变化。启用【固定所有边缘】选项，笔刷选择边缘将不产生变形。

10.1.9 放大特效

放大特效的主要功能是在无损图像品质的前提下，放大相应的图像区域。虽然其他特效也同样具有该功能，但很难保证图像的品质。

其中,【放大】特效的属性选项的具体含义,如下所述。

❏ **形状** 用于设置放大区域的形状,该选项包含了【圆形】和【正方形】两种方式。

❏ **中心** 用于定义形状中心点的位置坐标。

❏ **放大率** 用于设置变形区域中图像放大的程度。数值越大,放大效果就越明显。默认数值范围为 100~600,可调数值范围为 100~20000。

❏ **链接** 用于设置属性的关联性,该选项包含了【无】、【大小至放大率】、【大小和羽化至放大率】3 种方式。

❏ **大小** 用于默认数值范围为 10~600,可调数值范围为 10~4000。

❏ **羽化** 用于设置变形区域的边缘虚化的程度,数值越大边缘的虚化程度越明显。

❏ **不透明度** 用于调整变形区域图像的透明程度,数值越大,图像就越清晰。

❏ **缩放** 用于设置图像的缩放方式,该选项包含了【标准】、【柔和】和【散布】3 种效果。

❏ **混合模式** 用于设置变形效果与原图像之间的混合方式,该选项包含了 18 种模式。

❏ **调整图层大小** 启用该选项,变形区域将按原图像区域显示放大区域图像。

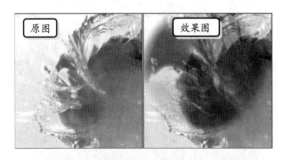

10.1.10 网格变形特效

网格变形特效主要功能是通过应用网格变形的贝塞尔曲线和其控制柄,来调整图像的弯曲效果。该特效需要用户在【合成】窗口直接单击相应网格的顶点并对控制柄调整,从而对相应的图像区域进行控制。

其中,【网格变形】特效的属性选项的具体含义,如下所述。

❏ **行数/列数** 分别设置网格的行数或列数。数值越大,弯曲效果越精细,同时需要的计算时间也就越长。

❏ **品质** 用于定义图像进行渲染的质量,数值越大质量就越高,同时处理的时间也越长。

❏ **扭曲网格** 通过添加关键帧或表达式等设置,来为图像创建网格变形的动画效果。

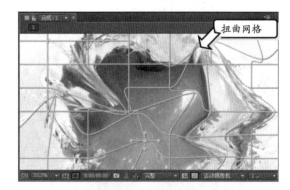

10.1.11 波形变形特效

波形变形特效主要功能是通过模拟波纹的参数设置,创建波纹抖动的效果。

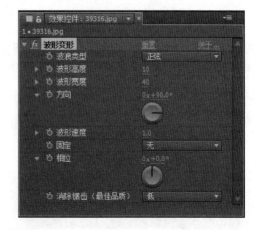

其中，【波形变形】特效的属性选项的具体含义，如下所述。

- ❑ **波浪类型** 用于设置产生波形变形效果的方式，该选项包含了【正方形】、【三角形】、【圆形】等9种类型。
- ❑ **波形高度/宽度** 分别设置产生波纹弯曲效果的高度和宽度大小。默认数值范围为0~100，可调数值范围为0~32000。
- ❑ **方向** 用于设置产生波形变形的方向。
- ❑ **波形速度** 用于设置波纹的变化的速度，当参数为正值时，由左向右运动，反之运动方向相反。默认数值范围为0~5，可调数值范围为-100~100。
- ❑ **固定** 用于设置图像中不产生波形变形效果的区域，该选项包含了【居中】、【全部边缘】等9种模式。
- ❑ **相位** 用于调整波纹的位置，主要是通过水平移动来改变波纹的效果。
- ❑ **消除锯齿（最佳品质）** 用于设置弯曲效果图像的渲染品质，该选项包含了【高】、【中】、【低】3种方式。

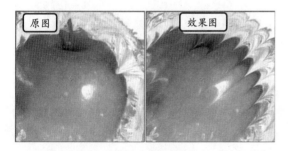

10.1.12 快速变形特效

快速变形特效主要是通过简单的两三个参数的设置，便可快速完成变形效果。该类特效不但参数设置简捷，而且效果极其突出，如极坐标制作的圆、镜像制作的镜像影射效果等。

1. CC Tiler 特效

CC Tiler 特效可以使图像经过缩放后，在不影响原图像品质的前提下，快速布满整个合成的效果。

其中，CC Tiler 特效的属性选项的具体含义，如下所述。

- ❑ **Scale**（缩放） 用于设置原图像的缩小比例，当参数设置为100%时，为原始图像大小，将不产生变化。
- ❑ **Center**（中心） 用于定义产生平铺效果的中心位置坐标。
- ❑ **Blend w.Original**（与原始图像混合） 用于设置创建效果与原始图像的混合程度，数值越大，原始图像越清晰。

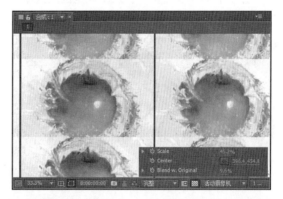

2. CC Lens 特效

CC Lens 特效主要功能是可以将图像模拟成为一个透过透镜进行查看的效果。

其中，CC Lens 特效的属性选项的具体含义，如下所述。

- ❑ **Center**（中心） 用于设置创建透镜效果

的中心位置坐标。

- ❏ **Size**（大小） 用于调整透镜效果的尺寸，数值越大，效果面积就越大。默认数值范围为0~100，可调数值范围为0~500。

- ❏ **Convergence**（聚合） 用于定义创建透镜效果中图像像素的聚集程度，数值越大像素越密集。默认数值范围为-100~100，可调数值范围为-200~100。

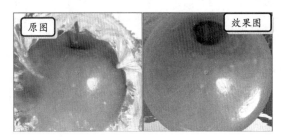

3. 偏移特效

偏移特效主要是用于在原图像范围内重新分割与重组画面，来创建图像偏移的效果。

其中，【偏移】特效的属性选项的具体含义，如下所述。

- ❏ **将中心转换为** 定义原图像中心产生的位置偏移坐标。

- ❏ **与原始图像混合** 调整创建图像效果与原始图像的混合程度，数值越大，原始图像越清晰。

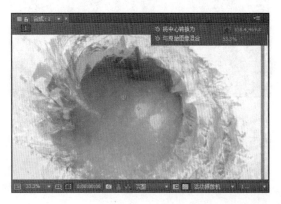

4. 极坐标特效

极坐标特效主要功能是将图像的矩形形状与极线形状之间的互相转换，来产生变形效果，如制作地球仪。

其中，【极坐标】特效的属性选项的具体含义，如下所述。

- ❏ **插值** 用于调整变形的幅度，数值越大，变形效果就越明显。

- ❏ **转换类型** 用于设置图像变化效果的转化方式，该选项包含了【矩形到极线】和【极线到矩形】两种转换方式。

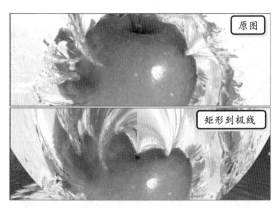

5. 旋转扭曲特效

旋转扭曲特效主要功能是将特定中心点周围的像素重新旋转扭曲，形成涡状的扭曲效果。该特效通过程序特别优化，确保图像在旋转扭曲过程中依旧保持相应影像品质。

其中，【旋转扭曲】特效的属性选项的具体含

义，如下所述。

- ❑ **角度**　用于设置图像产生旋转扭曲效果的圈数和角度。
- ❑ **旋转扭曲半径**　用于调整创建旋转扭曲效果的半径大小，当参数为 0 时，为原图像效果。
- ❑ **旋转扭曲中心**　用于定义创建旋转扭曲效果的中心坐标位置。

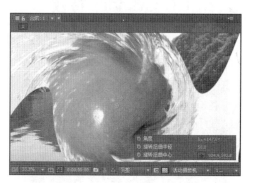

6．球面化特效

　　球面化特效主要是在图像表面产生球面化效果。如同将图像包裹在不同半径的球面上，也可用来模拟鱼眼的效果。

　　其中，【球面化】特效的属性选项的具体含义，如下所述。

- ❑ **半径**　用于定义创建效果的半径大小，数值越大，图像被球面化的面积就越大。默认数值范围为 0~250，可调数值范围为 0~2500。
- ❑ **球面中心**　用于设置产生球面化效果的中心位置坐标。

原图　　效果图

7．镜像特效

　　镜像特效主要功能是在原图像中设置反射点所成直线，并通过该直线将其左边的图像反射到右边产生镜面反射的效果。

　　其中，【镜像】特效的属性选项的具体含义，如下所述。

- ❑ **反射中心**　设置产生反射的中心坐标点。
- ❑ **反射角度**　调整中心点的角度在图形中形成一条分割映射效果直线。

原图

效果图

10.2　应用透视特效

　　透视特效是专门对二维素材进行设置，来模拟各种三维透视变化效果的一组特效，包括 3D 摄像机追踪器、投影、边缘斜面、径向阴影等特效。

10.2.1 3D 眼镜特效

3D 眼镜特效主要功能是创建虚拟的三维空间，把两种图像作为空间内的两个元素物体，通过各种联合方法在新空间融合成一体。

其中，【3D 眼镜】特效的属性选项的具体含义，如下所述。

❑ **左/右视图** 设置左侧或右侧的图像，用于最后合成的图像元素。

❑ **场景融合** 用于设置左右两边图像在最终空间中左右偏移情况。默认数值范围为 -60~20，可调数值范围为 -128~128。

❑ **垂直对齐** 用于设置左右两边图像的垂直效果，默认数值范围为 -128~128。

❑ **单位** 用于设置参数单位，其中包括【像素】与【源的%】两个选项。

❑ **左右互换** 启用该选项，将对左右两边的图像进行交换。

立体图像对(并排)

隔行交错高场在左，低场在右

❑ **3D 视图** 用于定义两个图像的结合方式，该选项包含了【立体图像对（并排）】、【上下】、【差值】、【左红右绿】等 9 种方式。

❑ **平衡** 用于定义【3D 视图】选项中平衡模式的平衡值。选择其他模式，将禁用该选项。默认数值范围为 0~20，可调数值范围为 0~50。

10.2.2 CC Cylinder 特效

CC Cylinder 特效主要功能是把二维图像模拟为卷曲的三维圆柱效果。

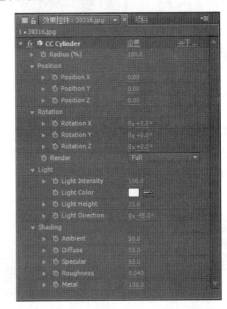

其中，CC Cylinder 特效的属性选项的具体含义，如下所述。

❑ **Radius**（半径） 设置模拟的圆柱体的半径大小。可调数值范围为 0~30000。

❑ **Position X/Y/Z**（X/Y/Z 轴位置） 分别定义图像在 X、Y 或 Z 轴上的偏移量。

❑ **Rotation X/Y/Z**（X/Y/Z 轴旋转） 分别定义图像沿 X、Y 或 Z 轴旋转的角度。

❑ **Render**（渲染） 定义模拟圆柱体图像效果的渲染方式。该选项包含了【全部】、【外侧】和【内侧】3 种方式。

除了上述属性选项之外，CC Cylinder 特效还包括下列两个属性选项组。

1. Light（照明）

该选项组中的选项，主要用于定义照射图像的灯光高度、角度、颜色以及强度。其中，各个选项的具体含义，如下所述。

❑ **Light Intensity**（照明强度） 定义照射图像的灯光亮度。默认数值范围为 0~150，可调数值范围为 0~1000。

❑ **Light Color**（照明色） 设置照射图像的灯光颜色。

❑ **Light Height**（灯光高度） 调整照射图像的灯光高度。默认数值范围为 0~100，可调数值范围为-100~100。

❑ **Light Direction**（照明方向） 设置照射图像的灯光角度。

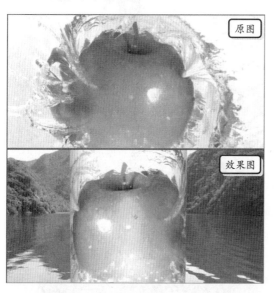

2. Shading（照明度）

该选项组中的选项，主要用于定义照射图像的环境光强度、主灯光散布的程度和图像呈现粗糙或金属效果的程度等。其中，各个选项的具体含义，如下所述。

❑ **Ambient**（环境） 设置照射图像的环境光强度。默认数值范围为 0~100，可调数值范围为 0~200。

❑ **Diffuse**（扩散） 调整主灯光散布的程度。

❑ **Specular**（反射） 调整图像产生反射的程度。

❑ **Roughness**（粗糙度） 设置图像呈现粗糙效果的程度。默认数值范围为 0.001~0.25，可调数值范围为 0.001~0.5。

❑ **Metal**（质感） 定义图像产生金属效果的程度。

> **提示**
>
> CC Sphere 特效主要是将相应的二维图像模拟成一个卷曲的三维圆球效果，它和 CC Cylinder 特效的参数设置和效果十分相似，在这里不再过多叙述。

10.2.3 CC Spotlight 特效

CC Spotlight 特效主要功能是在图像上模拟出聚光灯照射的效果，另外，也可通过设置滤镜层，创建放射映像的效果。

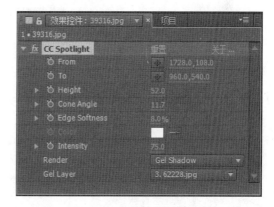

其中，CC Spotlight 特效的属性选项的具体含义，如下所述。

❑ **From**（从） 设置产生聚光灯效果的发射点的位置坐标。

❑ **To**（到） 设置产生聚光灯效果的映射位置中心坐标。

❑ **Height**（高度） 设置模拟聚光灯照射点的高度。数值越大，照射区域就越小。

❑ **Cone Angle**（边角） 设置聚光灯映射效果的区域大小。数值越大，模拟聚光灯照射范围也就越广。默认数值范围为 1~30，可调数值范围为 0~360。

❑ **Edge Softness**（边缘柔化） 设置聚光灯

照射效果的边缘虚化程度，数值越大边缘越模糊。

- **Color**（颜色） 设置照射光线的颜色，仅在【仅灯光】、【灯光增加】和【灯光增加+】模式下可调整颜色。
- **Intensity**（强度） 设置创建聚光灯灯光的强弱程度。
- **Render**（渲染） 定义产生聚光灯的方式，该选项包含了 8 种模式。
- **Gel Layer**（滤光层） 设置通过聚光灯产生映像效果的层。

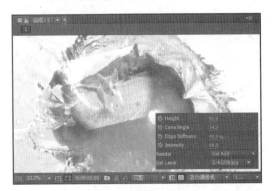

10.2.4 边缘斜面和斜面 Alpha 特效

边缘斜面特效和斜面 Alpha 特效都是在图像 Alpha 通道上产生倾斜度，并为 Alpha 通道产生发光轮廓，使图像更具有立体感效果。

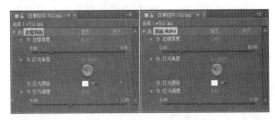

其中，两个特效的属性选项的具体含义，如下所述。

- **边缘厚度** 用于设置斜面的宽度，数值越大，边缘越宽。在【边缘斜面】特效中，默认数值为 0~0.5；而在【斜面 Alpha】特效中，默认数值为 0~10，可调数值范围为 0~200。

- **灯光角度** 用于设置照射图像的灯光角度。
- **灯光强度** 用于设置照射图像的灯光亮度或强弱程度。默认数值为 0.00~1.00。
- **灯光颜色** 用于设置照射图像灯光的颜色。

虽然二者的属性选项几乎完全相同，但是【边缘斜面】特效是通过一个斜面产生立体效果，而【斜面 Alpha】特效是通过多个面的创建较为平缓的立体效果。

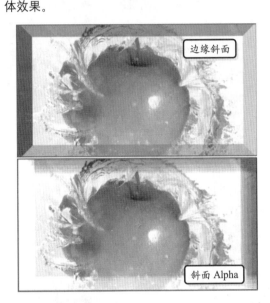

10.2.5 径向阴影特效

径向阴影特效是根据图像的 Alpha 通道边缘为图像添加阴影的效果。阴影的形状取决于 Alpha 通道的形状，并且可以在层的范围外创建阴影。

> **提示**
>
> 添加径向阴影特效图层大小需小于该层所在合成的大小，否则，观察不到放射阴影的效果。

其中，【径向阴影】特效的属性选项的具体含义，如下所述。

❏ **阴影颜色** 用于设置创建阴影的颜色。

❏ **不透明度** 用于设置创建阴影效果的清晰程度。

❏ **光源** 调整光源照射的位置坐标，可设置阴影与原图像的所成角度，以及阴影的大小。

❏ **投影距离** 用于设置阴影和对象之间的距离。

❏ **柔和度** 用于调整放射阴影效果边缘的柔化程度，其取值范围介于 0~50 之间。

❏ **渲染** 定义不同的渲染方式，该选项包含了【规则】和【玻璃边缘】两种模式。

❏ **颜色影响** 用于设定玻璃边缘效果的影响程度。

❏ **仅阴影** 启用该选项，将只显示相应的阴影部分效果。

❏ **调整图层大小** 启用该选项，可重新设置图层的形状。

10.2.6 投影特效

投影特效和径向阴影特效十分类似，可以根据图像的 Alpha 通道边缘的形状创建阴影效果，该特效不具有反射阴影特效的边缘效果，属性设置也较为简单。

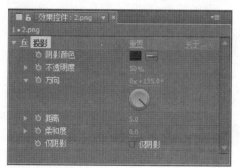

其中，【投影】特效的属性选项的具体含义，如下所述。

❏ **阴影颜色** 用于设置创建阴影的颜色。

❏ **不透明度** 用于设置创建阴影效果的清晰程度。

❏ **方向** 用于设置创建阴影效果的显示方向。

❏ **距离** 用于设置阴影和对象之间的距离。默认数值范围介于 0~120 之间，可调数值范围介于 0~4000 之间。

❏ **柔和度** 调整放射阴影效果柔化程度。默认数值范围介于 0~250 之间，可调数值范围介于 0~10000 之间。

❏ **仅阴影** 启用该选项，将只显示相应的阴影部分效果

10.2.7 3D 摄像机跟踪器

3D 摄像机跟踪器特效是 AE 中特别针对二维视频的效果，在视频中添加该功能，并创建文本或者添加对象。此时，在视频播放的同时，所设置的对象就会自动跟踪，从而达到非常完美的效果。

将【效果和预设】面板中的【3D 摄像机跟踪器】特效添加至【合成】窗口后，AE 会自动根据视频处理动态的点。

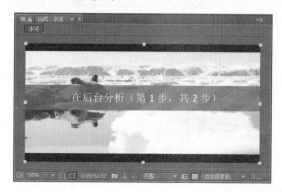

当后台分析完成后，AE 会自动进行摄像机处理。此时，用户需要耐心等待。

完成后，在【合成】窗口中显示跟踪点。播放视频时，发现画面中不同的位置均显示跟踪点。

而此时，在【效果控件】面板中，则显示【3D 摄像机跟踪器】特效选项。

其中，【3D 摄像机跟踪器】特效的属性选项的具体含义，如下所述。

❑ **分析与取消** 当添加该特效后，AE 自动分析动态点时显示。单击【取消】按钮后台分析被中断。

❑ **水平视角** 该选项用来设置摄像机视角，参数值范围为 0.0~180.0。

❑ **显示轨迹点** 该选项包括【二维源】和【三维解析】两个子选项，前者显示二维空间中的跟踪点，后者显示三维空间中的跟踪点。

❑ **渲染轨迹点** 启用该选项，渲染跟踪点。

❑ **跟踪点大小** 该选项用于设置跟踪点的大小，参数值范围为 1.0%~200.0%。

❑ **目标大小** 该选项用于设置目标的大小，参数值范围为 1.0%~200.0%。

❑ **创建摄像机** 单击该按钮建立"3D 摄像机跟踪"图层。

❑ **高级** 该选项组中的子选项是用来显示解析方式与方法的。

在【合成】窗口中移动鼠标，将会显示跟踪点所在的三维位置。选中某个三维位置，右击鼠标，将显示与跟踪点所在位置相关的操作命令。在关联菜单中，能够创建相机与其他三维对象，例如文本、纯色图层、灯光等。如果选择【创建文本和相机】选项，即可创建默认文本。

按照立体文字的制作方法设置立体效果，完成后，播放视频文件，发现文字自动跟踪，形成完美效果。

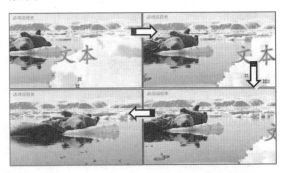

10.6 翻页效果

　　翻页效果是通过使用 AE 中的扭曲特效，来模仿图书中的自动翻页效果。同时，为了增加翻页封面的多样性，还运用了波纹等特效为封面添加了波纹和字体闪光动态动画，从而使整个视频看起来更接近真实的翻页效果。在本练习中，将详细介绍使用 AE 制作翻页效果的操作方法和步骤。

练习要点

- 使用 3D 图层
- 使用投影效果
- 使用 CC Lens 效果
- 使用球面化效果
- 使用波纹效果
- 使用 CC Page Turn 效果

操作步骤 ▶▶▶▶

STEP|01 新建合成。执行【合成】|【新建合成】命令，在弹出的【合成设置】对话框中，设置合成【基本】选项，单击【确定】按钮。

STEP|02 新建图层。执行【图层】|【新建】|【纯色】命令，在弹出的对话框中单击【颜色】方框。

STEP|03 在弹出的【纯色】对话框中，自定义图层颜色，并单击【确定】按钮。

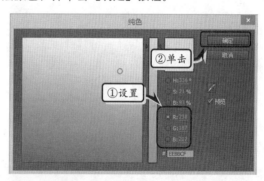

STEP|04 在工具栏中双击【矩形工具】按钮，创建一个蒙版，展开【蒙版 1】属性组，将【蒙版羽化】设置为 455，将【蒙版扩展】设置为-31。

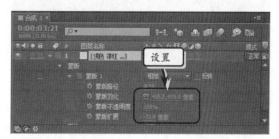

STEP|05 制作封面图层。将 "1.jpg" 素材添加到合成中，执行【效果】|【透视】|【投影】命令，在【效果控件】面板中，设置效果选项参数。

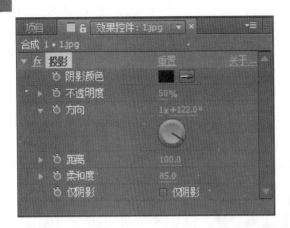

STEP|06 启用图层中的【3D 图层】功能，将【时间指示器】移至 0:00:00:00 位置处，单击【X 轴旋转】左侧的【时间变化秒表】按钮，并将参数值设置为 0。

STEP|07 将【时间指示器】移至 0:00:02:15 位置处，将【X 轴旋转】参数值设置为 0×-45°。

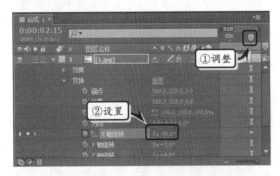

STEP|08 制作文本图层。单击工具栏中的【横排文字工具】按钮，在【合成】窗口中输入文本，并在【字符】面板中设置文本的字体格式和填充颜色。

STEP|09 执行【效果】|【扭曲】|CC Lens 命令，在【效果控件】面板中设置效果选项的各项参数值。

STEP|10 将【时间指示器】移至 0:00:01:00 位置处，单击 Size 左侧的【时间变化秒表】按钮，并将参数值设置为 0。

STEP|11 将【时间指示器】移至 0:00:02:12 位置处，将 Size 参数值设置为 157。

STEP|12 制作调整图层。新建一个调整图层，执行【效果】|【扭曲】|【球面化】命令。将【时间指示器】移至 0:00:01:16 位置处，单击【半径】左侧的【时间变化秒表】按钮，并将参数值设置为 0。

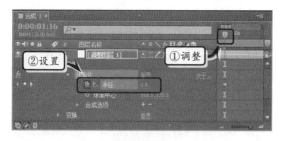

STEP|13 将【时间指示器】移至 0:00:03:15 位置处，将【半径】设置为 2500。

STEP|14 执行【效果】|【扭曲】|【波纹】命令，在【效果控件】面板中，将【波纹相】设置为 0×+167°。

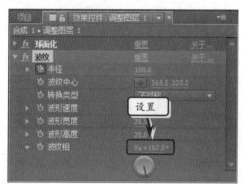

STEP|15 将【时间指示器】移至 0:00:01:16 位置处，单击【半径】左侧的【时间变化秒表】按钮，并将参数值设置为 0。

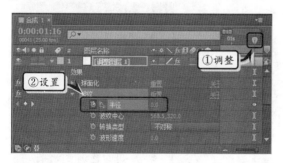

STEP|16 将【时间指示器】移至 0:00:03:15 位置处，将【半径】设置为 100。

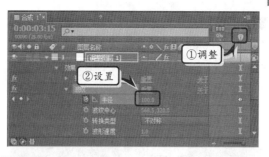

STEP|17 制作翻页图层。选择所有的图层，右击执行【预合成】命令，在弹出的对话框中设置合成名称，并单击【确定】按钮。

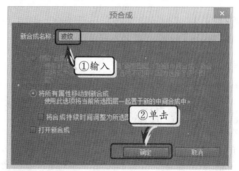

STEP|18 将所有的图片素材添加到【时间轴】面板中，将【时间指示器】移至 0:00:04:00 位置处，按下 Alt+【键设置图层入点。

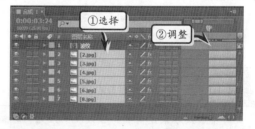

STEP|19 选择【波纹】图层，执行【效果】|【扭曲】|CC Page Turn 命令，在【效果控件】面板中设置各项选项。

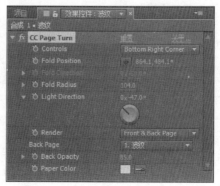

STEP|20 将【时间指示器】移至 0:00:04:00 位置处，单击 Fold Position 左侧的【时间变化秒表】按钮，并在【合成】窗口中拖动位置点调整其位置。

STEP|21 将【时间指示器】移至 0:00:04:10 位置处，在【合成】窗口中拖动位置点调整其位置，创建第 2 个关键帧。

STEP|22 将【时间指示器】移至 0:00:03:21 位置处，在【合成】窗口中拖动位置点调整其位置，创建第 3 个关键帧。

STEP|23 将 CC Page Turn 效果复制到 "2.jpg" 图层中，禁用 Fold Position 左侧的【时间变化秒表】按钮。

STEP|24 在 0:00:06:00、0:00:06:10 和 0:00:05:21 位置处创建 Fold Position 关键帧。使用同样的方法，为其他图层添加 CC Page Turn 效果。

10.4 转轴放大效果

转轴放大效果是背景为放大而前景为转轴运动的一种效果，通常被运用在影视片头中。在本练习中，主要运用 AE 中的 CC Cylinder 特效对书法进行转轴效果，以及通过设置图层属性来实现书法放大展示效果。除此之外，还运用四色渐变特效对书法进行渲染，从而使整个画面更趋向于饱和状态。

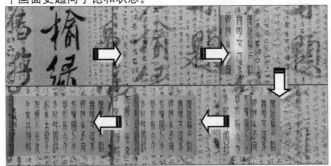

练习要点

- 新建图层
- 设置图层属性
- 使用蒙版
- 创建关键帧
- 应用 CC Cylinder 效果
- 应用四色渐变效果
- 应用 3D 图层

操作步骤 》》》

STEP|01 制作书法合成。执行【合成】|【新建合成】命令，在弹出的【合成设置】对话框中，设置合成参数，并单击【确定】按钮。

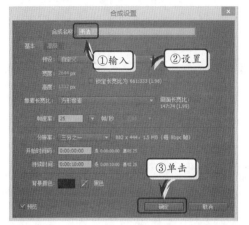

STEP|02 将"书法.bmp"素材添加到新建合成中，选择该图层，按下 Ctrl+C 和 Ctrl+V 快捷键复制该图层。

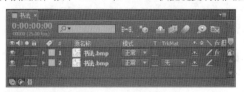

STEP|03 选择复制的图层，执行【效果】|【透视】|CC Cylinder 命令，在【效果控件】面板中设置各项参数值。

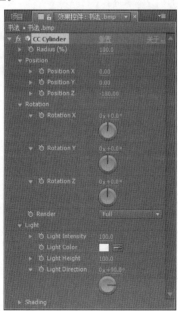

STEP|04 展开 CC Cylinder 属性组，将【时间指示器】移至 0:00:00:00 位置处，单击 Position X 和 Potation Y 左侧的【时间变化秒表】按钮，并分别设置其参数。

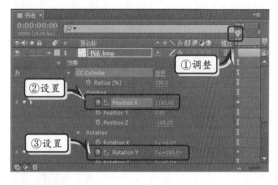

STEP|05 将【时间指示器】移至 0:00:04:18 位置处，将 Position X 和 Potation Y 参数值分别设置为 -750 和 0×-125°。

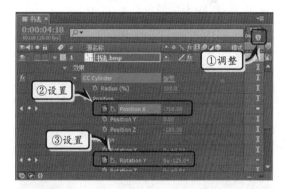

STEP|06 将【时间指示器】移至 0:00:05:08 位置处，将 Position X 和 Potation Y 参数值分别设置为 -1490 和 0×-240°。

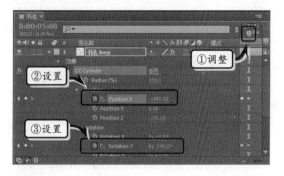

STEP|07 执行【图层】|【新建】|【调整图层】命令，同时执行【效果】|【生成】|【四色渐变】命令，在【效果控件】面板中设置除【点 1】选项之

外的所有参数值。

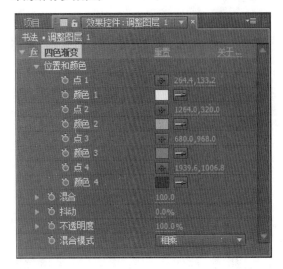

STEP|08 将【颜色 1】设置为【白色】，同时单击【颜色 2】后面的颜色方框，在弹出的【颜色 2】对话框中，自定义渐变颜色。

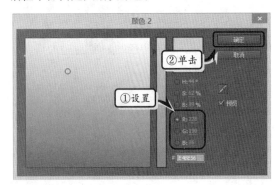

STEP|09 单击【颜色 3】后面的颜色方框，在弹出的【颜色 3】对话框中，自定义渐变颜色。

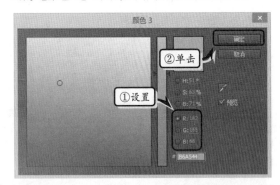

STEP|10 单击【颜色 4】后面的颜色方框，在弹出的【颜色 4】对话框中，自定义渐变颜色。

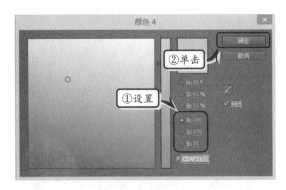

STEP|11 将【时间指示器】移至 0:00:00:00 位置处，单击【点 1】左侧的【时间变化秒表】按钮，并设置其参数值。

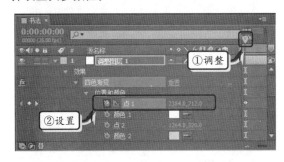

STEP|12 将【时间指示器】移至 0:00:05:08 位置处，将【点 1】参数值设置为-32,712。

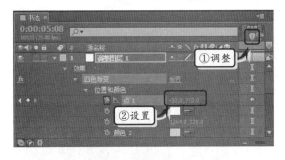

STEP|13 将【时间指示器】移至 0:00:06:00 位置处，将【点 1】参数值设置为-888,712。

STEP|14 制作背景合成。执行【合成】|【新建合

成】命令，在弹出的【合成设置】对话框中设置合成参数，并单击【确定】按钮。

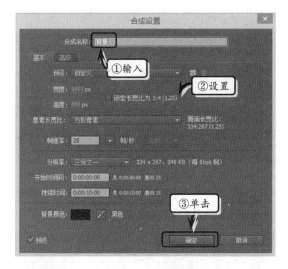

STEP|15 将"背景书法.bmp"和"背景书法 2.bmp"素材添加到新建合成中，选择"背景书法.bmp"图层，将【时间指示器】移至 0:00:00:00 位置处，单击【位置】左侧的【时间变化秒表】按钮，并设置其参数值。

STEP|16 将【时间指示器】移至 0:00:09:24 位置处，将【位置】参数值设置为 184,580。

STEP|17 选择"背景书法 2.bmp"图层，双击工具栏中的【矩形工具】按钮，为图层添加蒙版，并将

【蒙版羽化】设置为 200，将【蒙版不透明度】设置为 65%。

STEP|18 启用该图层的【3D 图层】功能，将【时间指示器】移至 0:00:00:00 位置处，单击【位置】左侧的【时间变化秒表】按钮，并将参数值设置为 -60,712,-436。

STEP|19 将【时间指示器】移至 0:00:04:19 位置处，将【位置】参数值设置为 3584.4,222.3,-98.2。

STEP|20 复制"背景书法 2.bmp"图层，禁用【位置】关键帧。将【时间指示器】移至 0:00:00:00 位置处，创建第一个【位置】关键帧，并将参数值设置为 1252,552,644。

STEP|21 将【时间指示器】移至 0:00:03:22 位置处，将【位置】参数值设置为 653,186.3,145。

STEP|22 制作效果合成。执行【合成】|【新建合成】命令，在弹出的【合成设置】对话框中设置合成参数，并单击【确定】按钮。

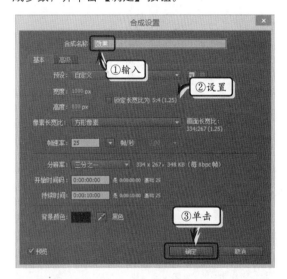

STEP|23 将"书法"和"背景"合成添加到新建合成中，将"书法"图层的入点移至 0:00:03:00 位置处，并将【缩放】参数值设置为 39%。

STEP|24 选择"书法"图层，将【时间指示器】移至 0:00:03:00 位置处，单击【位置】左侧的【时间变化秒表】按钮，并将参数值设置为-268,400。

STEP|25 将【时间指示器】图层的入点移至 0:00:08:07 位置处，将【位置】参数值设置为 450,400。

STEP|26 将【时间指示器】图层的入点移至 0:00:08:19 位置处，将【位置】参数值设置为 492,400。

第 **11** 章

应用艺术特效

 艺术特效是将一些具有相似艺术类风格的特效归纳为一种类型,该类型的特效可以在素材画面中形成多种艺术风格,例如放大镜、碎片等。在 AE 中,艺术特效包括风格化、模拟、模糊与锐化、杂色与颗粒等特效。本章中,将详细介绍艺术特效的基本功能、应用领域和操作方法,以协助读者能够熟悉各种艺术特效的使用方法和应用范围,从而可以利用这类特效制作出丰富的动画效果。

11.1 风格化特效

风格化特效是通过修改、置换原图像像素和改变图像的对比度等操作来为素材添加不同效果的特效，该类特效包括卡通、发光、画笔描边等 23 种特效。

11.1.1 CC Threshold RGB 特效

CC Threshold RGB 特效主要功能是把图像中的色彩，通过不同颜色通道的阈值，转化为纯色对比的效果，并可与原图像相融合的特效。

其中，CC Threshold RGB 特效的属性选项的具体含义，如下所述。

❑ **Red/Green/Blue Threshold**（红、绿、蓝色阈值） 用于设置红、绿、蓝色转换为黑白图像时，设置该颜色为最大数值。阈值越小，图像颜色越趋向该色，反之则趋向该色对比色。

❑ **Invert Red/Green/Blue Channel**（反转红、绿、蓝通道） 启用该选项，将对该颜色通道的颜色进行反转。

❑ **Blend w. Original**（与原始图像混合） 用于设置效果图层与原图像的混合比例效果。

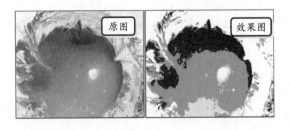

11.1.2 CC Kaleida 特效

CC Kaleida 特效主要功能是将图像转化为透过万花筒进行查看的效果。

其中，CC Kaleida 特效的属性选项的具体含义，如下所述。

❑ **Center**（中心） 用于设置 CC 万花筒效果中心在 X 轴和 Y 轴的位置。

❑ **Size**（大小） 设置每个效果组件的尺寸。

❑ **Mirroring**（镜像） 用于定义镜像的方式，包含了 9 种类型。

❑ **Rotation**（旋转） 设置效果旋转的角度。

❑ **Floating Center**（浮动中心） 启用该选项，产生没有中心的效果。

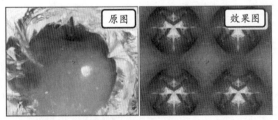

11.1.3 CC Glass 特效

CC Glass 特效主要功能是在原图像的基础上添加被玻璃笼罩的效果。

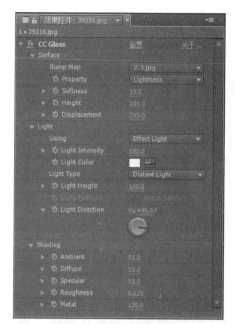

其中，CC Glass 特效的属性选项的具体含义，如下所述。

- **Bump Map**（凹凸映射）　设置在图像中出现的凹凸效果的映射图层。默认图层为原图层。
- **Property**（特性）　定义使用映射图层进行凹凸效果的方法。在该下拉列表中包含了6 个选项。
- **Softness**（柔和度）　设置产生凹凸效果的柔和度，数值的绝对值越大，效果越柔和。默认数值范围为 1～50。
- **Height**（高度）设置产生凹凸效果的高度，数值的绝对值越大，效果越突出。默认数值范围为-50～50，可调数值范围为-100～100。
- **Displacement**（置换）　设置原图像与凹凸效果的融合比例。默认数值范围为-100～100，可调数值范围为-500～500。
- **Using**（使用）　定义灯光效果的使用方式，该选项包含了【效果照明】和【AE 照明】两种类型。
- **Light Intensity**（照明强度）　调整模拟灯光照明光线的明暗程度。数值越大光线就越强，画面也就越明亮。

- **Light Color**（照明色）　设置灯光产生光线的颜色效果。
- **Light Type**（灯光类型）　设置灯光产生照射的方式，该选项包含了【平行光】和【点光】两种类型。
- **Light Height**（灯光高度）　调整灯光照射的高度，数值越大，照射面积越大，照射亮度也就越强。
- **Light Position**（灯光位置）　调整模拟点光源照射的位置坐标。
- **Light Direction**（照明方向）　调整模拟平行光效果的灯光照射方向。
- **Ambient**（环境）调整环境光的强弱程度。
- **Diffuse**（扩散）　设置光线扩散的程度。
- **Specular**（反射）　调整光线反射效果的强弱程度。
- **Roughness**（粗糙度）　设置图像像素的粗糙程度。
- **Metal**（质感）　调整图像产生金属质感效果的程度。

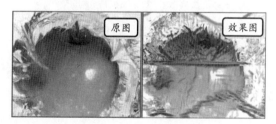

11.1.4　CC Burn Film 特效

CC Burn Film 特效主要功能是在原图像中添加模拟被烧焦效果的像素。

其中，CC Burn Film 特效的属性选项的具体含义，如下所述。

- **Burn**（烧灼）　设置在原图像中添加烧灼效果的区域大小。

❏ **Center**（中心） 设置产生烧灼效果中心
的位置坐标。

❏ **Random Seed**（随机种子） 调整产生烧
灼的随机效果。

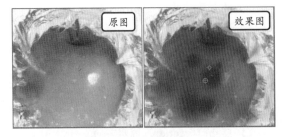

11.1.5 画笔描边特效

画笔描边特效主要功能是通过模拟画笔的属
性，使图像产生画笔的粗糙颗粒效果。

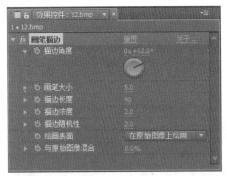

其中，【画笔描边】特效的属性选项的具体含
义，如下所述。

❏ **画笔大小** 调整绘制效果的笔触粗细
程度。

❏ **描边角度** 定义创建笔触效果的绘制
方向。

❏ **描边长度** 调整绘制效果的笔触长短。

❏ **描边浓度** 通过调整该选项的参数，可调
整笔触之间的间隔尺寸。

❏ **描边随机性** 设置笔触进行随机变化的
范围。

❏ **绘画表面** 设置绘制的方法，该选项包含
了【在原始图像上的绘画】、【在透明背景
上绘画】、【在白色上绘画】和【在黑色上
绘画】4 种方式。

❏ **与原始图像混合** 调整创建笔触效果与
原图像之间的融合程度。

11.1.6 卡通特效

卡通特效主要功能是将相应的图像模拟为卡
通的效果。

其中，【卡通】特效的属性选项的具体含义，
如下所述。

❏ **渲染** 设置查看相应效果的样式。该选项
包含了【填充】、【边缘】和【填充及边缘】
3 种类型。

❏ **细节半径** 用于调整创建卡通效果描写
细节的半径。

❏ **细节阈值** 用于设置创建卡通效果细节
的极限尺寸。阈值越大，显示的细节就
越少。

❏ **填充** 通过调整【阴影步骤】和【阴影平
滑度】选项，可分别设置步骤的层级与边
缘平滑程度。

❏ **边缘** 通过调整边缘属性参数，可设置图
像边缘暗部区域效果。其中，【阈值】用
于设置显示图像边缘效果的程度；【宽度】
用于调整边缘的大小，数值越大，边缘效

果就越明显；【柔和度】用于设置边缘效果的柔化程度；【不透明度】用于调整图像边缘效果的透明程度。

- ❏ **高级** 通过调整该下拉选项参数，可设置边缘区域效果。其中，【边缘增强】用于设置边缘的数量大小；【边缘黑色阶】用于调整边缘效果中的黑色色阶；【边缘对比度】用于调整边缘效果的明暗对比程度，其数值越大，画面效果白位就越多，反之则黑位越多。

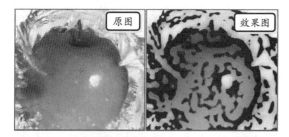

11.1.7 发光特效

发光特效主要是在图像中较亮的区域制作漫光反射的光线效果。

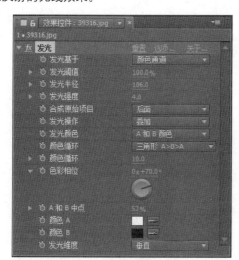

其中，【发光】特效的属性选项的具体含义，如下所述。

- ❏ **发光基于** 定义创建发光效果基于的属性方式，该选项包含了【颜色通道】和【Alpha 通道】两种方式。
- ❏ **发光阈值** 调整产生发光区域的黑白像

素效果。

- ❏ **发光半径** 调整发光区域的半径范围，数值越大，产生发光效果的面积就越大。
- ❏ **发光强度** 设置发光的强弱程度，数值越大，光线就越亮。
- ❏ **合成原始项目** 设置创建效果与原图像之间的融合方式，该选项包含了【顶端】、【后面】和【无】3 种方式。
- ❏ **发光操作** 定义创建效果与原图像之间的混合模式，该选项包含了 25 种模式。
- ❏ **发光颜色** 定义创建发光颜色的来源模式。该选项包含了【原始颜色】、【A 和 B 颜色】与【任意映射】3 种类型。
- ❏ **颜色循环** 定义颜色进行循环的顺序。该选项包含了 4 种方式。
- ❏ **色彩相位** 设置颜色的相位变化效果。在【原始颜色】模式下，不产生变化。
- ❏ **A 和 B 中点** 调整颜色 A 和 B 之间色彩的过渡效果。
- ❏ **颜色 A/B** 分别定义 A、B 的颜色。
- ❏ **发光维度** 定义创建发光的方向类型，该选项包含了【水平】、【垂直】与【水平和垂直】3 种类型。

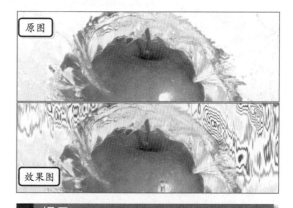

提示

在风格化特效中除了前面讲的特效效果外，还可以制作出马赛克、浮雕、动态拼贴和闪光灯等效果，其操作方法大体相同，由于受篇幅限制，在此不再做详细介绍。

11.2 模拟特效

模拟特效是一组用来模拟自然界中下雨、爆炸、反射、波浪等自然现象的特效,共包含了泡沫、卡片动画、粒子运动场等 18 种特效。

11.2.1 CC Pixel Polly 特效

CC Pixel Polly 特效主要用于模拟图像炸碎的效果,用户可通过该特效属性设置炸碎参数。

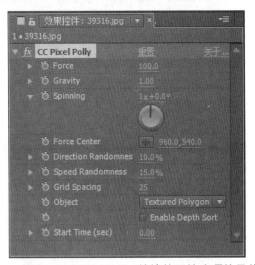

其中,CC Pixel Polly 特效的属性选项的具体含义,如下所述。

❑ **Force**(力度) 设置产生爆炸强弱程度,数值越大,相应的碎片起始的移动速度越大。

❑ **Gravity**(重力) 调整碎片向下抛落的速度。数值越大,速度就越快。

❑ **Spinning**(旋转) 设置碎片自行旋转的圈数。

❑ **Force Center**(力点中心) 定义产生爆炸的中心位置坐标。

❑ **Direction/Speed Randomness**(随机方向/速度) 分别设置碎片在移动时方向、速度的任意性比例。

❑ **Grid Spacing**(网格间隔) 调整碎片间的

间隔,数值越大,碎片的尺寸就越大。

❑ **Object**(对象) 设置创建碎片的模式,该选项包含了 4 种方式。

❑ **Enable Depth Sort**(启用景深类别) 启用该选项,将允许按照碎片的深度进行分类。

❑ **Start Time(sec)**(启动时间(秒)) 设置碎片的数量,从而产生不同方向和角度进行抛射移动的动画效果

原图　　　　　　　　效果图

11.2.2 卡片动画特效

卡片动画特效主要功能是根据另外的一两张图像的内容,将当前的图像分割成细小的卡片,并对这些卡片进行位移、旋转等操作。

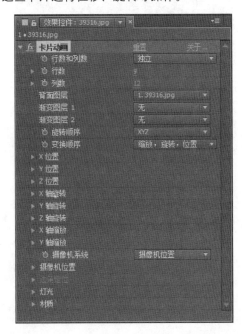

其中，【卡片动画】特效的属性选项的具体含义，如下所述。

- ❑ **行数和列数** 定义行与列的设置方式。【独立】选项可单独调整行与列的数值，而【列数受行数控制】选项则表示列的参数跟随行的参数进行变化。

- ❑ **行数/列数** 用于调整行和列的数量。

- ❑ **背面图层** 用于定义产生效果的背面图层，默认层为原图层。

- ❑ **渐变图层 1/2** 定义作为向导的图像，若将图像打散成块，则要根据此图像进行分割。

- ❑ **旋转顺序** 定义旋转轴向的排列顺序，该下拉列表包含了 6 种不同的顺序。

- ❑ **变换顺序** 定义碎片变形时，采用的属性顺序，该下拉列表包含了 6 种不同的顺序。

- ❑ **X/Y/Z 位置** 分别设置在 X、Y、Z 轴上，原素材的位置的变化效果。其中，【源】选项设置用于指定打散后碎片分布的参照图像，包括 19 种模式；【乘数】选项用于调整创建效果的变化幅度；【偏移】选项用于设置创建效果产生的位置偏移效果。

- ❑ **X/Y/Z 轴旋转** 分别设置在 X、Y、Z 轴上，原素材的旋转属性变化效果。

- ❑ **X/Y 轴缩放** 分别设置在 X 或 Y 轴上，原素材的尺寸缩放大小。

- ❑ **摄像机系统** 用于定义摄像机控制的方式。该选项包含了【摄像机位置】、【摄像机角度】和【合成摄像机】三种类型。

- ❑ **摄像机位置** 通过设置下拉列表选项参数，可调节创建效果的空间位置。

- ❑ **边角定位** 通过设置下拉列表选项参数，可调节创建画面的角度效果。

> **提示**
>
> 该特效中的【灯光】与【材质】选项组中的选项，与 3D 对象中的【材质】属性，以及灯光图层中的【灯光】属性相同，这里不再阐述。

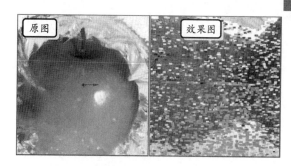

11.2.3 泡沫特效

泡沫特效主要是可以模拟泡沫效果，通过该特效详细的参数设置，可得到逼真的且丰富的效果。

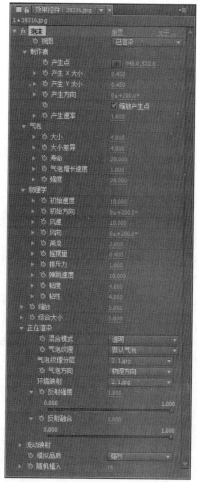

其中，【泡沫】特效的属性选项按照分类，可划分为下列几种类型。

1. 制作者

该类型的选项，主要用于设置产生泡沫效果的产生位置和大小以及运动方向和速度的基本属性设置。

- ❏ **产生点** 用于定义创建泡沫效果中心点的位置坐标。
- ❏ **产生 X/Y 大小** 分别设置创建效果在 X、Y 轴向的大小。
- ❏ **产生方向** 用于调整创建泡沫效果的产生角度。
- ❏ **缩放产生点** 启用该选项，将对产生点进行放大。
- ❏ **产生速率** 用于设置创建泡沫效果的产生速度。

2. 气泡

该类型的选择，主要用于创建泡沫的基本动画属性。

- ❏ **大小** 用于调整产生泡沫的尺寸大小。
- ❏ **大小差异** 用于设置泡沫产生的差异程度，数值越大，泡沫的不一致性越明显。
- ❏ **寿命** 用于设置泡沫存在的时间长度。
- ❏ **气泡增长速度** 用于调整泡沫生长的速度。
- ❏ **强度** 用于调整产生泡沫的数量，数值越大，产生泡沫的数量也就越多。

3. 物理学

该类型的选项，主要用于控制产生泡沫效果的物理动画属性。

- ❏ **初始速度/方向** 分别调整产生泡沫效果的初始速度或方向。
- ❏ **风速/风向** 分别设置泡沫产生的速度或方向。
- ❏ **湍流** 用于设置泡沫产生的紊乱效果，数值越大，效果就越突出。
- ❏ **摇摆量** 用于调整泡沫晃动的幅度。
- ❏ **排斥力** 用于设置泡沫之间的排斥力度。
- ❏ **弹跳速度** 用于调整泡沫运动的幅度。
- ❏ **黏度** 用于设置泡沫间的粘连程度。
- ❏ **黏性** 用于控制泡沫间的粘连机率。

4. 正在渲染

该类型的选项，主要用于设置泡沫的渲染效果。

- ❏ **混合模式** 用于设置创建效果的混合模式，该选项包含了 3 种方式。
- ❏ **气泡纹理** 用于定义创建泡沫的材质类型，该选项包含了 19 种模式。
- ❏ **气泡纹理分层** 用于定义创建泡沫所在材质图层。
- ❏ **气泡方向** 用于设置渲染泡沫类型，该选项包含了 3 种模式。
- ❏ **环境映射** 用于定义创建泡沫映射环境的来源图层。
- ❏ **反射强度** 用于调整映射效果产生的反射强弱程度。
- ❏ **反射融合** 用于调整映射层的聚散效果。

5. 流动映射

该类型的选项，主要用于设置创建泡沫的流动动画效果。

- ❏ **流动映射** 用于定义创建泡沫流动的贴图图层。
- ❏ **流动映射黑白对比** 用于调整流动贴图中黑白数值的对比度，数值越大对比度就越强烈，泡沫的数量也就越少。
- ❏ **流动映射匹配** 用于设置创建泡沫流动贴图是匹配屏幕还是匹配全局。

6. 其他选项

除了上述 5 种类型的选项之外，该特效中还包括下列 5 种选项：

- ❏ **视图** 用于设置在【合成】窗口查看效果的方式，该选项包含了【草稿】、【草稿+流动映射】和【已渲染】3 种选项。
- ❏ **缩放** 用于设置创建效果的缩放幅度。
- ❏ **综合大小** 用于设置泡沫的密度效果。
- ❏ **模拟品质** 用于定义模拟显示的品质。该选项包含了【标准】、【高】、【强烈】3 种选项。
- ❏ **随机植入** 用于设置随机效果出现的种子数量。

> **提示**
>
> 该特效需要在【时间轴】面板中创建关键帧，才可以显示最终效果。

11.2.4　粒子运动场特效

粒子运动场特效主要用于创建发射粒子,通过特效属性参数设置,可以制作出绚丽的粒子动画效果。

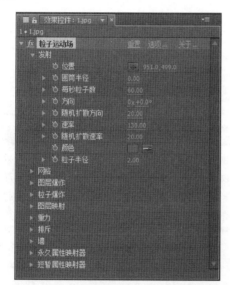

其中,【粒子运动场】特效的属性选项按照分类,可划分为下列几种类型。

1．发射

该类型中的选项,主要用于设置粒子发射器的基本属性。

- ❏ **位置**　定义粒子发射中心点位置坐标。
- ❏ **圆筒半径**　调整发射器的半径大小。
- ❏ **每秒粒子数**　设置每秒内粒子发射的数量。
- ❏ **方向**　调整粒子发射的轴向。
- ❏ **随机扩散方向**　设置粒子随机扩散发射

方向的概率。

- ❏ **速率**　调整粒子发射的快慢程度。
- ❏ **随机扩散速率**　设置粒子随机扩散发射速度的概率。
- ❏ **颜色**　控制粒子发射的颜色。
- ❏ **粒子半径**　调整发射器产生粒子的半径大小。

2．网格

该类型中的选项,主要用于设置栅格区域的基本属性。

- ❏ **宽度/高度**　分别设置创建栅格效果的宽窄或长短。
- ❏ **粒子交叉**　调整该效果粒子的交叉数量。
- ❏ **粒子下降**　调整该效果区域粒子的下降数量。

3．图层爆炸

该类型中的选项,主要用于设置图层的爆炸效果。

- ❏ **引爆图层**　定义产生爆炸的图层,默认为原图层。
- ❏ **新粒子的半径**　调整新添加粒子的半径。
- ❏ **分散速度**　设置粒子产生分散效果的速度。

4．粒子爆炸

该类型中的选项,主要用于设置图层爆炸新建粒子的爆炸效果。

- ❏ **影响**　通过调整该下拉列表选项参数,控制新建粒子爆炸的反击效果。
- ❏ **粒子来源**　设置反击粒子的类型。该选项包含了 16 种方式。

5．图层映射

该类型中的选项,主要用于设置新建粒子的图层映射效果。

- ❏ **使用图层**　定义创建图层映射效果的图层。
- ❏ **时间偏移类型**　设置新建图层映射效果层的偏移方式。该选项包含了 4 种方式。
- ❏ **时间偏移**　调整效果在时间上的偏移程度。

6. 重力

该类型中的选项,主要用于设置创建效果的受力大小、方向以及分散程度。

- ❑ **力**　设置创建效果的重力大小。数值越大,效果所承受的重力就越大。
- ❑ **随机扩散力**　调整粒子效果在随机状态下的分散强度。
- ❑ **方向**　调整效果所受的重力轴向。

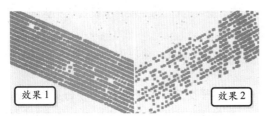

效果1　　　效果2

7. 排斥

该类型中的选项,主要用于控制创建效果粒子间的排斥力度。

- ❑ **力半径**　调整创建效果粒子间的排斥力之间的距离。
- ❑ **排斥物**　设置产生排斥力的排斥物的属性。该参数调整类似于【反击】选项属性。

8. 墙

该类型中的选项,主要用于模拟粒子遇到墙体的效果。

- ❑ **边界**　定义设置墙体的边界范围。
- ❑ **影响**　调整粒子遇到墙体所产生的反击效果,该参数设置类似与【粒子爆炸】|

【影响】设置。

9. 永久属性映射器

该类型中的选项,主要用于创建效果在持续时间内的映射效果。

- ❑ **使用图层作为映射**　定义产生持续映射效果的图层。
- ❑ **将红/绿/蓝色映射为**　分别定义映射红、绿或蓝色所映射到的区域。该选项包含了27种模式。
- ❑ **最小/最大值**　分别设置创建反射效果的最小或最大的极限效果。

10. 短暂属性映射器

该类型中的选项,主要用于控制粒子的短暂特性效果,具体参数设置与【永久属性映射器】类似。

效果1　　　效果2

> **提示**
>
> 在模拟仿真特效中除了可以模拟前面的效果以外,还可以模拟如碎片、焦散、波形环境等效果,由于受篇幅限制,在此不再做详细介绍。

11.3 模糊和锐化特效

模糊和锐化特效主要是用于制作素材画面模糊或清晰的效果,它可以根据不同的用途对素材的不同区域进行模糊或者锐化,包含径向模糊、通道模糊等17种特效。

11.3.1 CC Radial Fast Blur 特效

CC Radial Fast Blur 特效主要是对原素材进行快速放射状模糊处理,通过设置参数可得到丰富的放射效果。

其中,CC Radial Fast Blur 特效的属性选项的具体含义,如下所述。

❑ **Center**（中心）　用于定义效果中心在 X 轴和 Y 轴的位置。

❑ **Amount**（数量）　调整创建 CC 放射快速模糊效果的程度，数量值越大，效果越明显。

❑ **Zoom**（缩放）　定义创建效果不同的缩放方式。其中，包括 Standard(标准)、Brightest(最亮)和 Darkest（最暗）3 种缩放方式。

❑ **Vector Map**（矢量映射）　用于定义在矢量模糊中的参照图像。

❑ **Property**（特性）　用于定义参照映射图进行模糊处理的特性形式，包含了 8 种方式。

❑ **Map Softness**（映射柔化）　用于调整矢量映射效果的柔化程度，数值越大，矢量映射越平滑。

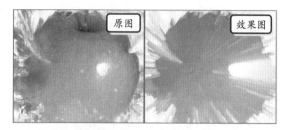

11.3.2　CC Vector Blur 特效

CC Vector Blur 特效主要是通过将原素材矢量化来制作模糊效果。

其中，CC Vector Blur 特效的属性选项的具体含义，如下所述。

❑ **Type**（类型）　用于定义创建效果的方式，包含了 Natural（自然）、Constant Length（恒定长度）、Direction Center（定向中心）等 5 种类型。

❑ **Amount**（数量）　用于调整产生模糊效果程度，数值越大，效果越明显。

❑ **Angle Offset**（角度偏移）　用于调整素材产生角度的偏移效果。

❑ **Ridge Smoothness**（脊线平滑）　用于调整模糊效果隆起部分的平滑程度，数值越大，平滑效果越明显。

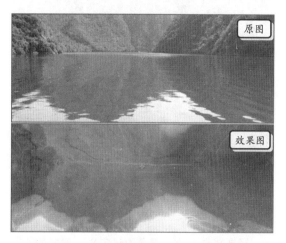

11.3.3　径向模糊特效

径向模糊特效主要是在原素材中添加径向模糊效果，通过定义参数可制作缩放状和旋转状两种径向模糊效果。

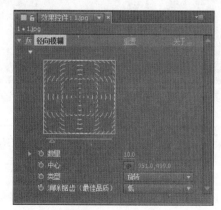

其中，【径向模糊】特效的属性选项的具体含义，如下所述。

❑ **数量**　用于调整产生效果的模糊程度，数值越大，效果就越突出。

❑ **中心**　用于定义创建效果中心的位置坐标。

❑ **类型** 用于设置创建效果的类型,包含了【旋转】和【缩放】两种方式。

❑ **消除锯齿(最佳品质)** 用于设置产生效果抗锯齿的品质,包含了【高】和【低】两种方式。

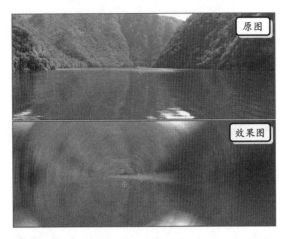

11.3.4 通道模糊特效

通道模糊特效主要是通过定义素材中的不同通道,来设置调整画面的模糊效果。

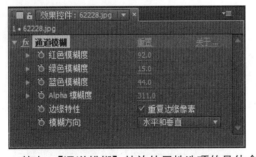

其中,【通道模糊】特效的属性选项的具体含

义,如下所述。

❑ **红色/绿色/蓝色/Alpha 模糊度** 分别设置红色、绿色、蓝色和 Alpha 通道信息的模糊程度。数值越大效果就越强烈。默认数值范围为 0~127,可调数值范围为 0~32767。

❑ **边缘特性** 用于设置素材边缘的效果。如果启用【重复边缘像素】复选框,则素材的边缘将不被模糊处理。

❑ **模糊方向** 用于定义创建效果的模糊方向类型,包含了【水平和垂直】、【水平】和【垂直】3 种方式,。

> **提示**
>
> 该特效中除了前面讲的特效效果外,还可以制作出定向模糊、快速模糊、双向模糊等效果,其操作方法大体相同,由于受篇幅限制,在此不再做详细介绍。

11.4 杂色与颗粒特效

杂色与颗粒特效主要功能是在原始图像层中添加杂色与颗粒效果的特效集合,包括最常用的中间值、蒙尘与划痕、颗粒和杂色等特效。

11.4.1 中间值特效

中间值特效主要是将指定半径范围内的像素值相互融合,从而形成新的像素值来替代原始像素

的效果,此外也可将其值调高,用来模糊 Alpha 通道的边界。

其中,【中间值】特效的属性选项的具体含义,

如下所述。

- ❏ **半径**　用于设置原图像中像素之间的融合程度，数值越大融合效果越明显。默认数值范围为 0～10，可调数值范围为 0～255。
- ❏ **在 Alpha 通道上运算**　启用该选项，将在原图像的 Alpha 通道上创建效果。

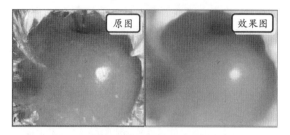

11.4.2　蒙尘与划痕特效

蒙尘与划痕特效主要功能是通过改变不同像素之间的过渡，减少图像中的灰尘和划痕。

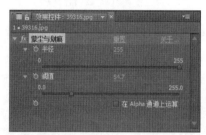

其中，【蒙尘与划痕】特效的属性选项的具体含义，如下所述。

- ❏ **半径**　用于设置图像中像素之间的融合程度，数值越大融合效果越明显。
- ❏ **阈值**　用于设置图像中像素的最大数值范围，数值越大，画面恢复的清晰度就越高。
- ❏ **在 Alpha 通道上运算**　启用该选项，可将创建效果应用到 Alpha 通道中。

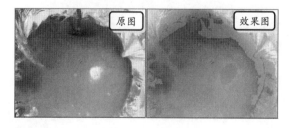

11.4.3　添加颗粒特效

添加颗粒特效主要是自动对素材进行颗粒添加匹配，通过设置视频材料的颗粒来调整预置效果。

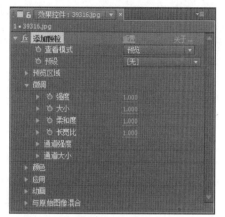

其中，【添加颗粒】特效的属性选项，按照不同的功能，可分为下列几种类型。

1. 预览区域

该类型中的选项，主要用于设置预览窗口的显示效果。

- ❏ **中心**　定义预览窗口在【合成】窗口中的位置中心坐标。
- ❏ **宽度/高度**　分别调整预览窗口的左右、上下边的大小。
- ❏ **显示方框**　启用该选项，将显示预览范围边框。
- ❏ **方框颜色**　设置预览边框的颜色。

2. 微调

该类型中的选项，主要用于调整添加颗粒效果。

- ❏ **强度**　调整添加颗粒的疏密程度，默认数值范围为 0～10，可调数值范围为 0～100。
- ❏ **大小**　设置添加单个颗粒的尺寸大小。
- ❏ **柔和度**　调整添加颗粒效果的柔化程度，数值越大颗粒越柔和。
- ❏ **长宽比**　定义颗粒效果的长宽比例。
- ❏ **通道强度**　设置红、绿和蓝通道添加颗粒效果的强弱程度。
- ❏ **通道大小**　设置红、绿和蓝通道添加颗粒大小。

3．颜色

该类型中的选项，主要用于调整添加颗粒的颜色效果。

- ❏ **单色** 启用该选项，添加颗粒只能单色显示。
- ❏ **饱和度** 设置添加颗粒颜色的饱和程度。
- ❏ **色调量** 设置添加颗粒表面颜色的色彩渲染程度，用于强化滤镜效果的真实度。
- ❏ **色调颜色** 定义进行调和的颜色。

4．应用

该类型中的选项，主要用于调整添加效果的各种混合模式。

- ❏ **混合模式** 定义添加效果的混合模式，该选项包含了 5 种模式。
- ❏ **阴影/中间调/高光** 分别设置阴影、中间调、高光区域的混合程度。
- ❏ **中点** 设置中间值的数量。
- ❏ **通道平衡** 通过调整 RGB 各个通道的阴影、中间调和高光区域，来设置颗粒的局部添加效果。

5．动画

该类型中的选项，主要用于设置颗粒的动画属性。

- ❏ **动画速度** 调整添加效果的运动速度。
- ❏ **动画流畅** 当启用该选项，将平滑动画过程。
- ❏ **随机植入** 设置添加效果的随机动画效果。

6．与原始图像混合

该类型中的选项，主要用于设置颗粒的动画属性。

- ❏ **数量** 设置添加效果与原始图像的混合程度。
- ❏ **结合匹配与蒙版使用** 通过定义【正片叠

底】或【屏幕】选项，可设置颜色匹配属性。具有一定的随机性。

- ❏ **模糊遮罩** 设置模糊蒙版的数值，默认数值范围为 0～10，可调数值范围为 0～100。
- ❏ **颜色匹配** 通过调整该下拉选项相应的参数，可设置颜色匹配的属性。
- ❏ **蒙版图层** 通过调整该下拉选项相应的参数，可设置蒙版层的属性。

除了上述 6 种类型的选项之外，该特效中还包括下列两种选项。

- ❏ **查看模式** 定义在【合成】窗口中查看图像的模式，在该下拉列表中包含了 3 种模式。
- ❏ **预设** 定义添加使用软件预置的视频颗粒效果，该选项包含了 14 个选项，13 种模式。

11.4.4 杂色 Alpha 特效

杂色 Alpha 特效主要功能是为素材中图像的 Alpha 通道添加正方形噪点。

其中，【杂色 Alpha】特效的属性选项的具体含义，如下所述。

- ❏ **杂色** 用于设置产生杂色的类型，在该下拉列表中包含了 4 种模式。
- ❏ **数量** 用于调整添加效果的程度，数值越大效果就越突出。
- ❏ **原始 Alpha** 向 Alpha 通道添加杂色的方式，在该下拉列表中包含了 4 种模式。
- ❏ **溢出** 用于定义溢出时映射的方式，在该下拉列表中包含了 3 个选项。

❏ **随机植入**　用于定义随机杂色的样式，该
选项只能用于静态的两种杂色模式。

❏ **杂色选项**　通过设置下拉选项属性，可调
整杂色的动画效果。

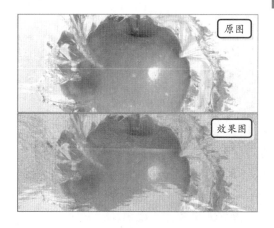

11.5　包装展示效果

　　企业在展示产品或进行宣传时，往往需要对产品和宣传进行一
定的包装，以期可以给观众留下比较深刻的印象。而 AE 中的包装展
示效果，则是运用其内置的一些特效，通过制作具有模糊性和重点突
出性的影视包装特效，来达到吸引观众眼球的目的。在本练习中，将
通过制作一个"健康骨骼"包装展示效果，来详细介绍 AE 中的快速
模糊效果、图层样式，以及摄像机和形状图层的应用方法和操作技巧。

练习要点

● 应用形状图层
● 应用快速模糊效果
● 应用摄像机
● 应用图层样式
● 设置图层属性
● 设置文本格式

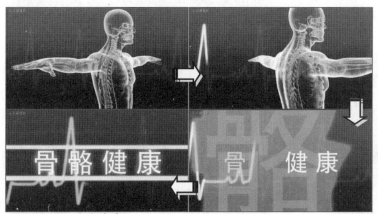

操作步骤 》》》》

STEP|01 新建合成。执行【合成】|【新建合成】
命令，在弹出的【合成设置】对话框中，设置合成
选项，并单击【确定】按钮。

STEP|02 制作背景视频。将"Pulse.mov"素材添
加到合成中，右击图层条执行【时间】|【时间伸
缩】命令，将【拉伸因数】设置为183%。

STEP|03 启用【3D 图层】功能，展开【变换】
属性组，将【缩放】参数值分别都更改为150%。

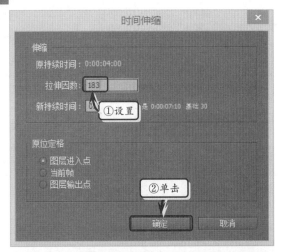

STEP|04 将【时间指示器】移至 0:00:00:00 位置处，单击【不透明度】左侧的【时间变化秒表】按钮，并将该参数值设置为 0%。

STEP|05 将【时间指示器】移至 0:00:04:12 位置处，将【不透明度】参数值设置为 100%。

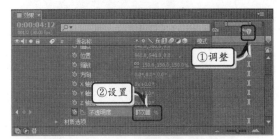

STEP|06 将【时间指示器】移至 0:00:00:11 位置处，将【不透明度】参数值设置为 100%。

STEP|07 执行【效果】|【模糊和锐化】|【快速模糊】命令，将【时间指示器】移至 0:00:04:10 位置处，单击【模糊度】左侧的【时间变化秒表】按钮，并将参数值设置为 0.7。

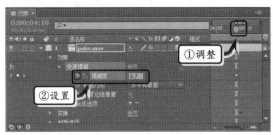

STEP|08 将【时间指示器】移至 0:00:06:11 位置处，将【模糊度】参数值设置为 9。

STEP|09 复制"Pulse.mov"图层，选择复制图层，将【模式】设置为【线性减淡】。同时，取消【模糊度】关键帧，并将【模糊度】参数值更改为 24。

STEP|10 取消【不透明度】关键帧，将【时间指示器】移至 0:00:00:00 位置处，单击【不透明度】左侧的【时间变化秒表】按钮，并将该参数值设置为 0%。

960,540,-1066.7。

STEP|11 将【时间指示器】移至 0:00:03:02 位置处，将【不透明度】参数值设置为 69%。

STEP|12 将【时间指示器】移至 0:00:00:11 位置处，将【不透明度】参数值设置为 69%。

STEP|13 制作摄像机层。执行【新建】|【图层】|【摄像机】命令，在弹出的【摄像机设置】对话框中，设置相应选项，并单击【确定】按钮。

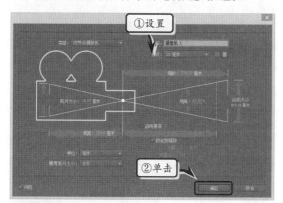

STEP|14 将【时间指示器】移至 0:00:00:00 位置处，单击【目标点】和【位置】左侧的【时间变化秒表】按钮，并将参数值分别设置为 960,540,0 和

STEP|15 将【时间指示器】移至 0:00:07:00 位置处，将【目标点】和【位置】参数值分别设置为 960,540,508 和 960,540,-558.7。

STEP|16 制作前景视频。将"body.mov"素材添加到合成中，启用【3D 图层】功能，将【模式】设置为【线性减淡】，并右击图层条执行【时间】|【时间伸缩】命令，将【拉伸因数】设置为 183%。

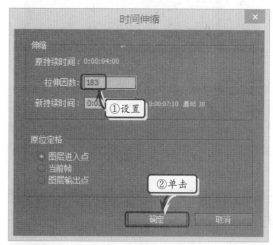

STEP|17 将【时间指示器】移至 0:00:00:00 位置处，设置【缩放】参数，单击【不透明度】左侧的【时间变化秒表】按钮，并将该参数值设置为 0%。

STEP|18 在 0:00:00:09、0:00:03:12 和 0:00:03:23 位置处，分别将【不透明度】参数值设置为 100%、100%和 0%。

STEP|19 制作文本图层。执行【图层】|【新建】|【文本】命令，在【合成】窗口中输入文本内容，并在【字符】面板中设置字体格式。

STEP|20 启用【3D 图层】功能，并将该图层的入点设置在 0:00:02:29 位置处。然后，单击【文本】属性组右侧的【动画】按钮，选择【缩放】选项，并将【缩放】参数值设置为 1000。

STEP|21 使用同样的方法，分别添加【不透明度】、

【描边颜色】、【描边不透明度】和【描边宽度】等动画选项，并分别设置各项参数。

STEP|22 展开【范围选择器 1】属性组，将【结束】参数值设置为 8%。

STEP|23 将【时间指示器】移至 0:00:02:29 位置处，单击【偏移】左侧的【时间变化秒表】按钮，并将参数值设置为 0。

STEP|24 将【时间指示器】移至 0:00:03:29 位置处，将【偏移】参数值设置为 100%。

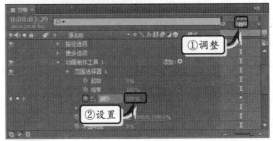

STEP|25 展开【高级】属性组，将【依据】设置为【不包含空格的字符】，同时将【随机排序】设

置为【开】。

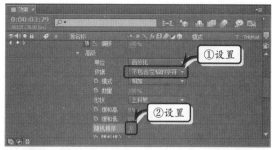

STEP|26 展开【变换】属性组，将【缩放】参数值设置为 73.2%。

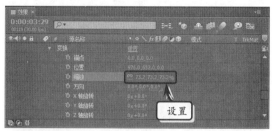

STEP|27 执行【图层】|【图层样式】|【外发光】命令，在【外发光】属性组中设置所有参数。

STEP|28 制作形状图层。新建一个形状图层，启用【3D 图层】功能，并设置图层的入点。然后，

将【时间指示器】移至 0:00:03:12 位置处，单击【位置】左侧的【时间变化秒表】按钮，并设置其参数。

STEP|29 将【时间指示器】移至 0:00:04:29 位置处，将【位置】参数值设置为 956,515.9,-222.3。

STEP|30 执行【图层】|【图层样式】|【外发光】命令，在【外发光】属性组中设置所属参数。使用同样方法，制作另外一个位置方向与之相反的形状图层。

11.6　环保宣传片头

　　在拍摄一些环保宣传类的影视题材时，通过普通摄像头拍摄的素材一般偏重于讲述性和展示性，相对于美国大片来讲显得比较单调。此时，用户可通过 AE 中的粒子等特效，来制作具有抽象效果的宣传片头。在本练习中，将运用 AE 中一些内置特效，详细介绍制作具有抽象花朵轮廓效果的环保宣传片头。

练习要点

- 应用纯色图层
- 应用发光效果
- 应用 CC Particle World 效果
- 应用 CC Vector Blur 效果
- 应用梯度渐变效果
- 应用 CC Drizzle 效果

操作步骤 ▶▶▶

STEP|01 新建合成。执行【合成】|【新建合成】命令，在弹出的【合成设置】对话框中，设置各项选项，并单击【确定】按钮。

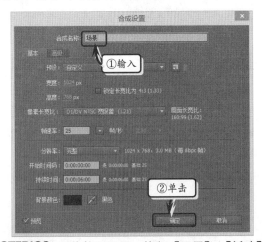

STEP|02 制作粒子图层。执行【图层】|【新建】|【纯色】命令，在弹出的【纯色设置】对话框中，设置图层名称，并单击【确定】按钮。

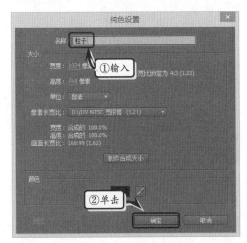

STEP|03 执行【效果】|【模拟】|CC Particle World 命令，在【效果控件】面板中，将 Birth Rate 参数值设置为 3.6，将 Longevity（sec）参数值设置为 1.5。

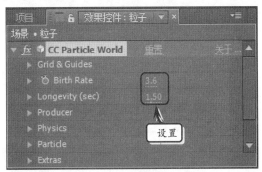

STEP|04 展开 Physics 选项组，将 Animation 设置为 Fractal Omni，同时设置其他选项的参数值。

STEP|05 展开 Particle 选项组，将 Particle Type 设置为 Bubble，设置 Birth Size、Death Size 和 Size Variation 选项，并将 Death Color 颜色设置为 #488101。

STEP|06 展开 Producer 选项组，将【时间指示器】移至 0:00:00:00 位置处，单击 Position X 和 Position

Y 左侧的【时间变化秒表】按钮，并设置其参数值。

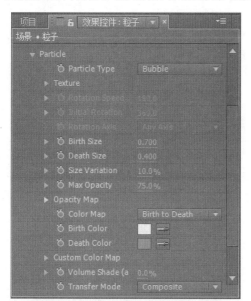

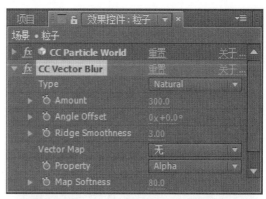

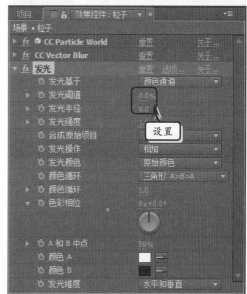

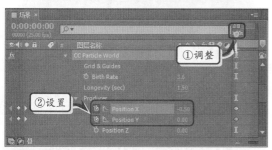

STEP|07 将【时间指示器】移至 0:00:01:00 位置处，将 Position X 和 Position Y 参数值分别设置为 0.6 和 -0.1。

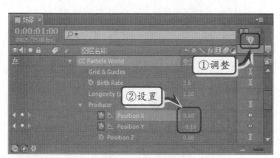

STEP|08 执行【效果】|【模糊与锐化】|CC Vector Blur 命令，在【效果控件】面板中，设置各选项的具体参数。

STEP|09 执行【效果】|【风格化】|【发光】命令，在【效果控件】面板中，将【发光阈值】设置为 0%，将【发光半径】设置为 0。

STEP|10 复制 "粒子" 图层，形成两个 "粒子" 图层。然后，将复制图层右侧的【模式】设置为【叠加】。

STEP|11 制作背景图层。新建一个纯色图层，将【模式】设置为【叠加】。执行【效果】|【生成】|【梯度渐变】命令，在【效果控件】面板中，将【渐变形状】设置【线性渐变】，并单击【起始颜色】颜色方框。

STEP|12 在弹出的【起始颜色】对话框中，设置颜色的 R、G、B 值，并单击【确定】按钮，自定义起始颜色。

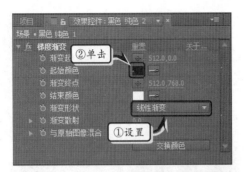

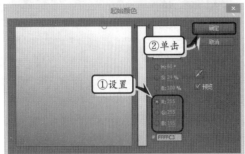

STEP|13 单击【结束颜色】右侧的颜色方框，在弹出的【结束颜色】对话框中，设置颜色的 R、G、B 色值，并单击【确定】按钮，自定义起始颜色。

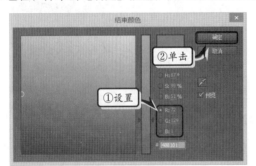

STEP|14 制作文本。新建文本图层，启用【3D 图层】功能，在【合成】窗口中输入"Health"文本，并在【字符】面板中设置文本的字体格式，并将字体颜色设置为#529F13。

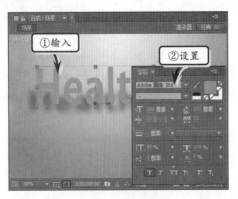

STEP|15 展开【变换】属性组，将【位置】属性中的 Z 轴参数设置为-50。

STEP|16 复制文本图层，形成"Health 2"图层，将该图层中文本的字体颜色更改为#2C5C05，并将【位置】属性中的 Z 轴参数设置为 0。

STEP|17 复制第 2 个文本图层，形成"Health 3"图层，将该图层的【缩放】属性中的 Z 轴参数更改为 140。

STEP|18 执行【效果】|【生成】|【填充】命令，在【效果控件】面板中，设置各项选项，并单击【颜色】右侧的颜色方框。

STEP|19 在弹出的【颜色】对话框中，设置颜色 R、G、B 值，并单击【确定】按钮。

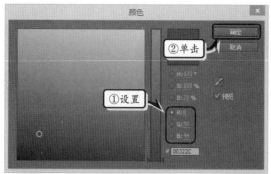

STEP|20 执行【效果】|【模糊和锐化】|【快速模糊】命令，在【效果控件】面板中，将【模糊度】设置为 30。

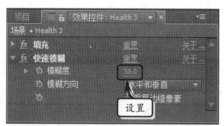

STEP|21 同时选择 3 个文本图层，右击执行【预合成】命令，在弹出的对话框中输入合成名称，单击【确定】按钮。

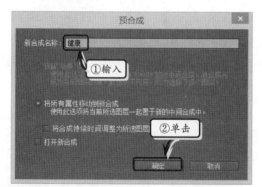

STEP|22 选择"健康"图层，执行【效果】|【模拟】|CC Drizzle 命令，在【效果控件】面板中设置各选项的参数值。

STEP|23 将【时间指示器】移至 0:00:01:00 位置处，单击【不透明度】左侧的【时间变化秒表】按钮，并将参数值设置为 0%。

STEP|24 将【时间指示器】移至 0:00:01:10 位置处，单击【位置】左侧的【时间变化秒表】按钮，并设置【位置】和【不透明度】属性的参数值。

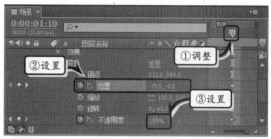

STEP|25 将【时间指示器】移至 0:00:01:10 位置处，设置【位置】属性的参数值，同样方法制作其他关键帧。

STEP|26 使用同样的方法，制作"生活"文本合成图层，并创建【不透明度】和【位置】关键帧。

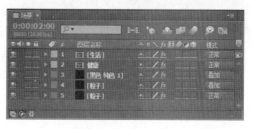

第 **12** 章

应用视频特效

　　AE 中存在一种对视频、图像进行生成、转化、时间等处理的视频类特效，其生成特效是一种特殊的效果，它利用画面像素产生一些匪夷所思的画面，如夜空中的闪电等；过渡特效主要是可添加特殊效果和实现转场过渡等，如制作龙卷风效果；而时间特效则通过原视频素材作为时间标准，来制作一些融合拖尾或色差等效果。在本章中，将详细介绍视频特效的基础知识和使用方法。

12.1 生成特效

生成特效主要功能是为图像添加各种各样的填充或纹理，例如圆形、渐变等，同时也可通过添加音频来制作效果的声音特效，包含写入、分形、描边、涂写、单元格图案等 26 个特效。

12.1.1 写入特效

写入特效主要功能是通过在原图像中创建关键帧并设置书写笔顺，来模拟书写动画效果。

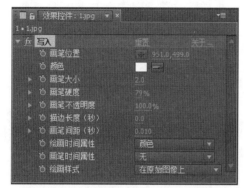

其中，【写入】特效的属性选项的具体含义，如下所述。

- ❑ **画笔位置**　用于设置画笔的位置坐标点，通过设置该位置坐标可创建画笔运动路径。
- ❑ **颜色**　用于设置画笔绘制的颜色。
- ❑ **画笔大小**　用于设置画笔绘制笔画的宽度，默认数值范围为 0～25，可调数值范围为 0～50。
- ❑ **画笔硬度**　用于设置画笔绘制的虚化程度，数值越大画笔的虚化程度越小，硬度越大，效果相反。
- ❑ **画笔不透明度**　用于设置画笔绘制效果的透明度，数值越大绘制效果越清晰。
- ❑ **描边长度（秒）**　用于设置画笔在单位时间内绘制效果的长度，单位为秒。默认数值范围为 0～20，可调数值范围为 0～3000。

- ❑ **画笔间距（秒）**　用于设置画笔之间在单位时间的间隔距离，单位为秒，默认数值范围为 0.001～0.1，可调数值范围为 0.001～3000。
- ❑ **绘画时间属性**　用于设置画笔绘制时间的设置类型，该选项包含了【无】、【不透明度】和【颜色】3 种方式。
- ❑ **画笔时间属性**　用于设置画笔在单位时间内的属性设置，该选项包含了【无】、【大小】、【硬度】、【大小和硬度】4 种方式。
- ❑ **绘画样式**　用于设置画笔绘制效果与原图像的混合模式，该选项包含了【在原始图像上】、【在透明背景上】和【显示原始图像】3 种混合模式。

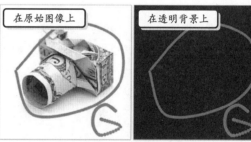

当同时创建多个书写效果时，可通过运用多次写入特效，并可在【图层】窗口对绘制效果进行锚点设置。

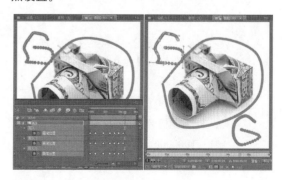

12.1.2 分形特效

分形特效是一种著名的程序纹理，该特效通过对规则纹理的不断细分和衍生来产生不规则的随机效果。

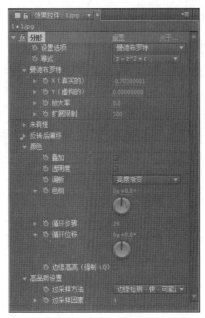

其中，【分形】特效的属性选项的具体含义，如下所述。

- **设置选项** 在该选项的下拉列表中选择不同选项，可设置分形的方法。这6种方法都是属于记忆棒的分形算法：曼德布罗特和朱莉娅分形法。

- **等式** 用于定义不同算法表达式，该选项包含了4种表示式。

- **X（真实的）/Y（虚构的）** 分别定义在 X、Y 轴方向分形的位置。默认数值范围为-2～2，可调数值范围为-10000000～10000000。

- **放大率** 用于定义各类型分形效果的比例。默认数值范围为0～100，可调数值范围为-29～100。

- **扩展限制** 用于定义各类型分形的极限。默认数值范围为30～1000，可调数值范围为1～1000000。

- **叠加** 启用该选项，可将该颜色效果叠加到原效果层并显示。

- **透明度** 启用该选项，将调整该颜色效果在原效果层的暗色区域的透明度。

- **调板** 用于设置分形调色板的类型，共包含了7种类型。

- **色相** 用于设置添加颜色效果的色彩显示效果。

> **提示**
>
> 【色相】选项的颜色效果作用对【调板】选项下的【黑白】、【灰度】和【苹果】选项无调节作用。

- **循环步骤** 定义颜色效果循环的次序。默认数值范围为2～60，可调数值范围为1～32768。

- **循环位移** 设置循环效果的颜色偏移程度。

- **边缘高亮（强制LQ）** 启用该选项，可显示颜色边缘的高光效果。

- **过采样方法** 用于设置画面进行高品质渲染的采样类型，该选项包含了【边缘检测-快-可能缺失像素】和【强力攻击-慢-每个像素】两种方式。

- **过采样因素** 用于设置画面效果进行高品质渲染的采集系数值。

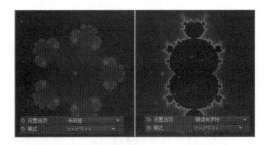

12.1.3 勾画特效

勾画特效主要功能是在物体周围产生类似于自发光的效果，同时还可以对物体产生的光圈进行动画，使其围绕物体运动。

其中，【勾画】特效的属性选项按其分类不同，可分为下列3种类型。

1. 片段

该类型中的选项，主要用于控制勾画效果的分段效果。

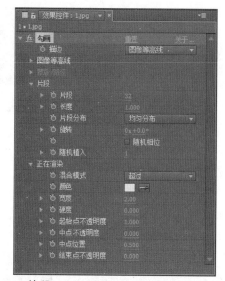

❏ **片段**　用于设置勾画线段的数量，数值越小轮廓线越长。默认数值范围为1～100，可调数值范围为1～250。

❏ **长度**　用于定义轮廓线的长度。

❏ **片段分布**　用于设置轮廓分段的配置方式，该选项包括【成簇分布】和【均匀分布】两种方式。

❏ **旋转**　用于置勾画轮廓线段的旋转角度。

❏ **随机相位**　启用该选项，可利用随机相位来改变线段的分布状态。

❏ **随即植入**　用于定义产生随机变化相位的种子。

2. 正在渲染

该类型中的选项，主要用于调整勾画画面的渲染效果。

❏ **混合模式**　用于设置效果与原图像之间的混合模式，该选项包括【超过】、【透明】、【曝光不足】和【模板】4种方式。

❏ **颜色**　用于设置勾画轮廓的颜色。

❏ **宽度**　用于设置勾画效果的宽度。

❏ **硬度**　用于设置勾画效果边缘的虚化程度。数值越大，轮廓线虚化效果越明显。

❏ **起始点/中点/结束点不透明度**　分别调整开始点、中间点和结束点的不透明度。

❏ **中点位置**　用于设置中间点在开始和结束两点之间的位置。

3. 图像等高线

该类型中的选项，主要通过图像中的不同属性进行效果的添加。

❏ **输入图层**　用于设置输入效果的图层，默认层为【无】即添加特效层。

❏ **反转输入**　启用该选项，可将勾画输入效果进行反转。

❏ **如果图层大小不同**　用于设置添加图层与原图层大小的匹配关系，该选项包括【中心】和【伸展以适合】两种模式。

❏ **通道**　用于设置输入效果的通道类型，该选项包括【强度】、【红色】、【绿色】等9种方式。

❏ **阈值**　用于调整通道的亮度的黑白分界值参数。

❏ **预模糊**　用于设置图像轮廓效果的羽化和模糊程度。

❏ **容差**　用于调整勾画图像轮廓的融和程度，数值越小，线条中的转折就越舒缓。

❏ **渲染**　用于设置图像效果的渲染方式，该选项包括【所有等高线】和【选定等高线】两种模式。

❏ **选定等高线**　选择需要显示的轮廓，可通过调整参数，查找需要的轮廓。默认数值范围为1～50，可调数值范围为1～1000。

❏ **设置较短的等高线**　用于设置画面中短小轮廓的渲染方式，该选项包括【相同数目片段】和【少数片段】两种模式。

除了上述3种类型的选项之外，该特效中还包括下列两种选项：

❏ **描边**　用于设置勾画效果来源的类型，该选项包括【图像等高线】和【蒙版/路径】两种模式。

❏ **蒙版/路径**　通过图像中的遮罩或路径进

行效果的添加。

12.1.4 描边特效

描边特效主要功能是通过将为图像添加的遮罩生成边框轮廓，来设置该轮廓的描边动画效果。

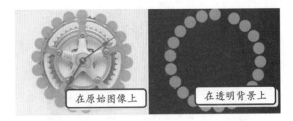

在原始图像上　　在透明背景上

其中，【描边】特效的属性选项的具体含义，如下所述。

- ❑ **路径**　用于设置要制作描边效果的遮罩层。
- ❑ **所有蒙版**　启用该选项，将对原图像中的所有遮罩进行选定，并进行描边效果制作。
- ❑ **顺序描边**　启用该选项，各层之间的效果将连续显示，反之将同时显示。
- ❑ **颜色**　用于设置描边效果的颜色。
- ❑ **画笔大小**　用于设置笔刷的大小。默认数值范围为 0～25，可调数值范围为 0～50。
- ❑ **画笔硬度**　用于设置画笔边缘的硬化程度，数值越大，边缘越清晰。
- ❑ **不透明度**　用于设置描边效果的透明度。数值越大，显示效果越清晰。
- ❑ **起始/结束**　分别设置描边效果的开始位置和结束位置。
- ❑ **间距**　用于调整画笔效果之间的间隔距离，数值越大间隔就越大。
- ❑ **绘画样式**　用于设置描边效果在原始图像上的显示效果，该选项包括【在原始图像上】、【在透明背景上】和【显示原始图像】3 种方式。

12.1.5 涂写特效

涂写特效主要是将在原图像中创建的一个或多个遮罩，生成为各种涂写方式的艺术效果。该特效与描边特效非常类似，但涂写特效在效果上更为丰富。

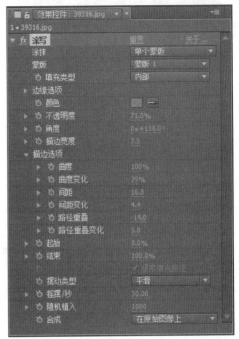

其中，【涂写】特效的属性选项的具体含义，如下所述。

- ❑ **涂抹**　用于设置所使用的遮罩类型，该选项包括【单个蒙版】、【所有蒙版】、【所有蒙版使用模式】和【无】4 种类型。
- ❑ **蒙版**　用于定义使用遮罩层。
- ❑ **填充类型**　用于定义遮罩填充的方法，该选项包括【内部】、【中心边缘】、【在边缘内】、【外面边缘】等 6 种类型。
- ❑ **颜色**　用于设置涂鸦效果的颜色。
- ❑ **不透明度**　用于调整添加效果的清晰度。

数值越大，效果越突出。

❏ **角度**　用于调整添加效果中笔触的绘制角度。

❏ **描边宽度**　用于设置添加效果中笔触效果的宽度。默认数值范围为 0.1～25，可调数值范围为 0.1～50。

❏ **起始/结束**　用于设置绘制涂鸦效果的顺序，通过创建关键帧，可设置涂鸦绘制过程动画。

❏ **顺序填充路径**　启用该选项，描边线将联合施加到所有遮罩轮廓线边缘。反之，将按每层的遮罩轮廓线单独施加描边线效果。

❏ **摆动类型**　用于设置描边线创建的动画类型，该选项包括【静态】、【跳跃性】和【平滑】3 种类型。

❏ **摇摆/秒**　用于调整在每秒钟内描边线运动效果的程度。数值越大，摆动效果就越明显。

❏ **随机植入**　用于定义随机产生线条的数量。

❏ **合成**　用于设置效果层和原图层之间的混合模式。该选项提供了【在原始图像上】、【在透明背景上】和【显示原始图像】3 种方式。

除了上述选项之外，该特效还提供了用于设置遮罩的边缘属性效果的【边缘选项】选项，该选项中包括下面 5 种边缘类型。

❏ **边缘宽度**　用于调整遮罩的边缘大小。数值越大，边缘就越厚。默认数值范围为 0～100，可调数值范围为 0～1000。

❏ **末端端点**　用于定义遮罩端点的效果，该选项包括【圆角】、【平头】和【投影】3 种类型。

❏ **连接**　用于定义遮罩拐角的效果类型，该选项提供了【圆角】、【斜角】和【尖角】3 种类型。

❏ **尖角限制**　用于控制尖角和斜角的连接转换程度。默认数值范围为 1～10，可调

数值范围为 1～500。

❏ **开始/末端应用于**　用于设置开始点和结束点的应用方式。该选项包括【遮罩路径】和【涂写结果】两个选项。

而该特效中的【描边选项】选项，则主要用来设置笔触描绘的曲线效果，该选项中包括下面 6 种描边属性。

❏ **曲度**　用于调整描边曲线的弯曲效果。

❏ **曲度变化**　用于设置描边曲线的末端端点的曲线变化程度，数值越大，弯曲效果越突出。

❏ **间距**　用于调整笔触效果之间的距离。

❏ **间距变化**　用于设置笔触绘制之间的间隔变化距离。数值越大，间隔就越大。

❏ **路径重叠**　用于调整描边效果路径的缩放大小。

❏ **路径重叠变化**　用于设置该路径的变化幅度大小。

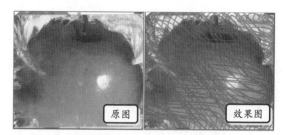

原图　　效果图

12.1.6　单元格图案特效

单元格图案特效主要是用于生成一种程序纹理，可以模拟细胞、泡沫、原子结构等单元状物体，也可制作马赛克、影视墙和管道等效果。

其中,【单元格图案】特效的属性选项的具体含义,如下所述。

- **单元格图案** 定义不同的单元图案类型,该选项包括【晶体】、【晶格化】、【气泡】等 12 种类型。
- **反转** 启用该选项,将对应的图案效果进行颜色的反转。
- **对比度** 用于设置创建效果的明暗对比效果。默认数值范围为 0~600,可调数值范围为 0~10000。
- **溢出** 用于定义单元图案之间空白处的调整方式,该选项提供【剪切】、【柔和固定】和【反绕】3 种方式
- **分散** 用于定义单元图案之间的分散程度,数值越小,分散的效果越整齐,反之越混乱。
- **大小** 用于设置单元图案的尺寸大小。
- **偏移** 用于调整创建效果在合成中的移动的位置坐标。
- **平铺选项** 用于设置创建图案在合成中的平铺效果,启用【启用平铺】选项,可将自由排列的单元图案按照一定的规则进行排列;而【水平/垂直单元格】则表示设置单元图案的数量。
- **演化** 用于设置演化循环的度数以及循环次数。
- **演化选项** 设置创建效果的演化循环效果,启用【循环演化】选项,可将相应的单元图案进行循环产生变化效果;而【循环(旋转次数)】选项,用于设置种子循环的次数;【随即植入】选项,用于定义演化的随机效果。

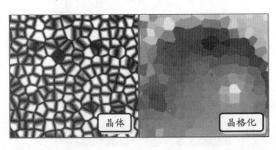

晶体　　晶格化

12.1.7　镜头光晕特效

镜头光晕特效主要是用于创建摄像机光晕和火焰发光的效果,是最常用的特效之一。

其中,【镜头光晕】特效的属性选项的具体含义,如下所述。

- **光晕中心** 用于设置创建光晕效果中心位置坐标点。
- **光晕亮度** 用于设置光晕所产生光线效果的亮度。
- **镜头类型** 用于定义不同镜头类型下的光晕效果,该选项包括【50-300 毫米变焦】、【35 毫米定焦】和【105 毫米定焦】3 种镜头。
- **与原始图像混合** 用于调整添加效果和原图像之间的混合程度,数值越大,效果就越不明显。当数值为 100% 时,将不显示添加效果。

原图

效果图

12.1.8　颜色生成特效

颜色生成特效是指一些常用于添加颜色效果的特效,该类特效可通过吸管、油漆桶、渐变等不同的方式进行颜色的添加,来改变原图像的色彩

效果。

1. 吸管填充特效

吸管填充特效主要是用吸管吸取原图像中的颜色，对图层进行填充的效果。

其中，【吸管填充】特效的属性选项的具体含义，如下所述。

- ❏ 采样点　用于设置吸取颜色的位置坐标点。
- ❏ 采样半径　用于调整进行颜色采样的半径大小。
- ❏ 平均像素颜色　定义颜色平均的方式，该选项包括【跳过空白】、【全部】、【全部预乘】和【包括 Alpha】4 种模式。
- ❏ 保持原始 Alpha　启用该选项，将保持原始图像的明暗效果。
- ❏ 与原始图像混合　用于设置添加效果层与原始图层的混合程度。

2. 填充特效

填充特效主要是使用相应的颜色为整个图像或在相应的遮罩中进行颜色添加的效果。

其中，【填充】特效的属性选项的具体含义，如下所述。

- ❏ 填充蒙版　用于定义填充颜色的遮罩层。
- ❏ 所有蒙版　启用该选项，将添加所有创建遮罩层。
- ❏ 颜色　用于设置填充的颜色。
- ❏ 反转　启用该选项，将反转填充区域，将颜色填充在遮罩的外部区域。
- ❏ 水平/垂直羽化　分别设置添加颜色在水平、垂直方向上的羽化效果。
- ❏ 不透明度　用于调整添加效果层与原图层之间的融合程度。

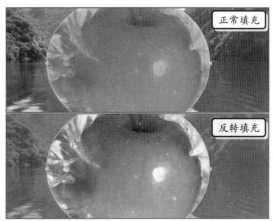

3. 油漆桶特效

油漆桶特效主要是为素材中的某一区域填充颜色，一般会用来制作描绘卡通轮廓画效果。

其中，【油漆桶】特效的属性选项的具体含义，如下所述。

- ❏ 填充点　用于设置油漆桶颜色效果需填充区域的位置坐标。
- ❏ 填充选择器　设置填充颜色效果的方式，该选项包括 5 种类型。
- ❏ 查看阈值　启用该选项，可以查看填充区域的范围。

❑ 容差　用于设置填充颜色效果的宽容度。

❑ 描边　用于定义填充效果边缘的设置方式。该选项包含了 5 种模式，除【消除锯齿】模式外，其他模式都可通过【羽化柔和度】进行属性调整。

❑ 反转填充　启用该选项，将对填充区域进行反转。

❑ 颜色　用于设置填充区域的颜色。

❑ 不透明度　用于调整添加效果层与原图层之间的融合程度。

❑ 混合模式　用于调整效果层与原图像之间的混合模式，包含了 19 种模式。

4．梯度渐变特效

梯度渐变特效主要是通过设置渐变坐标点位置和颜色，在原图像中添加颜色渐变的效果。

其中，【梯度渐变】特效的属性选项的具体含义，如下所述。

❑ 渐变起始/终点　分别设置创建渐变效果的开始点或结束点位置坐标。

❑ 起始/结束颜色　分别调整产生效果的开始或结束颜色。

❑ 渐变形状　定义渐变产生的方式，该选项提供了【线性渐变】和【径向渐变】两种模式。

❑ 渐变散射　用于调整开始色与结束色之间的颜色渐变效果。默认数值范围为 0～50，可调数值范围为 0～512。

❑ 与原始图像混合　用于设置效果层与原图像之间的融合效果。

❑ 交换颜色　单击该按钮，可以交换起始颜色和结束颜色。

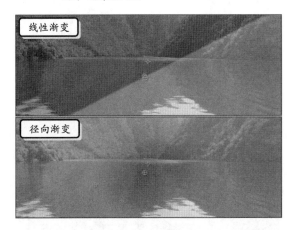

12.2　过渡特效

AE 中的过渡特效主要用来实现转场效果，该特效类型的转场主要是作用在图层上，有别于 Premiere、Final Cut Pro 等软件中的镜头与镜头之间的转场。

12.2.1　CC Light Wipe 特效

CC Light Wipe 特效主要功能是模拟光线在原图像前面加一个光线折射图形的擦拭效果。

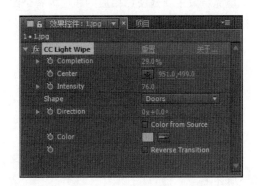

其中，CC Light Wipe 特效的属性选项的具体含义，如下所述。

- ❏ **Completion**（完成度）　用于设置特效的完成程度。

- ❏ **Center**（中心）　通过调整该选项中的两个参数，可定义光线区域中心在 X 轴和 Y 轴的位置，也可单击【定位点】按钮 ⊕，在合成窗口进行定位。

- ❏ **Intensity**（强度）　用于设置光线的强度，数值越大，光线越强。默认数值范围为 0～200，可调数值范围为 0～400。

- ❏ **Shape**（形状）　用于定义模拟光线擦除层的形状，包括【门】、【圆】和【方】3 种方式。

- ❏ **Direction**（方向）　用于调整形状在原图像中的方向，以改变光线效果。

- ❏ **Color from Source**（颜色来自图像源）启用该选项，将从源点位置上开始有颜色。

- ❏ **Color**（颜色）　用于定义图像颜色。

- ❏ **Reverse Transition**（反向过渡）　启用该选项，将反转光线擦除层。

12.2.2　CC Glass Wipe 特效

CC Glass Wipe 特效主要功能是在原图像上添加一种模拟玻璃映射图像的效果，通过创建动画来制作过渡效果。

其中，CC Glass Wipe 特效的属性选项的具体含义，如下所述。

- ❏ **Completion**（完成度）　用于设置图像产生渐变效果的程度，数值越大渐变层越清晰，反之显示层越清晰。

- ❏ **Layer to Reveal**（显示图层）　用于定义显示图像的图层。

- ❏ **Gradient Layer**（渐变图层）　用于定义渐变效果的图层。

- ❏ **Softness**（柔化）　用于设置效果的柔化值，默认数值范围为 5～20，可调数值范围为 5～100。

- ❏ **Displacement Amount**（置换数值）　用于调整效果的置换值，数值越大，模拟玻璃效果越强烈。默认数值范围为 0～50，可调数值范围为 0～500。

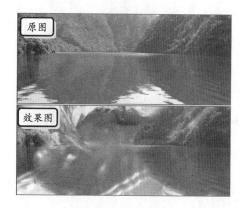

12.2.3　CC Jaws 特效

CC Jaws 特效主要功能是在原图像中制造齿轮裂缝，用来模拟鲨鱼舞动牙齿的效果。

其中，CC Jaws 特效的属性选项的具体含义，如下所述。

- **Completion**（完成度） 用于设置特效的完成程度。

- **Center**（中心） 通过调整该选项中的两个参数，可定义形状区域中心在 X 轴和 Y 轴的位置，也可单击【定位点】按钮，在合成窗口进行定位。

- **Direction**（方向） 用于调整形状在原图像中的方向，以改变形状效果。

- **Height**（高度） 用于设置单个形状效果的高度大小，数值越大，形状效果就越明显。

- **Width**（宽度） 用于调整单个形状效果的宽度。

- **Shape**（形状） 用于定义鲨鱼效果的类型，该选项提供了 4 种类型。

12.2.4　CC Twister 特效

CC Twister 特效主要功能是模拟龙卷风变换的过渡特效。

其中，CC Twister 特效的属性选项的具体含义，如下所述。

- **Completion**（完成度） 设置特效的完成程度。

- **Backside**（背面） 用于定义背面图像层。默认为原图像。

- **Shading**（明暗） 启用该选项，为图像添加明暗效果。

- **Center**（中心） 用于设置产生变化效果的中心坐标。

- **Axis**（坐标） 用于通过调整该选项参数，可改变 X、Y 轴的坐标位置，并可得到不同的模拟龙卷风图像效果。

提示

除了上述所介绍的过渡效果之外，AE 还为用户提供了百叶窗、光圈擦除、渐变擦除、径向擦除、卡片擦除等擦除效果，以帮助用户设置素材的转场效果。

12.3　时间特效

时间特效主要是设置与素材时间相关属性所产生的效果，通常是以原视频素材作为时间标准。在应用时间特效时，将忽略之前施加的其他任何效果。

12.3.1　CC Force Motion Blur 特效

CC Force Motion Blur 特效主要功能是通过对

前后帧的取样，并叠加到原时间点所在关键帧的效果。

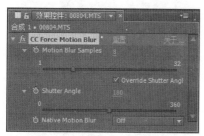

其中，CC Force Motion Blur 特效的属性选项的具体含义，如下所述。

- **Motion Blur Samples/Shutter Angle（运动模糊样本/快门角）** 用于设置该图像运动模糊样本的帧数，数值越大，动态效果越强烈。前者默认数值范围为 0～32，后者默认数值范围为 0～360。

- **Native Motion Blur（本地动态模糊）** 设置是否启用图像的动态模糊效果。该选项提供了【开】和【关】两种方式。

12.3.2　CC Time Blend 特效

CC Time Blend 特效主要功能是将不同叠加模式与原图像进行融合产生的效果。

其中，CC Time Blend 特效的属性选项的具体含义，如下所述。

- **Transfer（叠加）** 用于设置画面之间的叠加方式，该选项包含了 17 种模式。

- **Accumulation（累积）** 用于调整画面效果的融合程度。

- **Clear To（清除为）** 用于设置 Transparent

（融合）或 Current Frame（混合-典型）产生叠加的方式。

12.3.3　残影特效

残影特效是将素材中不同时刻的帧组合在一起，模拟出一种画面延迟的拖尾效果。

其中，【残影】特效的属性选项的具体含义，如下所述。

- **残影时间（秒）** 用于设置图像的延迟效果产生的时间。数值为正时，出现该帧之后的图像；数值为负时，出现该帧之前的图像。默认数值范围为-5～5，可调数值范围为-30000～30000。

- **残影数量** 用于设置合并延续画面的数量。默认数值范围为 0～10，可调数值范围为 0～30000。

- **起始强度** 用于设置合并延续画面的强度。默认数值范围为 0～1。

- **衰减** 用于设置效果衰减的比率。数值越小，衰减的效果越明显。

- **残影运算符** 用于设置两个反射图像间的叠加模式，该选项包含了【相加】、【最大值】、【最小值】等 7 种类型。

12.3.4 时差特效

时差特效主要功能是计算两帧之间的色彩差异效果，也可以用于颜色校正。

其中，【时差】特效的属性选项的具体含义，如下所述。

- ❑ **目标** 用于设置与效果层进行对比的层。
- ❑ **时间偏移量（秒）** 用于设置对比画面的时间点。
- ❑ **对比度** 用于调整对比画面的明暗对比强度。
- ❑ **绝对差值** 启用该选项，可使用绝对值来显示对比效果。
- ❑ **Alpha 通道** 用于定义计算 Alpha 通道数据的方式，该选项包含了【完全打开】、【原始】、【目标】、【混合】等 9 种模式。

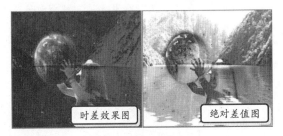

时差效果图　　　绝对差值图

12.3.5 时间扭曲特效

时间扭曲特效是改变素材的重放时间，对大范围的变量进行精确地控制，例如插补方式、动态模糊和通过复制源文件来限制非预期人为失误等。

其中，【时间扭曲】特效的属性选项的具体含义，如下所述。

1. 方法

该选项用于设置插补模式，包含了下列 3 个选项。

- ❑ **全帧** 插补复制最后一帧的画面。
- ❑ **帧混合** 创建一个新的帧插入现有的帧。
- ❑ **像素运动** 通过分析相邻帧的像素运动和创建的运动向量来创建一个新的帧。

2. 调整时间方式

该选项用于调整时间的方法，包含了下列两个选项。

- ❑ **速度** 定义帧转换的速度。数值越大，转化的速度越快。
- ❑ **源帧** 通过时间帧为基础，来分析调整。

3. 调节

该选项用于设置【像素运动】选项的属性，包含了下列 8 个选项。

- ❑ **矢量详细信息** 定义被创建插补的运动向量值，向量值越大，渲染时间越长。
- ❑ **平滑** 通过调整【全局平滑度】、【局部平滑度】、【平滑迭代】，控制画面衔接的平滑程度。
- ❑ **从一个图像开始构建** 启用该选项，创建锐化的图像效果，但动作会变得不稳定。
- ❑ **适当明亮度更改** 启用该选项，定义平衡动作帧的亮度。

- ❏ **过滤** 定义插补图像的质量。
- ❏ **错误阈值** 确定从一个帧到下一个帧的像素匹配的精度。数值越高,产生的运动矢量越少,混合程度越高。
- ❏ **块大小** 调整用于计算矢量的块的大小,默认数值范围为4～40。
- ❏ **权重** 通过控制 RGB 通道中红、绿、蓝色的比率,来分析图像。

另外,该特效中除了上述选项之外,还包括下列两种常用选项。

- ❏ **运动模糊** 用于调整图像动态模糊的强度和质量。
- ❏ **源裁剪** 该选项可对指定图像部分区域,删除不必要的像素;可通过不同的子选项分别调整素材左、右、上或下方向的裁剪面积。

12.3.6 时间置换特效

时间置换效果通过使像素跨时间偏移来扭曲图像,从而生成各种各样的效果。它与置换图效果一样,时间置换效果也使用置换图,但是它将图层中像素的移动基于置换图中的明亮度值。

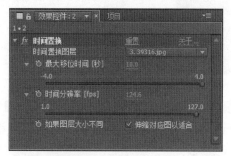

其中,【时间置换】特效的属性选项的具体含义,如下所述。

- ❏ **时间置换图层** 用于定义该时间点画面

的置换层,不同的画面叠加可产生奇幻的效果。

- ❏ **最大移位时间[秒]** 用于设置产生最大偏移的时间,单位为秒。默认数值范围为-4～4,可调数值范围为-3600～3600。
- ❏ **时间分辨率[fps]** 用于调整帧速率,默认数值范围为1～127,可调数值范围为0～3600。
- ❏ **如果图层大小不同** 用于调整时间置换图层的大小以匹配正在扭曲的图层的大小。如果禁用【伸缩对应图以适合】选项,时间移位图层将在合成中居中。

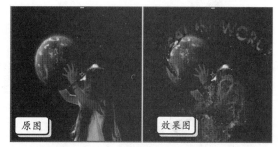

12.3.7 像素运动模糊特效

像素运动模糊特效可以通过分析视频素材,以及根据运动矢量人工来合成运动模糊效果,从而可以达到由摄像头在拍摄时所产生的模板效果。

其中,【像素运动模糊】特效的属性选项的具体含义,如下所述。

- ❏ **快门控制** 选择【手动】子选项可单独设置快门角度和快门采样值,而选择【自动】子选项可选择为图层或者合成制定的值。
- ❏ **快门角度** 快门角度的单位是度,模拟旋转快门所允许的曝光。快门角度使用素材帧速率确定影响像素运动模糊量的模拟曝光。例如，为 24-fps 的素材输入 90 度（360 度的 25%）将创建 1/96 秒（1/24 秒的 25%）的有效曝光。输入 1 度时几乎不应用任何像素运动模糊，而输入 720 度则会应用大量模糊效果。

❑ **快门采样**　用于控制像素运动模糊的质量。其数值越高，运动模糊越平滑，但渲染时间越长。

❑ **矢量详细信息**　确定多少运动矢量用于

计算模糊。数值为 100 表示对每个像素使用一个矢量。增大此值不一定产生更好的结果，但是将需要更多时间渲染。

12.4　闪耀雪花效果

　　AE 中内置了强大的模拟特效，通过该类型的特效可以模拟自然界中的闪电、乌云或雪花等自然现象。但是，单纯的模拟效果并不能达到影视预期的魔幻或绚丽的动画效果。此时，还需要配合 AE 中的生成类特效，利用画面像素产生强光、闪电或发光球等一些匪夷所思的动画特效。在本练习中，将通过制作一个闪耀雪花效果，来详细介绍 AE 中的模拟和生成特效的使用方法和操作技巧。

> **练习要点**
> ● 应用 CC Snowfall 效果
> ● 应用 CC Light Rays 效果
> ● 应用 CC Light Sweep 效果
> ● 设置图层属性

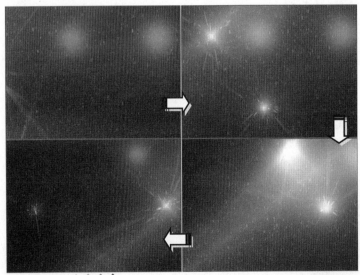

操作步骤 ▷▷▷▷

STEP|01 新建合成。执行【合成】|【新建合成】命令，在弹出的【合成设置】对话框中，设置合成选项，并单击【确定】按钮。

STEP|02 模拟雪花效果。将素材添加到合成中，执行【效果】|【模拟】|CC Snowfall 命令，在【效

果控件】面板中设置各选项参数。

STEP|03 制作闪烁效果。执行【效果】|【生成】|CC Light Rays 命令，在【效果控件】面板中设置相应的选项参数。

STEP|04 将【时间指示器】移至 0:00:00:00 位置处，单击 Center 左侧的【时间变化秒表】按钮，并将参数值设置为 783.3,328.7。

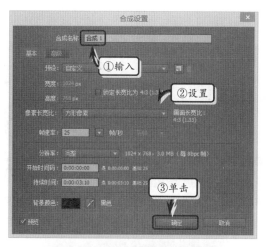

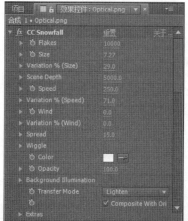

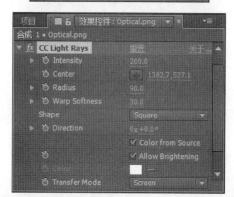

STEP|05 将【时间指示器】移至 0:00:01:09 位置处，将 Center 参数值设置为 1137.5,-27.7。

STEP|06 将【时间指示器】移至 0:00:03:09 位置处，将 Center 参数值设置为 1525,707。

STEP|07 使用同样的方法，再次为图层添加 CC Light Rays 效果，并在相同的时间点处设置位置关键帧。

STEP|08 制作灯光效果。执行【效果】|【生成】|CC Light Sweep 命令，在【效果控件】面板中设置各选项的参数。

STEP|09 将【时间指示器】移至 0:00:00:00 位置处，单击 Center 左侧的【时间变化秒表】按钮，并将参数值设置为 835.3,40。

STEP|10 将【时间指示器】移至 0:00:03:09 位置处，将 Center 参数值设置为 1155,960。

STEP|11 设置图层属性。将【时间指示器】移至 0:00:00:00 位置处，单击【位置】和【缩放】左侧

的【时间变化秒表】按钮，并设置其参数。

STEP|12 将【时间指示器】移至 0:00:03:09 位置处，将【位置】和【缩放】参数值分别设置为 "685.6,353" 和 "80%"。

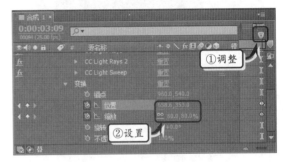

12.5 动态音谱效果

动态音谱效果是运用 AE 中的生成类特效，对音乐中的音频频谱进行发光、模糊和坐标转换等设置，来形成一种跟随音乐旋律而运动的音乐光圈和音频条。运用该特效，不仅可以使简单的场景变得更具有绚丽多彩性，而且还可以通过节奏明朗的音乐来展示品牌的时尚及魅力。在本练习中，将详细介绍运用 AE 特效制作动态音频效果的操作方法和实用技巧。

练习要点

- 应用分形杂色效果
- 应用曲线效果
- 应用摄像机
- 应用梯度渐变效果
- 应用镜头光晕效果
- 应用音频频谱效果
- 应用发光效果
- 应用定向模糊效果
- 应用极坐标效果
- 应用快速模糊效果
- 应用摄像机镜头模糊效果

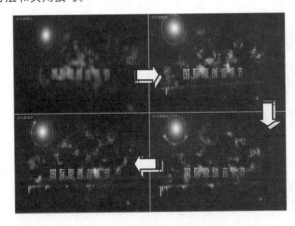

操作步骤 ▶▶▶▶

STEP|01 新建合成。执行【合成】|【新建合成】命令，在弹出的【合成设置】对话框中，设置合成选项，并单击【确定】按钮。

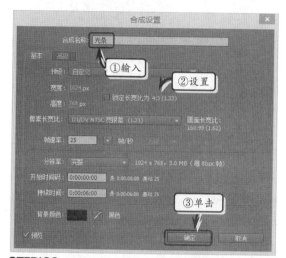

STEP|02 制作光条合成。将音乐素材添加到合成中，执行【图层】|【新建】|【纯色】命令，在弹出的【纯色设置】对话框中，设置图层选项，并单击【确定】按钮。

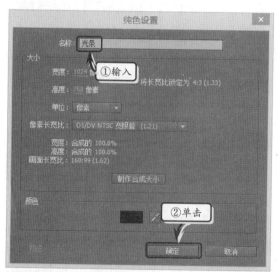

STEP|03 执行【效果】|【生成】|【音频频谱】命令，在【效果控件】面板中，设置该特效的选项参数。

STEP|04 单击【内部颜色】右侧的颜色方框，在弹出的【内部颜色】对话框中，将颜色设置为【白色】，并单击【确定】按钮。

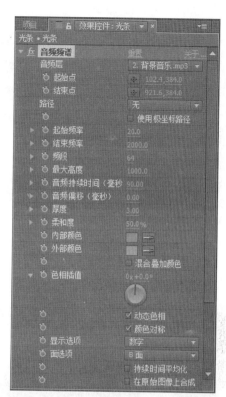

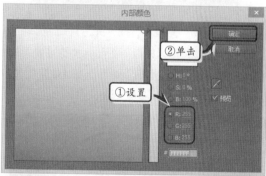

STEP|05 执行【效果】|【风格化】|【发光】命令，为图层添加发光效果。同时，再次执行该命令，添加第 2 个发光效果。

STEP|06 执行【效果】|【模糊与锐化】|【定向模糊】命令，在【效果控件】面板中，将【模糊长度】

设置为 12。

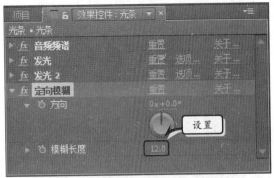

STEP|07 制作光圈合成。新建一个"光圈"合成，将"光条"合成添加到"光圈"合成中，执行【效果】|【扭曲】|【极坐标】命令，在【效果控件】面板中，设置效果选项。

STEP|08 复制"光条"合成，并将复制合成重命名为"模糊"。选择"模糊"图层，执行【效果】|【模糊和锐化】|【快速模糊】命令，在【效果控件】面板中，设置效果选项参数。

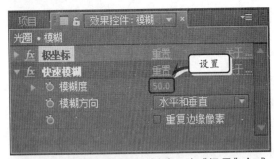

STEP|09 制作背景图层。新建一个"场景"合成，同时新建一个"背景"纯色图层。执行【效果】|【杂色与颗粒】|【分形杂色】命令，在【效果控件】面板中设置效果选项参数。

STEP|10 按住 Alt 键单击【演化】左侧的【时间变化秒表】按钮，在【时间轴】中输入语法"time*80"。

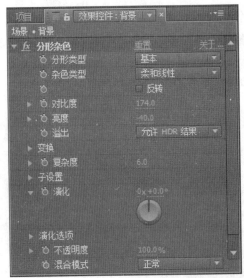

STEP|11 执行【效果】|【颜色校正】|【曲线】命令，在【效果控件】面板中，分别设置 RGB、红色和绿色通道的曲线状态。

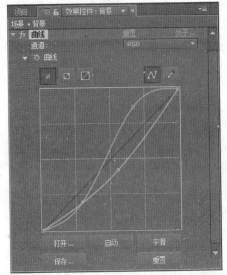

STEP|12 在工具栏单击【钢笔工具】按钮，在【合成】窗口为"背景"层绘制遮罩。并将【蒙版羽化】

设置为 120，将【蒙版扩展】设置为-12。

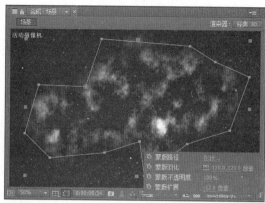

STEP|13 制作文字图层。单击工具栏中的【横排文字工具】按钮，在【合成】窗口中输入文本，并设置其字体格式。

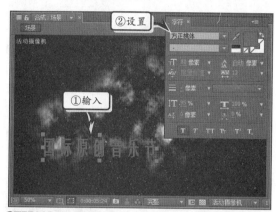

STEP|14 执行【效果】|【生成】|【梯度渐变】命令，将【起始颜色】设置为#FAE7E7，将【结束颜色】设置为#E30CF6，并在【合成】窗口中调整【渐变起点】和【渐变终点】的坐标。

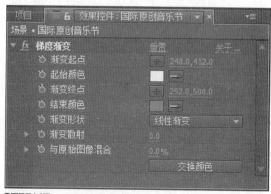

STEP|15 制作光晕图层。新建一个"光晕"黑色图层，执行【效果】|【生成】|【镜头光晕】命令，

在【效果控件】面板中设置效果选项。

STEP|16 执行【效果】|【颜色校正】|【曲线】命令，在【效果控件】面板中，分别设置【红色】、【绿色】和【蓝色】通道曲线状态。

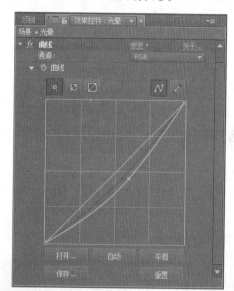

STEP|17 添加蒙版。将"光条"合成添加进来，单击工具栏中的【矩形工具】按钮，在【合成】窗口中创建蒙版，并将【蒙版羽化】设置为 4。

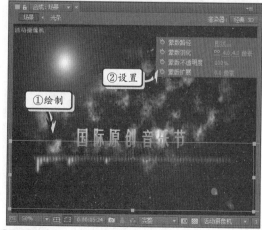

STEP|18 设置光圈图层。将"光圈"合成添加进来，调整在【合成】窗口的位置，将【缩放】参数

设置为 50%，并复制该"光圈"层。

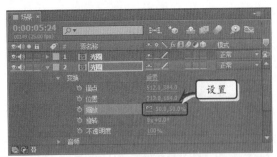

STEP|19 创建一个"摄像机"和"空对象"图层，并启用所有图层的【3D 图层】功能。

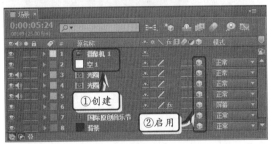

STEP|20 将【时间指示器】移至 0:00:00:00 位置处，单击 2 个"光圈"图层中【Z 轴旋转】左侧的【时间变化秒表】按钮，并将旋转角度设置为 0×+0°。

STEP|21 将【时间指示器】移至 0:00: 05:24 位置处，将【Z 轴旋转】参数设置为 8×+0°。

STEP|22 设置空白和摄像机图层。选择空白图层，将【时间指示器】移至 0:00:00:00 位置处，单

击【Y 轴旋转】左侧的【时间变化秒表】按钮，将参数值设置为 0×-35°。

STEP|23 将【时间指示器】移至 0:00:01:00 位置处，将【Y 轴旋转】参数值设置为 0×+0°。

STEP|24 将【时间指示器】移至 0:00:03:00 位置处，将【Y 轴旋转】参数值设置为 0×-20°。

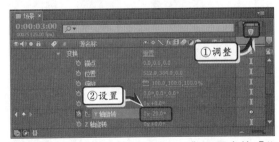

STEP|25 单击并拖动"摄像机 1"图层中的【父级】图标 ◎ 至"空白 1"图层，建立两个图层之间的父级关系，使前者图层跟随后者图层进行动画播放。

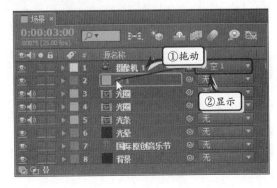

STEP|26 制作调整图层。创建一个调整图层，执行【效果】|【模糊和锐化】|【摄像机镜头模糊】命令，将【时间指示器】移至 0:00:00:00 位置处，单击【模糊半径】左侧的【时间变化秒表】按钮，并将参数值设置为 15。

STEP|27 将【时间指示器】移至 0:00:01:00 位置处，将【模糊半径】参数值设置为 0。

第 13 章

跟踪、表达式与渲染输出

　　在复杂的后期制作中，经常会出现大量重复性操作，对于这些重复性的操作可以使用 AE 中的表达式功能，通过产生交互式的影响，来制作复杂且大量重复性的操作。除了表达式之外，用户还可以使用运动与稳定跟踪功能，使一个图层对象始终跟随在一个运动对象之后移动，从而形成自然而逼真的动态效果。

　　在 AE 中完成成品的制作之后，可以将其输出为视频、电影、CD-ROM、GIF 动画、Flash 动画和 HDTV 等多种格式的成品，但在输出过程中其渲染的画面效果会直接影响最终影片的画面效果。因此，渲染的预设和设置方法，则是保证成品输出至关重要的一个环节。在本章中，将详细介绍跟踪与表达式，以及渲染输出的基础知识和操作技巧。

13.1 运动与稳定跟踪

在编辑视频动画时,可以按照视频中一个对象的运动自动进行图层对象的移动,这种操作被称为运动跟踪,也就是使一个图层对象始终跟随在一个运动的对象之后移动。AE 中的运动跟踪只能在视频影片中进行,除了可以在跟踪中定义跟随的位置外,还可以定义跟随的角度。

而 AE 中的稳定器校正功能,则是校正新手拍摄的晃动视频趋于平稳的一种重要技术。另外,在对影片进行运动追踪时,合成图像中至少要有两个层,一个层作为追踪层,另一个层作为被追踪层,二者缺一不可。运动追踪可以追踪运动过程比较复杂的路径,例如加速和减速、变化复杂的曲线等。

13.1.1 创建运动跟踪

当用户需要创建运动跟踪时,首先需要在【时间轴】面板中选择一个图层,然后执行【动画】|【运动跟踪】命令。此时,系统会自动弹出【跟踪器】面板。

在【跟踪器】面板中,主要包括下列一些选项:

- ❏ **跟踪摄像机**　选中视频文件后,单击该按钮 AE 自动分析,得到视频中的三维跟踪点。
- ❏ **变形稳定器**　单击该按钮 AE 自动分析,使晃动的视频画面趋于平稳。
- ❏ **跟踪运动**　单击该按钮,可以创建新的运动追踪。

- ❏ **稳定运动**　单击该按钮,可以创建新的稳定轨道。
- ❏ **运动源**　用于选择包含要跟踪的运动的图层。
- ❏ **当前跟踪**　用于选择处于活动状态的跟踪器。
- ❏ **跟踪类型**　用于选择所需使用的跟踪模式,包括【稳定】、【变换】、【平行边角定位】、【透视边角定位】和【原始】模式。
- ❏ **编辑目标**　单击该按钮,会弹出【运动目标】对话框,用于指定追踪物体,在【图层】下拉列表中选择层的名称就可以指定追踪物体的层。

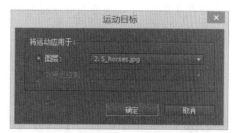

- ❏ **选项**　单击该按钮,可以在弹出的【运动跟踪器选项】对话框中,设置运动追踪的精确度和指定运动追踪的第三方插件。

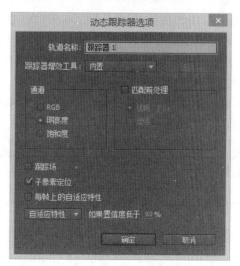

- **分析** 用于在源素材中开始跟踪点的帧到帧状态的分析，其中 ◄ 是分析上一帧，◄ 是从当前帧一直向前分析直至动画素材的起始位置，► 是从当前帧一直向后分析直至动画素材的结束位置，►| 是分析下一帧。

- **重置** 将特性区域、搜索区域和附加点恢复为其默认位置并从当前选定的跟踪中删除跟踪数据。已应用于目标图层的跟踪器控制设置和关键帧将保持不变。

- **应用** 将已经分析好的追踪数据应用于目标层。单击【应用】按钮会弹出【动态跟踪器应用选项】对话框，在其【应用维度】选项中可以选择运动追踪的路径轴向，其中【X 和 Y】是作用于 X 轴和 Y 轴，【仅 X】是仅仅作用于 X 轴；【仅 Y】是仅仅作用与 Y 轴。单击【确定】按钮后，即可在【时间轴】面板中查看跟踪关键帧。

在设置运动追踪路径的时候，【合成】窗口内会出现追踪范围框，它是由两个方框和一个交叉点组成的，里面的交叉点叫做追踪点，它是运动追踪的中心点；内层方框叫做特征区域，它可以精确地追踪目标物体的特征，记录目标物体的亮度、色相和饱和度等信息，匹配后面的信息从而起到追踪效果；外层区域叫做搜索区域，它的作用是追踪下一帧的区域，搜索区域和追踪区域的速度有关系，追踪区域越快，搜索区域就应该适当的放大，否则容易出现追踪错误。

> **提示**
> 搜索区域的最小值不会小于特征区域的大小，它的最小值只能和特征区域一样大。

13.1.2 稳定跟踪

当用户在拍摄视频时，由于种种原因，有可能会出现画面不稳的情况。此时，可以使用 AE 中的稳定跟踪功能，重新对视频进行稳定处理。但是，在处理时，需要将视频的尺寸缩小后进行相应的操作才能得到最终的视频。

在使用稳定跟踪时，需要将视频素材直接添加到【时间轴】面板中，从而以视频自身尺寸来创建合成。然后，执行【动画】|【运动跟踪】命令，打开【跟踪器】面板，单击【稳定运动】按钮，并且启用【位置】和【旋转】选项。

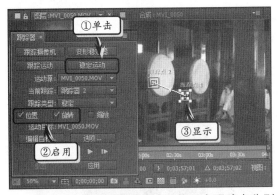

此时，在【合成】窗口中，将两个跟踪点分别移动到视频中两个不应该移动的对象上。

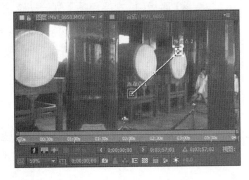

单击【跟踪】面板中的【向前分析】按钮▶，对相应的动画跟踪分析，分析完毕后，会在【图层】窗口中出现相应的跟踪关键帧。

设置完毕后，单击【跟踪】面板中的【应用】按钮，弹出【动态跟踪应用选项】对话框。选择【应用维度】下拉列表中的【X 和 Y】选项，定义跟踪中可以应用的轴向。此时，相应的跟随图层将自动跟随相应的对象进行移动。

稳定跟踪设置完毕后，图像会出现位移的现象，但是相对制作了跟踪点的图像位置始终是不变的。通过嵌套合成的方法，将该合成嵌套到其他合成中，并且调整视频图像尺寸，可以得到最终稳定的视频片段。

13.1.3　变形稳定器 VFX

在 AE 中除了通过稳定跟踪来稳定拍摄画面

之外，还可以使用改进后的变形稳定器 VFX 功能，更加简单与快速地校正晃动镜头画面。

选择视频图层，执行【动画】|【变形稳定器 VFX】命令，或者直接单击【跟踪器】面板中的【变形稳定器】按钮，在【合成】对话框中显示【在后台分析中（第 1 步，共 2 步）】字样。

当 AE 后台分析完成后，晃动的画面即可得到最大可能的缓解。除了系统自动分析之外，用户还可以在【效果控件】面板中的【变形稳定器 VFX】特效中，通过设置相应的参数值，来稳定晃动的画面。

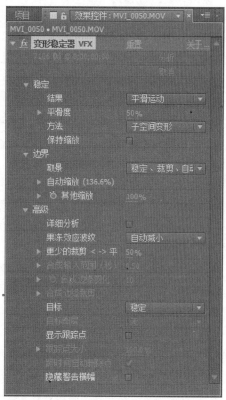

13.2 表达式

表达式语言是基于标准的 JavaScript 语言，它是一小段软件，很像脚本，其计算结果为某一特定时间点内单个图层属性的单个值。其中，脚本主要用来告知应用程序所执行的操作类型，而表达式主要用于说明属性内容。

虽然表达式表面上看来很复杂，但用户可以在完全不了解 JavaScript 语言的前提下，通过使用表达式，来创建图层属性之间的关系，从而可以轻松地达到使用某一属性的关键帧来动态制作其他图层的动画的目的。

13.2.1 表达式语法

在 AE 中的表达式具有与其他程序设计类似的语法，只有遵循这些语法，才可以创建正确的表达式。其实 AE 中应用的表达式，并不需要熟练掌握 JavaScript 语言，只要理解简单的写法，就可以创建表达式。

一般的表达式形式表现为：thisComp.layer("Story medal").transform.scale=transform.scale+time*10，其中表达式中的语法分别为：

- **全局属性"thisComp"** 用来说明表达式所应用的最高层级，可理解为这个合成。
- **层级标识符号"."** 为属性连接符号，该符号前面为上位层级，后面为下位层级。
- **layer("")** 定义层的名称，必须在括号内加引号，如图片素材名称为 SYH.jpg 可写成 layer("SYH.jpg")。

解读上述表达式的含义：这个合成的 Story medal 层中的变换选项下的缩放数值，随着时间的增长呈 10 倍的缩放。

如果将表达式写在了同一层的变换属性上，可省略全局属性和层属性，将直接写出表达式：transform.scale=transform.scale+time*10 即可。

另外，表达式也可以和其他编程语言一样添加注解，同样可以在表达式里使用"//"、"/*"和"*/"符号，并添加注解。

若输入"//"添加注解，如//add the comment；也可使用"/*"和"*/"符号添加注解，如/*add the comment */。

> **提示**
> 如果输入表达式有错误，AE 将显示其错误，并且取消该表达式操作，黄色的警告图标会出现在表达式旁，单击该警告图标，可查看错误信息。

在 AE 中，经常用到的一个数据类型是数组，数组有时经常使用常量和变量中的一部分。所以，了解 Java Script 语言中的数组属性，对于编写表达式有很大的帮助。

- **数组常量** 在 JavaScript 语言中，数组常量通常包含几个数值。如[2，4]，其中 2 表示第 0 号元素，4 表示第 1 号元素。在 AE 中，表达式数值是由 0 开始的。
- **数组变量** 用一些自定义的元素来代替具体的值，变量类似一个容器，这些值可以不断被改变，并且值本身不全是数字，可以是一些文字或某一对象。如，opacity=[12，15]。

用户可使用"[]"中的元素序号访问数组中的某一元素。如，访问为 12 的第 1 号元素，可以输入为 opacity[0]，若是第 2 号元素，可输入为 opacity[1]。

- **将数组指针赋予变量** 主要是为属性和方法赋值或返回值。如，将二维数组 thislayer.position 的 X 方向保持为 8，Y 方向可运动，则表达式为：y=position[1]，[8，y]或[8，position[1]]。
- **数组的维度** 属性的参数量为维度，一般有 1、2、3、4 这四种维度。如，不透明度的属性为一个参数，所以是一元属性；在三维空间中【旋转】选项有 X、Y 和 Z 这三个参数，为三元属性。其中，常见属性的维度，如下表所述。

属　　性	维　　度
一元属性	不透明度
二元属性	二维空间中的位置、缩放、旋转
三元属性	三维空间中的位置、缩放、方向
四元属性	颜色

13.2.2　创建表达式

在 AE 中，用户可以通过图层属性来创建表达式。例如，在【旋转】属性中，按住 Alt 键单击【旋转】属性左侧的【时间秒表变化】按钮，即可为该属性选项添加表达式。

在【时间轴】面板右侧表达式文本框中，输入"transform.rotation=transform.rotation+time*20"语法，按 Enter 键或单击其他区域完成输入。此时，拖动【时间指示器】会发现【旋转】属性参数值将会自动随时间而变化。

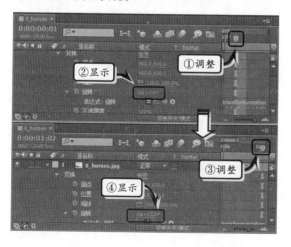

除了通过【时间轴】面板来创建之外，还可以通过执行【效果】|【表达式控制】命令中的某个子命令，或者在【效果和预设】面板中，选择【表达式控制】特效组中的某个特效选项，将其应用到图层中，并通过修改表达式中的数值来创建表达式。

其中，【表达式控制】特效中每种效果的具体用途，如下所述。

❑ **3D 点控制**　该特效主要用于设置 3D 图层中 3D 点的控制。

❑ **点控制**　该特效主要用于设置表达式中点的位置。

❑ **复选框控制**　该特效主要用于激活表达式中复选框状态的效果。

❑ **滑块控制**　该特效主要是通过滑块来控制表达式内所控制数值的效果。

❑ **角度控制**　该特效主要是通过设置表达式中角度数值的变化，来控制层的变化效果。

❑ **图层控制**　该特效是快速选择合成中的所有层，控制表达式中层的选择。

❑ **颜色控制**　该特效主要是通过表达式的颜色属性来设置图层的色彩效果。

13.2.3　编辑表达式

创建表达式之后，可以通过设置表达式的开关按钮，来编辑表达式。当为属性创建表达式之后，展开该属性明细，即可显示表达式按钮，包括启用表达式、显示后表达式图表、表达式关联器、表达式语言菜单等。

1. 启用表达式

该按钮主要用于设置表达式的开关,当开启该按钮时则显示表达式,而相关属性参数将显示红色。当关闭该按钮时,则表示关闭表达式,而相关属性参数将恢复为默认颜色。

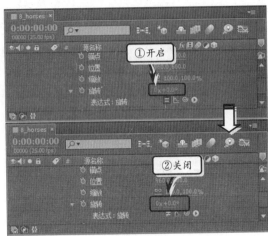

2. 显示后表达式图表

该按钮主要用于定义表达式的动画曲线,在开启该按钮之前,需要先激活图形编辑器。

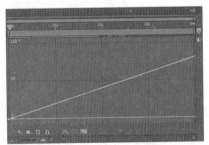

在图表视图中,用户可以通过单击其下方工具栏中的各项选项,来调整图表的显示方式。

3. 表达式关联器

该按钮用于创建表达式间的动画关联性。用户

只需单击并拖动该按钮,即可扯出一根橡皮筋;将其链接到其他属性上,可以创建表达式,使它们建立关联性的动画。

4. 表达式语言菜单

单击该按钮可选择 AE 中为用户提供的表达式库中的命令,根据需要在表达式菜单中选择相关表达式语言。

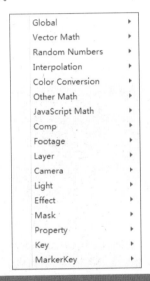

> **提示**
>
> 用户还可以通过编辑表达式区域中的语句,来达到编辑表达式的目的。其中,表达式区域可自由下拉扩展。

13.3 渲染与输出

AE 软件所产生的 AEP 格式的工程文件,并不能通过视频播放软件进行播放。此时,用户可以通过将 AEP 格式的工程文件输出成普通的视频文件的方法,达到共享作品的目的。

13.3.1 渲染队列

在 AE 中,【渲染队列】面板是主要用于设置渲染选项的主要途径之一。当用户完成作品的制作

之后，执行【合成】|【添加到渲染队列】命令，或者按下 Ctrl＋M 快捷键，即可打开【渲染序列】面板。

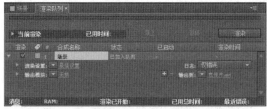

【渲染队列】面板位于【时间轴】面板的位置处，用户可以同时添加多个渲染任务。除此之外，还可以为同一个任务设置多个输出格式、尺寸大小等。

其中，【渲染队列】面板中最底部的工具栏中，显示了以下 5 种选项。

❑ 消息　渲染状态信息。例如显示的【渲染1/2】含义是：正在渲染两个渲染任务中的第一个任务。

❑ RAM　显示渲染时内存的使用情况。如【已使用2GB内容的16%】是指：该计算机的可利用内存为 2 GB，目前渲染时使用了 16%。

❑ 渲染已开始　显示渲染的起始时间。

❑ 已用总消耗时间　显示当前渲染消耗的时间。

❑ 最近错误　显示渲染状态日志文件和位置，如果渲染出错，会在这里显示错误信息。

提示

在 AE 中，可以使用两个新命令和关联的键盘快捷键将活动的或选定的合成发送到 Adobe Media Encoder 队列。要将合成发送到 Adobe Media Encoder 编码队列，只要执行【合成】|【添加到 Adobe Media Encoder 队列】命令即可。

当单击【渲染】按钮后，系统激活【暂停】和【停止】按钮，可以随时暂停或者停止渲染进程，单击【继续】按钮，可以随时继续渲染。

在渲染过程中，系统会在【当前渲染】下面显示渲染的进度条以及当前渲染的一些信息。其中，各个显示信息的作用如下所述。

❑ 当前渲染　显示当前正在被渲染任务的名称，如正在被渲染的任务名为"013"。

❑ 已用时间　显示当前任务已渲染的时间。

❑ 【渲染】参数框　该参数框中有 3 个选项，其中【合成】显示的是当前的合成；【图层】后面显示的是当前合成中正在被渲染的层；【阶段】显示正在被渲染的特效或正在输出到文件。

❑ 帧时间　该参数框中也有 3 个选项，【最后】显示最近几秒时间；【差异】显示最近几秒时间中的差额；【平均】显示平均后的时间。

❑ 文件名称　显示输出时的文件名称。

❑ 文件大小　文件已经输出的大小。

❑ 最终估计文件大小　估计渲染文件完成之后的大小。

❑ 空闲磁盘空间　显示当前使用磁盘分区的剩余空间。

❑ 超过溢出　溢出当前磁盘分区的文件大小。

❑ 当前磁盘　显示当前正在使用的磁盘分区，也就是存放输出文件的磁盘分区。

13.3.2　渲染状态与预设

在【渲染队列】窗口中，【状态】下面显示有关渲染任务的一些提示信息。

这些信息在团队制作过程中十分重要，一般包括五种渲染状态，它们含义解释如下所述。

❑ 用户停止　指用户在渲染任务过程中停止了渲染。

❑ **无队列** 指该渲染任务不在准备渲染状态，当渲染时系统会忽略该任务。如果启用该任务最前面的复选框，则进入准备渲染状态。

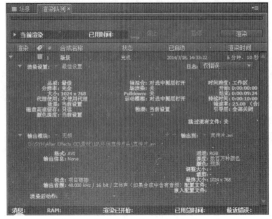

❑ **队列** 表示该任务正在等待渲染，如果禁用该任务最前面的复选框会变成不可渲染状态。

❑ **渲染** 表示正在渲染该任务。

❑ **完成** 提示此任务已经渲染完成。

在【渲染队列】面板中，AE 提供了一些基本的预设模式，单击【渲染设置】右侧下拉箭头会弹出一个下拉列表，用于设置渲染模式。

其中，下拉列表中各个选项的具体含义，如下所述。

❑ **最佳设置** 使用最好的渲染质量，一般情况下输出最终效果都使用该项。

❑ **DV 设置** 使用 DV 设置进行渲染。

❑ **多机设置** 以序列图片的方式进行输出，并可以将序列图片在多个机器间修改。

❑ **当前设置** 使用在合成窗口中的设置。

❑ **草图设置** 使用草稿级别进行渲染。经常使用这种渲染方式来检查或测试视频中的运动效果是否理想。

❑ **自定义** 选择该选项会弹出一个设置对话框。在这里可以自定义各项设置。该对话框中各选项的含义和【渲染设置】中选项相同。

❑ **创建模板** 制作模板，保存后，AE 在渲染时优先调用它。

在【渲染设置】右侧的【日志】选项，主要用来设置创建日志时显示的文件内容，共有三个选项，其中【仅错误】指在创建日志时只显示错误信息；【增加设置】显示相应的设置信息；【增加每帧信息】显示每一帧的信息。

13.3.3 渲染设置

在【渲染队列】中，展开【渲染设置】属性组，可以看到所有当前输出的设置参数。单击【渲染设置】选项后面的【最佳设置】链接，可弹出【渲染设置】对话框。

1. 合成

在【合成】选项组中，主要用于设置渲染合成中的品质、分辨率、磁盘缓存等内容。

❑ **品质** 设置渲染输出的质量，其下拉列表中有三个选项。

- ❑ **分辨率**　设置渲染输出的分辨率。
- ❑ **磁盘缓存**　该选项决定文件输出到磁盘后是否可以编辑，【只读】表示以只读方式输出。
- ❑ **代理使用**　该选项决定在渲染时是否使用代理。
- ❑ **效果**　设置哪些特效可被渲染。【当前设置】是指使用当前设置；【全开】指应用到合成层上的全部特效都将被渲染；【全关】指所有特效都不被渲染。
- ❑ **引导层**　决定是否渲染合成中的向导层。
- ❑ **颜色深度**　选择渲染输出的每个通道有多少位色彩深度。包括 8 位、16 位和 32 位三个选项。

2．时间采样

在【时间采样】选项组中，主要用于设置渲染中的帧混合、场渲染、运动模糊、时间跨度等内容。

- ❑ **帧混合**　设置帧融合的状态。【当前设置】是指以时间线窗口中设置的帧融合开关为准；【打开已选中图层】指只对时间线窗口已开启帧融合开关的层起作用；【图层全关】关闭时间线窗口中所有的层。
- ❑ **场渲染**　设置渲染合成时是否使用场渲染。选择【关】选项，不进行场渲染；【选择上场优先】和【下场优先】中任何一项都将进行场渲染，选择【上场优先】指上场优先，【下场优先】指下场优先。
- ❑ **3:2 Pulldown**　在选择场渲染后，在这里可以选择 3:2 下拉的引导位置。
- ❑ **运动模糊**　对运动模糊的渲染控制。【当前设置】是指以时间线窗口中设置的运动模糊开关为准；【打开已选中图层】指只对时间线窗口已开启运动模糊开关的层起作用；【图层全关】选项将忽略所有层的运动模糊。
- ❑ **时间跨度**　设置渲染输出的长度。【仅工作区域】只渲染工作区域的长度；【合成长度】渲染整个合成的长度；当选择【自定义】选项时会弹出对话框，在这里可以

自定义渲染时间的范围。

- ❑ **帧速率**　该选项设置输出视频的帧速率。【使用合成的帧速率】指使用合成设置中指定的帧速率；【使用此帧速率】可以在其右侧的文本输入框中设置一个帧速率。

除了上述两个选项组之外，在该对话框中还包含了一个【选项】选项组，启用该选项组中的【跳过现有文件（允许多机渲染）】复选框，AE 会自动找出当前渲染序列文件中丢失或者没有被渲染的帧，并只对这些文件进行渲染，不再渲染以前渲染过的文件。

13.3.4　输出模块

AE 中的输出设置包括视频和音频的输出格式、视频的压缩方式、动画序列通道的设置等。

1．选择输出模块

在渲染队列中，单击【输出模块】右侧的下拉按钮，在其下拉列表中选择相应的选项即可。

其中，每种模块选项的具体含义，如下所述。

- ❑ **无损**　输出带有 Alpha 通道且不进行任何压缩。
- ❑ **多机序列**　以序列图片的方式进行输出，并可以将序列图片在多个机器间修改。
- ❑ **AVI DV NTSC 48kHz**　输出 NTSC 48kHz 制式的 DV 影片。
- ❑ **AVI DV PAL 48kHz**　输出 PAL 48kHz 制式的 DV 影片。
- ❑ **Photoshop**　输出 PSD 格式的序列文件，也是 Photoshop 软件特有的格式。
- ❑ **RAM 预览**　输出内存预览模板。

- ❑ **仅 Alpha** 选择该选项，在渲染的时候只输出 Alpha 通道。
- ❑ **自定义** 自定义输出设置。
- ❑ **创建模板** 制作新的输出模板，选择该命令，打开【输出模块模版】对话框。

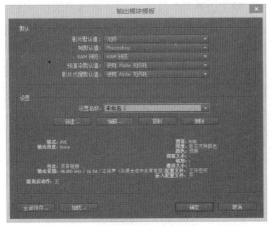

2. 自定义输出模块

单击【输出模块】右侧的下拉按钮，在其下拉列表中选择【自定义】选项，弹出【输出模块设置】对话框。

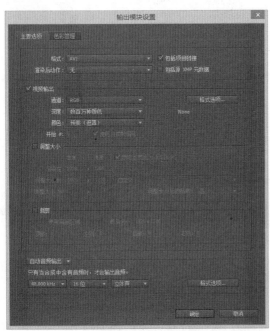

其中，【输出模块设置】对话框中，各选项具体含义，如下所述。

- ❑ **格式** 在该选项的下拉菜单中可以选择

各种视频的输出格式，如 Quick Time 是 MOV 格式。

- ❑ **包括项目链接** 该复选框控制输出的文件是否使用项目链接。
- ❑ **渲染后动作** 控制在渲染完毕后如何处理输出后的文件和软件之间的关系。其下拉列表中除【无】外也有 3 种选择，【导入】表示输出文件后导入软件；【导入和替换用法】表示导入并处置原来的设置；【设置代理】表示设置代理。
- ❑ **包含源 XMP 元数据** 渲染后的文件中，包括源 XMP 元数据。
- ❑ **格式选项** 单击该按钮，会弹出对话框。在下拉列表中可以选择不同的视频压缩格式。
- ❑ **通道** 在其下拉列表中选择输出的颜色通道，有 3 种模式。
- ❑ **深度** 选择渲染输出的颜色深度。
- ❑ **颜色** 指定产生 Alpha 通道的颜色类型。
- ❑ **锁定长宽比为 4:3** 启用该复选框将锁定输出尺寸的高宽比，如 5:4、4:3 等。
- ❑ **渲染在** 显示当前渲染的视频尺寸。
- ❑ **调整大小** 设置拉伸的尺寸，在【自定义】的下拉菜单中可以选择新的渲染尺寸。
- ❑ **调整大小（%）** 显示视频被缩放的百分比。
- ❑ **使用目标区域** 是否修剪屏幕的重要区域。
- ❑ **最后大小** 是指裁剪后，在这里显示裁剪后的尺寸。
- ❑ **顶部、底部、左侧、右侧** 分别控制上、下、左、右边的修剪值。
- ❑ **自动音频输出** 该列表包括【自动音频输出】、【打开音频输出】与【关闭音频输出】三个选项。选择该选项可以设置音频的输出质量、声道等。

设置完成各选项之后，单击【确定】按钮，然后单击渲染队列中【输出到】选项后面的文字设置输出的路径，最后单击【渲染】按钮即可输出。

13.4　动态阴阳标志效果

阴阳标志是模仿八卦图中的两极形状，通过 AE 中的反转、填充和快速模板等特效，使其按照预设计的方向汇合，从而形成动态标志效果。除此之外，在本练习中还将通过设置球体发光的方法，来增加阴阳标志的绚丽性和醒目性。

练习要点

● 应用梯度渐变效果
● 应用反转效果
● 应用填充效果
● 应用快速模糊效果
● 渲染和输出

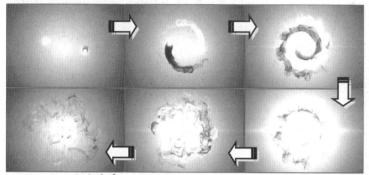

操作步骤 ►►►►

STEP|01 新建合成。执行【合成】|【新建合成】命令，在弹出的【合成设置】对话框中，设置各选项，并单击【确定】按钮。

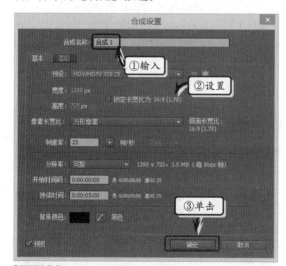

STEP|02 制作背景图层。新建一个纯色图层，执行【效果】|【生成】|【梯度渐变】命令，在【效果控件】面板中，设置渐变起点和终点参数，并将起点和结束颜色设置为【黑色】和【白色】。

STEP|03 执行【效果】|【通道】|【反转】命令，在【效果控件】面板中设置效果选项。

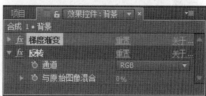

STEP|04 制作阴阳标志。导入表示阴阳标志的序列图片素材，添加到合成中，复制图层并分别重命名图层。

STEP|05 选择"黑色"图层，执行【效果】|【生成】|【填充】命令，在【效果控件】面板中将【颜色】设置为【黑色】。

STEP|06 同样方法，为"白色"图层添加【填充】效果，并将【颜色】设置为【白色】。展开【变换】属性组，将【缩放】设置为-100%。

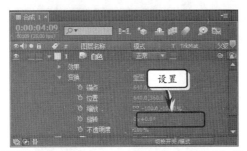

STEP|07 制作发光小球。导入代表"小球"的序列图片素材，添加到合成中，复制图层并重命名图层，并将【模式】设置为【相加】。

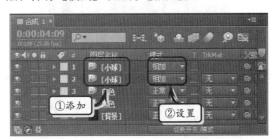

STEP|08 为两个"小球"图层添加【快速模糊】效果，并在【效果控件】中设置将【模糊度】设置为2。

STEP|09 选择上面的"小球"图层，展开【变换】属性组，将【缩放】设置为-100%。

STEP|10 制作发光大球。导入代表"大球"的序列图片素材，将其添加到【时间轴】面板中的最顶部。然后，将【模式】设置为【相加】。

STEP|11 渲染和输出。执行【文件】|【导出】|【添加到渲染队列】命令，单击【输出到】选项右侧的文件名称，在弹出的对话框中设置输出位置和名称，并单击【保存】按钮。

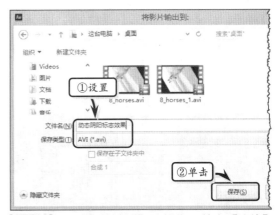

STEP|12 在【渲染队列】面板中，单击【渲染】按钮，开始渲染输出影片。

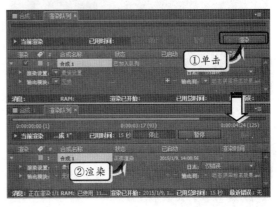

13.5 3D 文字效果

3D 文字效果具有可视性的立体感，被经常应用于产品包装或宣传中。虽然 AE 中只提供了普通的二维文字，但用户却可以运用内置的表达式功能，来制作具有真实和震撼效果的 3D 文字。同时，还可以运用模拟效果，通过为 3D 文字画面营造下雪景象，来丰富画面，增加画面的动态性和情境性。

练习要点

- 应用表达式特效
- 应用镜头光晕特效
- 应用梯度渐变特效
- 应用亮度和对比度特效
- 应用 CC Particle World 特效
- 应用摄像机
- 应用灯光层
- 应用蒙版

操作步骤 >>>>>

STEP|01 新建合成。执行【合成】|【新建合成】命令，在弹出的【合成设置】对话框中，设置合成选项并单击【确定】按钮。

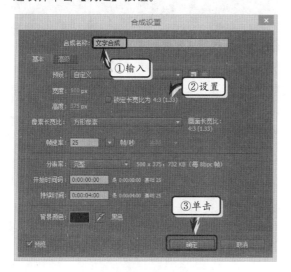

STEP|02 制作背景图层。执行【图层】|【新建】|【纯色】命令，在弹出的【纯色设置】对话框中，单击【颜色】方框。

STEP|03 在弹出的【纯色】对话框中，自定义图

层颜色，并单击【确定】按钮。

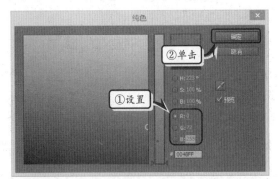

STEP|04 单击工具栏中的【钢笔工具】按钮，在【合成】窗口中绘制一个形状蒙版，并将【蒙版羽化】设置为187。

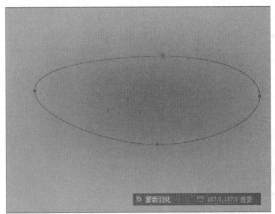

STEP|05 制作镜头光晕图层。新建一个深蓝色图层，将【模式】设置为【柔光】。执行【效果】|【生成】|【镜头光晕】命令，将【时间指示器】移至0:00:00:06位置处，单击【光晕中心】左侧的【时间变化秒表】按钮，并设置其参数值。

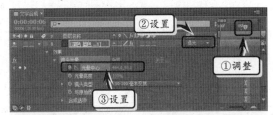

STEP|06 将【时间指示器】移至0:00:03:06位置处，将【光晕中心】参数值设置为36,42。

STEP|07 制作文字合成。新建一个"三维合成"，并将该合成添加到"文字合成"中。在"三维合成"中新建文本图层，输入文本并设置文本的字体格式。

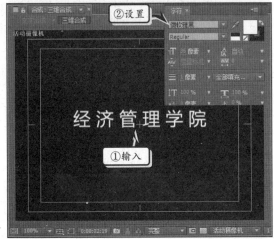

STEP|08 展开【变换】属性组，按住Alt键单击【位置】左侧的【时间变化秒表】按钮，在表达式区域中输入"value+[0,0,index]"表达式，并单击空白区域。

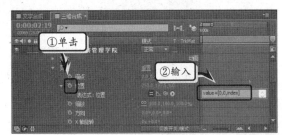

STEP|09 执行【效果】|【颜色校正】|【亮度和对比度】命令，展开【效果】属性组，按住Alt键同时单击【亮度】左侧的【时间变化秒表】按钮，输入"-index"表达式。

STEP|10 选择文字图层，按下 Ctrl+D 快捷键复制到第 10 个文字图层，并启用所有文字图层的【3D图层】功能。

STEP|11 选择最顶部的文字图层，执行【效果】|【生成】|【梯度渐变】命令，在【效果控件】面板中，将【起始颜色】设置为#FF0000，将【结束颜色】设置为#4A0000。

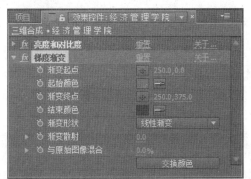

STEP|12 右击【时间轴】面板空白处，执行【摄像机】命令，新建 35 毫米摄像机图层。单击工具栏中的【统一摄像机工具】按钮，在【合成】窗口中调整摄像机的角度。

STEP|13 右击【时间轴】面板空白处，执行【灯光】命令，在弹出的【灯光设置】对话框中设置各项

选项，并单击【确定】按钮。

STEP|14 隐藏"摄像机 1"和"照明 1"图层，复制"三维合成"图层。选择下面的"三维合成"图层，执行【图层】|【变换】|【垂直翻转】命令，模拟倒影效果。

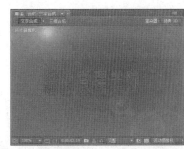

STEP|15 制作摄像机图层。右击【时间轴】面板空白处，执行【摄像机】命令，新建 35 毫米摄像机图层，并调整其整体效果。

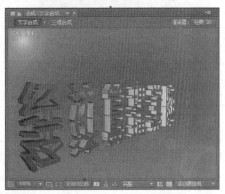

STEP|16 制作地面图层。执行【图层】|【新建】|【纯色】命令，单击【颜色】按钮，在弹出的【纯色】对话框中，自定义图片颜色。

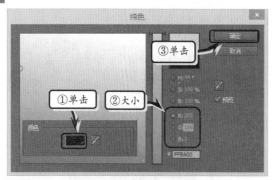

STEP|17 启用【3D 图层】功能，展开【变换】属性，设置各属性参数值。

STEP|18 制作照明图层。执行【图层】|【新建】|【灯光】命令，在弹出的【灯光设置】对话框中设置灯光选项。

STEP|19 制作空对象图层。创建一个空白图层，启用【3D 图层】功能。将【时间指示器】移至 0:00:00:00 位置处，单击【Y 轴旋转】左侧的【时间变化秒表】按钮，并将参数值设置为 0×+16°。

STEP|20 将【时间指示器】移至 0:00:01:24 位置处，将【Y 轴旋转】参数值设置为 0×+0°。

STEP|21 将【时间指示器】移至 0:00:01:24 位置处，将【Y 轴旋转】参数值设置为 0×-6°。

STEP|22 制作粒子图层。新建一个纯色图层，执行【效果】|CC Particle Word 命令，在【效果控件】面板中，设置 Producer 选项组和 Birth Rate、Longevity(sec)选项。

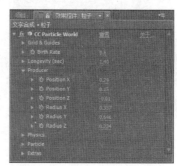

STEP|23 展开 Physics 选项组，设置该选项组中
相关选项。

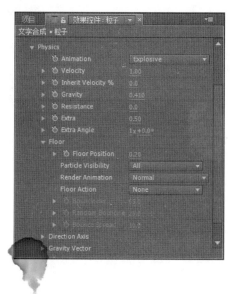

STEP|24 展开 Particle 选项组，设置该选项组中
相关选项。

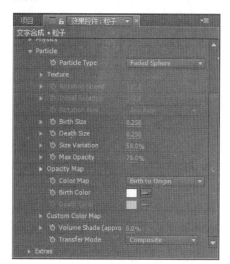